牛病鉴别诊断图谱与安全用药

主　编　金东航

副主编　李睿文　刘明超　陈　帆

参　编　马玉忠　孔维杰　牛俊生
　　　　石　刚　史书军　张　健
　　　　杨　磊　贾根生　顾宪锐
　　　　温　爽　袁万哲

机械工业出版社

本书从多位作者多年积累的大量图片中精选出牛场常见的88种牛病的典型图片，从养牛者如何通过发病原因（或流行特点）、临床症状和病理剖检变化认识牛病，如何进行综合分析、鉴别诊断牛病，如何针对牛病进行预防和安全用药等方面组织编写，让读者按图索骥，一看就懂，一学就会。全书共分为11章，主要内容包括流涎疾病、前胃弛缓疾病、腹泻疾病、呼吸系统疾病、黄疸疾病、神经系统疾病、体表皮肤形态异常及皮肤创伤肿瘤等疾病、眼科疾病、皮肤疾病、跛行疾病和产科疾病的鉴别诊断与防治。本书内容简明扼要、图文并茂，技术实用先进、可操作性强。

本书可供牛生产企业、养殖场、专业户、基层畜牧兽医工作者、企业技术人员阅读使用，也可为农业大专院校畜牧兽医专业学生、教师和科研人员提供参考，还可作为牛病防控的农业科技培训教材。

图书在版编目（CIP）数据

牛病鉴别诊断图谱与安全用药/金东航主编. —北京：机械工业出版社，2022.6（2023.11重印）
ISBN 978-7-111-70802-5

Ⅰ. ①牛… Ⅱ. ①金… Ⅲ. ①牛病－鉴别诊断－图谱②牛病－用药法－图谱 Ⅳ. ①S858.23-64

中国版本图书馆CIP数据核字（2022）第084648号

机械工业出版社（北京市百万庄大街22号　邮政编码100037）
策划编辑：周晓伟　高　伟　责任编辑：周晓伟　高　伟
责任校对：肖　琳　贾立萍　责任印制：常天培
北京宝隆世纪印刷有限公司印刷
2023年11月第1版第2次印刷
184mm×260mm・16.75印张・2插页・415千字
标准书号：ISBN 978-7-111-70802-5
定价：158.00元

电话服务　　　　　　　　　网络服务
客服电话：010-88361066　　机 工 官 网：www.cmpbook.com
　　　　　010-88379833　　机 工 官 博：weibo.com/cmp1952
　　　　　010-68326294　　金 书 网：www.golden-book.com
封底无防伪标均为盗版　　　机工教育服务网：www.cmpedu.com

前言

随着我国国民经济的快速发展和人们生活水平的不断提高，牛乳、牛肉等畜产品的市场需求量也越来越多。尤其是自非洲猪瘟疫情发生以来，牛羊肉的市场需求量有所增加。随着养牛业的发展，牛饲养数量不断增多、国际贸易频繁、牛群流动广泛、疫病监测和控制不力等众多因素，导致牛病旧病未除，新病又现。为了更好地服务于养牛业的发展，有效地预防、诊断和治疗牛病，将牛的发病率和死亡率控制在最低程度，促进养牛业健康、稳定发展，我们根据我国目前的牛业生产实际情况，组织有关专家和一线工作人员编写了本书。

本书从多位作者多年积累的大量图片中精选出牛场常见的88种牛病的典型图片，从养牛者如何通过发病原因（或流行特点）、临床症状和病理剖检变化认识牛病，如何进行综合分析、鉴别诊断牛病，如何针对牛病进行预防和安全用药等方面组织编写，让养牛者按图索骥，做好牛病的早期预防工作，克服牛病防治的盲目性，降低养殖成本，使广大养殖场（户）获取最大的经济效益。全书共分为11章，主要内容包括流涎疾病、前胃弛缓疾病、腹泻疾病、呼吸系统疾病、黄疸疾病、神经系统疾病、体表皮肤形态异常及皮肤创伤肿瘤等疾病、眼科疾病、皮肤疾病、跛行疾病和产科疾病的鉴别诊断与防治。关注"农知富"公众号回复"70802"可以获取相关技术视频。

需要特别说明的是，本书所用药物及其使用剂量仅供读者参考，不可照搬。在生产实际中，所用药物学名、常用名和实际商品名称有差异，药物浓度也有所不同，建议读者在使用每一种药物之前，参阅厂家提供的产品说明以确认药物用量、用药方法、用药时间及禁忌等。购买兽药时，执业兽医有责任根据经验和对患病动物的了解决定用药量及选择最佳治疗方案。

在本书的编写过程中，参阅了有关教科书、论文、网络内容及著作，由于篇幅所限，在此不能一一列出，望谅解，并在此特致谢意。特别感谢田朝、崔顺永、夏润东、樊长林提供的视频资源。

由于编者水平有限，书中疏漏、不妥之处在所难免，敬请有关专家、广大同仁和读者不吝赐教，给予批评指正。

编 者

目 录

前言

第一章 流涎疾病的鉴别诊断与防治 ·············· 1

第一节 流涎疾病概述及发生的因素 ·············· 1
一、概述 ·············· 1
二、疾病发生的因素 ·············· 2

第二节 流涎疾病的诊断思路及鉴别诊断要点 ·············· 2
一、诊断思路 ·············· 2
二、鉴别诊断要点 ·············· 2

第三节 常见疾病的鉴别诊断与防治 ·············· 3
一、牛放线菌病 ·············· 3
二、牛恶性卡他热 ·············· 6
三、牛狂犬病 ·············· 8
四、口蹄疫 ·············· 11
五、口炎 ·············· 14
六、食管阻塞 ·············· 16
七、有机磷农药中毒 ·············· 18
八、尿素中毒 ·············· 20
九、硝酸盐和亚硝酸盐中毒 ·············· 23

第二章 前胃弛缓疾病的鉴别诊断与防治 ·············· 26

第一节 前胃弛缓疾病概述及发生的因素 ·············· 26
一、概述 ·············· 26

二、疾病发生的因素 27

第二节　前胃弛缓疾病的诊断思路及鉴别诊断要点 27
　　一、诊断思路 27
　　二、鉴别诊断要点 28

第三节　常见疾病的鉴别诊断与防治 29
　　一、单纯性消化不良 29
　　二、瘤胃积食 32
　　三、瘤胃臌气 35
　　四、瘤胃酸中毒 38
　　五、牛前后盘吸虫病 40
　　六、创伤性网胃腹膜炎 43
　　七、瓣胃阻塞 46
　　八、皱胃阻塞 48
　　九、皱胃溃疡 50
　　十、皱胃变位与扭转 52

第三章　腹泻疾病的鉴别诊断与防治 57

第一节　腹泻疾病概述及发生的因素 57
　　一、概述 57
　　二、疾病发生的因素 57

第二节　腹泻疾病的诊断思路及鉴别诊断要点 58
　　一、诊断思路 58
　　二、鉴别诊断要点 58

第三节　常见疾病的鉴别诊断与防治 59
　　一、沙门菌病 59
　　二、大肠杆菌病 63
　　三、副结核病 66
　　四、牛病毒性腹泻/黏膜病 68
　　五、牛冬痢（弯杆菌性腹泻） 71
　　六、魏氏梭菌病 73

　　　　七、肝片吸虫病 75
　　　　八、胃肠炎 79
　　　　九、黄曲霉毒素中毒 81
　　　　十、蛔虫病 83
　　　　十一、牛消化道绦虫病 85
　　　　十二、牛球虫病 87

第四章　呼吸系统疾病的鉴别诊断与防治 91

第一节　呼吸系统疾病概述及发生的因素 91
　　一、概述 91
　　二、疾病发生的因素 92

第二节　呼吸系统疾病的症状临床分类及鉴别诊断思路 93
　　一、症状临床分类 93
　　二、鉴别诊断思路 93

第三节　常见疾病的鉴别诊断与防治 95
　　一、炭疽 95
　　二、牛巴氏杆菌病 98
　　三、牛副流感 102
　　四、牛传染性胸膜肺炎 104
　　五、牛传染性鼻气管炎 108
　　六、牛结核病 112
　　七、牛肺丝虫病 115
　　八、鼻炎 116
　　九、支气管炎 118
　　十、肺炎 120
　　十一、牛弓形虫病 123

第五章　黄疸疾病的鉴别诊断与防治 126

第一节　黄疸疾病概述及发生的因素 126
　　一、概述 126

　　　　二、疾病发生的因素 …………………………………………………………… 126
　第二节　黄疸疾病的症状临床特征及鉴别诊断思路 ………………………………… 127
　　　　一、症状临床特征 …………………………………………………………… 127
　　　　二、鉴别诊断思路 …………………………………………………………… 127
　第三节　常见疾病的鉴别诊断与防治 ………………………………………………… 128
　　　　一、钩端螺旋体病 …………………………………………………………… 128
　　　　二、附红细胞体病 …………………………………………………………… 131
　　　　三、焦虫病 …………………………………………………………………… 133

第六章　神经系统疾病的鉴别诊断与防治 …………………………………… 139

　第一节　神经系统疾病发生的因素及鉴别诊断要点 ………………………………… 139
　　　　一、概述 ……………………………………………………………………… 139
　　　　二、疾病发生的因素 ………………………………………………………… 139
　　　　三、脑及脑膜疾病的综合征及鉴别诊断要点 ……………………………… 139
　　　　四、脊髓疾病的综合征及鉴别诊断要点 …………………………………… 140
　　　　五、外周神经疾病的综合征及鉴别诊断要点 ……………………………… 140
　第二节　常见疾病的鉴别诊断与防治 ………………………………………………… 140
　　　　一、李氏杆菌病 ……………………………………………………………… 140
　　　　二、脑多头蚴病 ……………………………………………………………… 143
　　　　三、氟中毒 …………………………………………………………………… 144
　　　　四、有机磷农药中毒 ………………………………………………………… 147
　　　　五、硝酸盐和亚硝酸盐中毒 ………………………………………………… 147
　　　　六、氢氰酸中毒 ……………………………………………………………… 147
　　　　七、日射病和热射病 ………………………………………………………… 148
　　　　八、牛酮病 …………………………………………………………………… 150
　　　　九、母牛卧倒不起综合征 …………………………………………………… 154

第七章　体表皮肤形态异常及皮肤创伤肿瘤等疾病的鉴别诊断与防治 ……… 157

　第一节　体表皮肤形态异常及皮肤创伤肿瘤等疾病的发生因素 …………………… 157
　　　　一、皮肤及皮下组织肿胀的发生因素 ……………………………………… 157

二、皮肤创伤与溃疡的发生因素·················158
　第二节　常见疾病的鉴别诊断与防治·················158
　　一、坏死杆菌病·················158
　　二、创伤·················161
　　三、血肿·················162
　　四、脓肿·················163
　　五、蜂窝织炎·················166
　　六、淋巴外渗·················168
　　七、疝·················170
　　八、牛乳头状瘤·················172
　　九、脱肛与直肠脱·················173

第八章　眼科疾病的鉴别诊断与防治·················176

　第一节　眼科疾病概述、发生的因素及诊断思路·················176
　　一、概述·················176
　　二、疾病发生的因素·················177
　　三、诊断思路·················177
　第二节　常见疾病的鉴别诊断与防治·················177
　　一、牛传染性角膜结膜炎·················177
　　二、牛吸吮线虫病·················180
　　三、结膜炎·················181
　　四、角膜炎·················184

第九章　皮肤疾病的鉴别诊断与防治·················186

　第一节　皮肤疾病概述及发生的因素·················186
　　一、概述·················186
　　二、疾病发生的因素·················186
　第二节　皮肤疾病的诊断思路及鉴别诊断要点·················186
　　一、诊断思路·················186
　　二、鉴别诊断要点·················187

第三节 常见疾病的鉴别诊断与防治 ... 188
一、牛螨病 ... 188
二、牛钱癣（皮肤真菌病） ... 191
三、蜱病 ... 193
四、牛皮蝇蛆病 ... 195

第十章 跛行疾病的鉴别诊断与防治 ... 198

第一节 跛行疾病概述及发生的因素 ... 198
一、概述 ... 198
二、疾病发生的因素 ... 198

第二节 跛行疾病的诊断思路及鉴别诊断要点 ... 199
一、诊断思路 ... 199
二、鉴别诊断要点 ... 199

第三节 常见疾病的鉴别诊断与防治 ... 200
一、破伤风 ... 200
二、牛流行热 ... 203
三、坏死杆菌病 ... 208
四、风湿病 ... 208
五、骨软症 ... 209
六、骨折 ... 212
七、蹄病 ... 215
八、口蹄疫 ... 220
九、佝偻病 ... 220
十、硒和维生素E缺乏症 ... 223

第十一章 产科疾病的鉴别诊断与防治 ... 226

第一节 产科疾病概述及鉴别诊断要点 ... 226
一、概述 ... 226
二、母牛生殖器官综合征及鉴别诊断要点 ... 226
三、乳房疾病综合征及鉴别诊断要点 ... 227

第二节 常见疾病的鉴别诊断与防治 ······ 227

一、流产 ······ 227

二、阴道脱出 ······ 230

三、奶牛肥胖综合征 ······ 233

四、难产 ······ 235

五、胎衣不下 ······ 237

六、子宫脱出 ······ 240

七、生产瘫痪 ······ 244

八、子宫内膜炎 ······ 247

九、乳腺炎 ······ 249

十、不孕症 ······ 253

十一、布鲁氏菌病 ······ 255

参考文献 ······ 258

第一章 流涎疾病的鉴别诊断与防治

第一节 流涎疾病概述及发生的因素

一、概述

流涎指由于唾液分泌过多或吞咽障碍，唾液不由自主地从口腔中流出的一种病症。

唾液腺也称唾腺，是导管开口于口腔，能分泌唾液的腺体。牛有发达的唾液腺，包括5个成对的腺体和3个单一的腺体，成对腺体包括腮腺、下颌腺（颌下腺）、臼齿腺、舌下腺、颊腺；单一腺体包括腭腺、咽腺和唇腺（图1-1）。唾液就是上述腺体所分泌的混合液体，唾液对牛有重要作用。牛唾液分泌量很大。据统计，每天每头牛的唾液分泌量为100~200升，唾液分泌具有两种生理功能，其一是促进形成食糜；其二是对瘤胃发酵具有巨大的调控作用。唾液中含有大量的盐类，特别是碳酸氢钠和磷酸氢钠，这些盐类担负着缓冲剂的作用，使瘤胃PH稳定在6.0~7.0之间，为瘤胃发酵创造良好条件。同时，唾液中含有大量内源性尿素，对反刍动物蛋白质代谢的稳衡控制、提高氮素利用效率起着十分重要的作用。

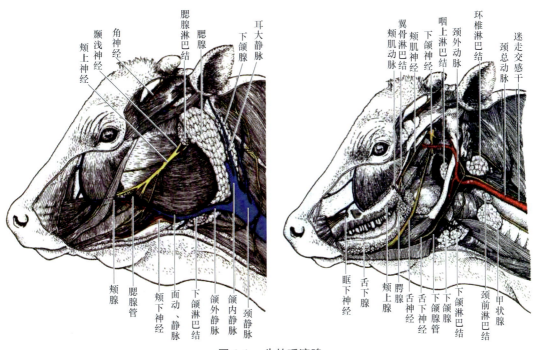

图1-1 牛的唾液腺

二、疾病发生的因素

(1) 唾液腺分泌过多性流涎 唾液腺分泌过多引起的流涎称为真性多涎，包括口腔疾病、唾液腺疾病，以及有副交感神经兴奋效应的有机磷毒剂、有毒农药、有毒植物及拟胆碱药（如比赛可灵、毛果芸香碱、毒扁豆碱和新斯的明等）的使用。砷、汞、铅中毒也可使唾液分泌增多。

(2) 吞咽障碍性流涎 唾液吞咽受阻引起的流涎称为假性多涎，包括咽部疾病、食管疾病等。

第二节　流涎疾病的诊断思路及鉴别诊断要点

一、诊断思路

(1) 流涎的症状 临床上流涎有口流涎和口鼻流涎两种。口流涎，提示是唾液分泌增多所致，应着重考虑口腔疾病、唾液腺疾病及可促进唾液分泌增多的中毒病和其他疾病。口鼻流涎，是吞咽障碍的指征，可见于咽部疾病、食管疾病及吞咽障碍的其他疾病。

(2) 口流涎症状的疾病 对口流涎的病牛，要注意观察有无采食和咀嚼障碍及全身症状的轻重。采食、咀嚼障碍而全身症状轻微的，常提示口腔疾病、唾液腺疾病，应着重检查口腔和唾液腺。采食、咀嚼正常而全身症状明显的，常提示是某些可促进唾液腺分泌的疾病或因素；对有副交感神经兴奋效应的，应考虑拟胆碱能药物的使用、有机磷农药中毒及有机磷神经毒剂中毒，某些有毒植物中毒和真菌毒素中毒；对缺乏副交感神经兴奋效应的，应考虑砷中毒和铅、汞等重金属中毒及其他中毒或疾病。

(3) 口、鼻流涎症状的疾病 对口、鼻流涎的病牛，要注意观察有无吞咽障碍和咽下障碍，有吞咽障碍即在吞咽动作后立即有水和食物从口、鼻逆出的，常提示咽部疾病，应着重进行咽部检查；有咽下障碍即在多次吞咽动作后方有饲料和饮水从口、鼻逆出的，常提示食管疾病，应侧重检查食管。

(4) 区分是否为群发病 要注重流涎性疾病与可导致流涎症状的群发病的鉴别诊断。凡群体发生的，要着重考虑各类群发病，包括各种传染病、侵袭性疾病、中毒病和营养代谢病，可依据有无传染性、有无相关毒物接触史，以及酮体、血钙、血钾等相关病原学和病理学检验结果，按类、分层、逐步加以鉴别和论证。

二、鉴别诊断要点

口炎：口腔黏膜潮红、肿胀、增温、疼痛，有水疱、溃疡、坏死等病变。
口蹄疫：大批流行，只见于牛、羊及猪等偶蹄动物。
舌病：有舌伤、舌麻痹、舌放线菌病等各自的特征。
齿病：可见有波状齿、过长齿、锐齿等异常齿及齿龈炎、齿槽骨膜炎等疾病的症状。
唾液腺炎：腮腺、颌下腺、舌下腺有肿胀、疼痛、增温等症状。
咽炎：头颈伸展，触压咽部肿胀、疼痛。
咽麻痹：触压咽部无反应，看不到吞咽动作。

咽肿瘤：触压咽部肿胀但不敏感，内窥镜检查可见肿块。
食管阻塞：采食中突然发病，频频吞咽和呕逆，食管检查可确认阻塞部位。
食管狭窄：食物不通，饮水可通；食管探诊，粗管不通，细管通。
食管炎：食管触诊、探诊表现疼痛。
食管痉挛：阵发性发作，食管粗硬如索，胃管无法通过，缓解后可自由通过。
食管麻痹：胃管插入无阻力。

第三节　常见疾病的鉴别诊断与防治

一、牛放线菌病

放线菌病俗称"大颌病"，是由放线菌引起的牛的一种非接触性、慢性化脓性肉芽肿性传染病。病的特征是在头、颈、下颌和舌上形成放线菌肿，马、猪、人也可感染此病。

【流行特点】

（1）**易感动物**　本病主要侵害牛，特别是2~5岁的牛，多为散发，偶尔可呈地方性流行。

（2）**传染源**　放线菌病的病原体广泛存在于污染的土壤、饲料和饮水中，或寄居于牛的口腔和上呼吸道中。

（3）**传播途径**　当换牙或采食粗糙带刺的饲料时，口腔黏膜被刺破，此菌可通过破口侵入而发病，也可由呼吸道吸入而侵害肺脏。细菌进入机体组织后，发生局部的慢性炎症，白细胞向此处游走，结缔组织包围而成结节，在它的边缘又可产生新的结节，因而成为环状的放线菌肿。在发病过程中葡萄球菌有时参与致病。

（4）**流行季节**　本病一年四季均可发生。

【临床症状】病牛多见于上、下颌骨肿大（图1-2），极为坚硬，不能移动，界限明显，与皮肤粘连，无热痛。肿胀进展缓慢，一般经过6~18个月才出现一个小而坚实的硬块。有时肿胀发展很快，牵连整个头骨。鼻骨及下颌间隙处、肉垂处（图1-3）、头颈部的皮肤和皮下组织也时常发生。骨组织被严重侵害时，则骨质变疏松，骨表面高低不平，在骨组织上形成瘘管，经久不愈。软组织部位发生病变时，局部形成坚硬的肿胀，并与皮肤粘连，形成厚层包囊；肿胀由蚕豆大、拳头大（图1-4）至小孩头大（图1-5），无

图1-2　下颌骨肿大

热痛，不附着在骨组织时能移动。切开后其中为脓肿，肿胀有时自然破溃或形成瘘管，流出大量脓性分泌物（图1-6）。舌头受侵害时，舌肿大、坚硬、活动困难，故称为"木舌"（图1-7），该病也称为"木舌症"。病牛流涎、咀嚼、吞咽、呼吸皆困难。病牛乳房被侵害时，呈弥漫性肿大或有局限性硬结，乳汁黏稠、混有脓液，乳房淋巴结肿大。

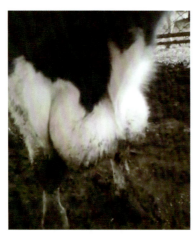

图1-3 肉垂处的放线菌肿

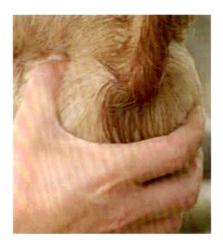

图1-4 胸前肿胀如拳头大

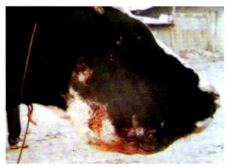

图1-5 上、下颌骨的放线菌肿如小孩头大

图1-6 切开后流出大量脓性分泌物

【病理剖检变化】 放线菌在组织内感染引起组织坏死、化脓，脓汁可穿透皮肤向外排脓，形成瘘管。在骨组织内的放线菌瘘管是弯弯曲曲伸向骨组织深部，破坏骨组织，使骨组织进一步坏死，呈豆腐渣状（图1-8）。在软组织内的放线菌病灶，其瘘管都伸向颌下间隙深部。脓液中含有坚硬光滑的、黄白色的细小菌块（图1-9），甚似硫黄颗粒。

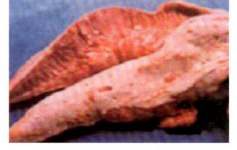

图1-7 舌体增粗变硬

【类症鉴别】

病　　名	与牛放线菌病的相似点	与牛放线菌病的不同点
齿槽骨膜炎	上颌或下颌肿大，咀嚼、吞咽困难，流涎，出现下颌瘘管	肿胀有热痛，表面平整，体温稍高
舌创伤	舌尖露于唇外，流涎，吃食困难	舌面可见创伤，不发硬

【预防】 平时做好卫生工作，不用带刺的或带芒的粗硬干草饲喂牛，避免在低湿地带放牧；经常检查牛的口腔，发现外伤要及时治疗。

【临床用药指南】 放线菌病的软组织和内脏病灶，经治疗比较容易恢复，而骨质病变往往预后不良。

图1-8 颌骨的放线菌肿，内呈豆腐渣状

图1-9 放线菌肿内有黄白色的细小菌块

(1) **手术治疗** 对于局部浅表性脓肿，可采用手术切开排脓的方法，用1%高锰酸钾溶液或10%双氧水（过氧化氢溶液）冲洗，然后塞入浸有5%碘酊的纱布或注入适量5%碘酊（图1-10），隔1~2天更换1次，直到伤口完全愈合为止；对于游离性的脓肿，可完全摘除；对于上、下颌骨上的放线菌肿，可采用切开排脓与烧烙相结合的方法进行治疗，伤口周围用10%碘仿乙醚或2%碘水溶液做点状注射（图1-11），同时给病牛口服碘化钾，成年牛每次5~10克，犊牛每次2~4克，每天1次，可连用2~4周。在服药过程中若出现碘中毒现象（出现浆液性流泪、流浆液性或黏液性鼻液、面部和颈部皮肤出现鳞片样皮屑等症状），可停药5~6天后再用。

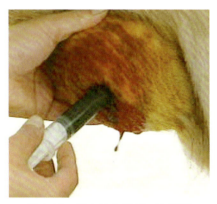
图1-10 腔内注入适量5%碘酊

图1-11 点状注射2%碘水溶液

(2) **全身治疗** 重症者，可静脉注射10%碘化钠溶液50~100毫升，隔天1次，共用3~5次。

(3) **局部治疗** 对于木舌症，用开口器开口，在舌硬部位稍后方用青霉素100万国际单位（先用10毫升蒸馏水稀释）加2%普鲁卡因10毫升做封闭。而后用青霉素、链霉素各100万国际单位分5~6点于病部注入舌体，隔天1次；在发病初期用青霉素（200万~300万单位）和链霉素（300万单位）、注射用水20~50毫升，混合溶解后，在肿块周围做点状注射，每天1次，5天为1个疗程。或用0.5%黄色素注射液15~30毫升，于肿胀部位周围分点注射，每天或隔天使用1次。或用5%~7%氢氧化钠溶液，每个病灶部位用量10~20毫升，可获得满意效果。其方法如下：对无脓期的病牛，用注射器吸取氢氧化钠溶液，在病灶基部以十字交叉法注入药液，边注射边退针，将药液注完后，再用清水洗净外部漏出的药液，以免烧伤正常组织。或用高锰酸钾治疗，治疗时选择患牛放线菌肿块成熟软化时为佳,将高锰酸钾撒于湿纱布上,填塞患牛肿块创腔内。如肿块发硬,可外涂鱼石脂软膏,促其成熟。

(4) 中药治疗

1) 郁金、连翘、黄连、大黄、生地黄、黄芩、栀子、玄参各45克,甘草25克。水煎取汁,候温化入芒硝90克,一次灌服。

2) 木舌症时,可用葱叶擦舌,取1500克擦完即可。

3) 冰片12克,青黛9克,芒硝30克,薄荷6克,滑石60克,研为细末,用蜂蜜调好涂抹患部。

4) 黄柏12克,明矾9克,黄连6克,白及、白蔹各30克,研末后用沸水冲调成糊状,装入布袋,让病牛含于口中,布袋两端系绳,固定于病牛头部。

5) 黄连、黄芩、乳香、没药、血竭各30克,共研为末,沸水冲调,候温灌服。

6) 黄芩、玄参、生地黄各90克,金银花、桔梗、山豆根、赤芍各60克,黄柏、麦门冬、射干各45克,黄连、连翘、牛蒡子各30克,甘草15克,水煎灌服。

二、牛恶性卡他热

牛恶性卡他热,也称"牛恶性头卡他"或"坏疽性鼻卡他"等,是由恶性卡他热病毒引起的一种急性、热性、非接触性传染病。本病的特征是持续发热,口、鼻流出脓性黏稠鼻液、眼结膜发炎、角膜混浊,并有脑炎症状,病死率很高。OIE(世界动物卫生组织)将其列为B类疫病。

【流行特点】

(1) 易感动物 黄牛、水牛、奶牛易感,多发生于2~5岁的牛,老龄牛及1岁以下的牛发病较少。绵羊、非洲角马也会感染,但呈隐性经过,是本病的自然宿主及传播媒介。

(2) 传染源 隐性感染的绵羊、山羊和非洲角马是本病的主要传染源。

(3) 传播途径 本病以散发为主,病牛不会通过接触直接传染给健康牛,主要通过绵羊、非洲角马及吸血昆虫传播。病牛都有与绵羊接触史,如同群放牧或同栏喂养,特别是在绵羊产羔期最易传播本病。

(4) 流行季节 本病一年四季均可发生,但在冬季和早春发生较多。

【临床症状】 本病自然感染潜伏期为3~8周,人工感染为14~90天。病初高热,达40~42℃,精神沉郁,于第1天末或第2天,眼、口及鼻黏膜发生病变。临床上分为头眼型、肠型、皮肤型和混合型4种。

(1) 头眼型 眼结膜发炎,畏光流泪,之后角膜混浊(图1-12),眼球萎缩、溃疡及失明。鼻腔、喉头、气管、支气管及颌窦卡他性及伪膜性炎症,呼吸困难,鼻腔流出大量的脓性黏稠性分泌物(图1-13)。炎症可

图1-12 病牛眼结膜发炎,畏光流泪,角膜混浊

蔓延到鼻窦、额窦、角窦,角根发热,严重者两角脱落。鼻镜及鼻黏膜先充血,后坏死、糜烂、结痂。口腔黏膜潮红肿胀,出现灰白色丘疹或糜烂,流涎(图1-14)。病死率较高。

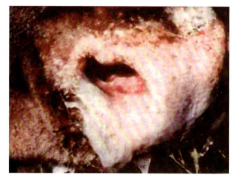

图 1-13　病牛鼻腔流出大量的脓性黏稠分泌物

图 1-14　病牛口腔黏膜潮红肿胀，流涎

（2）**肠型**　先便秘后下痢，粪便带血、恶臭。口腔黏膜充血，常在唇、齿龈、硬腭等部位出现伪膜，脱落后形成糜烂及溃疡。

（3）**皮肤型**　在颈部、肩胛部、背部、乳房、阴囊等处皮肤出现丘疹、水疱，结痂后脱落，有时形成脓肿。

（4）**混合型**　此型多见。病牛同时有头眼症状、胃肠炎症状及皮肤丘疹等。有的病牛呈现脑炎症状（图 1-15）。一般经 5~14 天死亡，病死率达 60%。

【**病理剖检变化**】剖检变化以黏膜的变化最明显。鼻窦、喉、气管及支气管黏膜充血、肿胀，有伪膜及溃疡。口、咽、食道的黏膜有糜烂、溃疡，皱胃黏膜充血水肿、斑块出血及溃疡（图 1-16），整个小肠充血、出血（图 1-17）。头颈部淋巴结充血和水肿，脑膜充血，呈非化脓性脑炎变化。肾皮质有白色病灶是本病的特征性病变（图 1-18）。

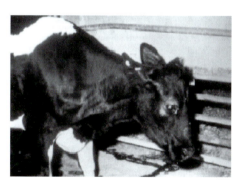

图 1-15　病牛表现出脑炎的神经症状

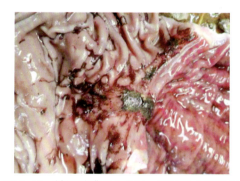

图 1-16　皱胃黏膜充血水肿、斑块出血及溃疡

图 1-17　小肠充血、出血

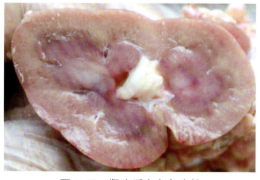

图 1-18　肾皮质有白色病灶

【类症鉴别】

病　　名	与牛恶性卡他热的相似点	与牛恶性卡他热的不同点
口蹄疫	有传染性，体温高（40~41℃），口腔黏膜有糜烂，流涎	传播迅速，口腔先生水疱而后破溃糜烂，蹄趾间也有水疱糜烂，眼、鼻不发炎，不流分泌物
水牛类恶性卡他热	有传染性，多散发，体温高（40℃以上），眼结膜高度潮红，流泪，流鼻液，体表淋巴结肿大，排恶臭稀粪	只有水牛感染，黄牛不感染，角膜、虹膜不发炎，口腔不糜烂、不流涎。心悸亢进，背、腹、臀部可听到心音
牛病毒性腹泻/黏膜病	有传染性，体温高（40~42℃），鼻、眼有分泌物，流涎，腹泻	多为6~18月龄犊牛，鼻镜糜烂。病初期白细胞减少，1~6天后增多，之后又减少，初泻如水，呈瓦灰色
牛传染性鼻气管炎（呼吸型）	有传染性，体温高（40℃），鼻黏膜充血、坏死，流脓性鼻液，结膜炎，流泪	口腔无病变、不流涎，角膜不发炎、无溃疡，不发生腹泻
牛传染性角膜结膜炎	结膜红肿，畏光流泪，角膜炎	不发热，口、鼻无炎症坏死、无脓性鼻液
牛蓝舌病	有传染性，体温高（41℃），口、鼻流脓性分泌物，呼吸急促	口唇水肿，褪色苍白，腿僵硬、跛行，蹄叶炎甚至蹄壳脱落
牛副流感	有传染性，体温高（41℃），脓性结膜炎，流脓性鼻液，呼吸困难，消瘦，下痢，步态不稳	鼻镜干、无糜烂，口腔黏膜无丘疹、无糜烂、不流涎；角膜无溃疡穿孔。用双份血清做副流感的中和试验或血凝抑制试验，若抗体滴度增加4倍即为阳性

【预防】　主要是加强饲养管理，增强牛抵抗力，注意栏舍卫生。牛、羊分开饲养，分群放牧。

【处理方法】　发现患病牛后，按《中华人民共和国动物防疫法》及有关规定，采取严格控制、扑灭措施，防止扩散。患病牛应隔离扑杀，污染场所及用具等，实施严格消毒。

【临床用药指南】

（1）输液治疗　用土霉素1~2克（或四环素同量）、5%糖盐水2000毫升、5%氢化可的松注射液60毫升、25%维生素C注射液4~6毫升、樟脑磺酸钠注射液20~30毫升静脉注射。12小时1次，如绝食可加25%葡萄糖注射液500毫升。

（2）中药治疗　用龙胆草、黄芩、柴胡、车前草、淡竹叶、地骨皮各60克，薄荷、僵蚕、牛蒡子、板蓝根、金银花、连翘、玄参各30克，栀子45克，茵陈120克，水煎服，每天1次。

（3）局部治疗　用金霉素眼膏或氯霉素眼药水点眼；用0.1%雷佛奴尔液冲洗鼻腔；用0.1%高锰酸钾液和稀碘液分别冲洗口腔。

三、牛狂犬病

狂犬病又称"恐水病""疯狗病"，是由狂犬病病毒引起的多种动物和人共患的一种接触性传染病。本病的临床特征是患病动物出现极度的神经兴奋、狂暴和意识障碍，最后全身麻痹而死亡。本病潜伏期较长，一旦发病常常因严重的脑脊髓炎而以死亡告终。

【流行特点】

（1）易感动物　狂犬病病毒感染的宿主范围非常广泛，人及所有温血动物都能感染，如犬、猫、猪、牛、马，以及野生肉食类的狼、狐、虎、豺和各种啮齿类动物等。尤其是犬科野生动物（如野犬、狐和狼等）更易感染，并可成为本病的自然保毒者。此外，吸血蝙蝠及某些食虫蝙蝠和食果蝙蝠也可成为该病毒的自然宿主（图1-19）。

（2）**传染源** 患病动物和带毒者是本病的传染源，患狂犬病的病犬是最危险的传染源。

（3）**传播途径** 传染源通过咬伤、抓伤其他动物而使其感染。因此本病发生时具有明显的连锁性，容易追查到传染源。在病毒从咬伤部位向中枢系统扩散的过程中，如用抗体处理，

图1-19 吸血蝙蝠在吸牛蹄部的血液

可推迟感染过程。此外，当健康动物的皮肤黏膜损伤时，接触患病动物的唾液，也有感染的可能性。也有经吸入带毒空气和误食污染饲料引起感染的报道。在患病动物体内，以中枢神经组织、唾液腺和唾液中的含毒量最高，其他脏器、血液和乳汁中也可能有少量病毒存在，病毒可在感染组织的胞质内形成特异的嗜酸性包涵体，叫内基小体。

（4）**流行季节** 本病呈散发，一年四季都可发生，以春夏和秋冬之交多见，病死率为100%。

【**临床症状**】 潜伏期差异很大，短则7天，长则3个月甚至数年不等。主要与咬伤部位、程度及唾液中所含病毒量有关，咬伤部位越靠近头部，发病率越高，症状越严重。病牛多呈急性经过，出现症状后5天左右死亡。典型临床症状表现有明显的前驱期、狂暴期和麻痹期。

（1）**前驱期** 精神沉郁，食欲下降，瘤胃积食，受到刺激后反应迟钝或易兴奋，持续几天。

（2）**狂暴期** 体温升高，哞叫不止（图1-20），频繁起卧，空口磨牙，感觉过敏，眼光凶恶，两耳直立，对接近它的人或动物有攻击行为（图1-21）。盲目转圈，强行挣脱绳索或颈枷，用头冲向饲槽或墙壁。大量流涎，唾液常呈丝状挂在口边（图1-22）。出现异食癖，吃入异物或土块。剧烈擦痒。性欲旺盛，频繁爬跨。持续2~4天。

图1-20 病牛哞叫不止

图1-21 病牛攻击其他牛

图1-22 病牛大量流涎，呈丝状挂在口边

（3）**麻痹期** 站立不稳，行走无力，后躯瘫痪呈犬坐姿势（图1-23）。粪尿失禁，舌悬垂于唇边，流涎，叫声嘶哑、哀鸣，最后麻痹死亡（图1-24）。

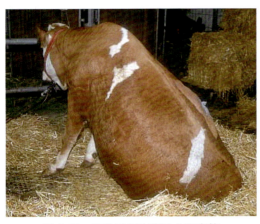 

图1-23　病牛后躯瘫痪呈犬坐姿势　　　　　图1-24　病牛麻痹死亡

【病理剖检变化】　尸体消瘦，体表有伤痕，口腔和咽喉黏膜充血或糜烂，胃内空虚或有异物，胃肠道黏膜充血或出血。内脏充血、实质变性。硬脑膜有时充血。组织学检查特征明显，常在大脑海马角及小脑和延脑的神经细胞浆内出现嗜酸性包涵体（内基小体），呈圆形或卵圆形，内部可见明显的嗜碱性颗粒。

【类症鉴别】

病　　名	与牛狂犬病的相似点	与牛狂犬病的不同点
口炎	大量流涎，食欲减退或废绝	口腔有炎症或溃疡，但无视觉障碍，不出现高温和不断哞叫及疝痛
口蹄疫	有传染性，体温高（40~41℃），大量流涎，食欲减退或废绝	唇、舌、齿龈有水疱和糜烂，同时蹄趾也有水疱和糜烂，传播迅速，不出现不断哞叫和视力障碍及疝痛
青草搐搦	体温高（40~40.5℃），步态蹒跚，吃草反刍废绝，吼叫、口流涎，行动盲目	无传染性，多数在施钾肥、氮肥多、低镁的草地放牧。在恶劣天气泌乳母牛易发病、感觉过敏，静卧时如有突发声音和触动即重发阵挛性惊厥，两耳及肌肉明显抽搐，心跳音亢进，距离牛体一定距离也可听到。血镁低于0.81毫克/升

【预防】　狂犬病的控制措施包括建立并实施疫情监测，及时发现并扑杀患病动物，认真贯彻执行所有防止和控制狂犬病的规章制度，包括扑杀野犬、野猫及各种限养犬等措施；加强对犬、猫等动物狂犬病疫苗的免疫接种工作，在狂犬病多发地区应定期进行冻干疫苗的免疫接种。目前国内使用的疫苗有狂犬病弱毒疫苗或其他疫苗联合制成的多联苗。

【临床用药指南】

（1）扑杀处理　目前狂犬病患病牛仍然无法治愈，因此当发现患病牛或可疑牛时应尽快采取不放血的方法扑杀、化制或销毁，不得屠宰利用，防止其攻击人及其他动物而造成本病的传播。

（2）咬伤后处理　如果牛被患病动物咬伤后，可按以下方法处理：①不要急于止血，要让伤口局部流些血，以冲出已进入伤口的部分狂犬病病毒；然后用20%肥皂水或0.1%新洁尔灭溶液、75%酒精、3%苯酚等溶液，反复洗伤口并用清水洗净，或烧烙伤口进行消毒。②创口小的可用消毒刀片做"十"字形扩创，挤压排出污血，局部再依次用5%碘酊和75%酒精消毒。③若伤口较深，可用注射器插入创口内部，彻底冲洗和消毒，创口不必缝合。④有条件的，在咬伤后用狂犬病血清在伤口周围做浸润注射，并尽早注射狂犬病疫苗20~50毫升，间隔3~5天，重复注射1次。⑤污染场地、用具等用2%氢氧化钠溶液或3%福尔马林溶液彻底消毒。⑥对与病牛有接触的人员立即接种狂犬病疫苗。

（3）**中药治疗** 在严格隔离的前提下，对发病比较缓慢的牛可用以下中药治疗。

1）大黄、水牛角各30克，山羊角25克，川黄连、生地黄各20克，连翘15克，党参、朱砂、茯神、远志、川贝母、知母、藁本、焦蒲黄、栀子、琥珀、土鳖虫、桃仁各10克，共研为末，加蜂蜜200克、猪胆2个、鸡蛋清4个、童便半碗，1次灌服。

2）竹根350~500克，荆芥、防风、茯苓、枳壳、桔梗、前胡、柴胡、羌活、川芎各60克，甘草30克，水煎灌服，每天1剂，连用2~3天。

四、口蹄疫

口蹄疫俗称"口疮""蹄癀"，是由口蹄疫病毒引起的偶蹄动物共患的一种急性、热性、高度接触性传染病。临床特征是传播速度快、流行范围广，成年动物的口腔黏膜、蹄部趾间和乳房等处皮肤发生水疱和溃烂，幼龄动物多因心肌炎使其死亡率升高。本病流行可造成巨大经济损失，世界动物卫生组织（OIE）将其列为必须报告的动物传染病，我国将其列为一类动物疫病。口蹄疫病毒具有多型性和变异性，根据抗原的不同，目前已发现O型、A型、C型、亚洲Ⅰ型、南非Ⅰ型、南非Ⅱ型、南非Ⅲ型7个不同的血清型和70多个亚型，各血清型之间均无交叉免疫性，同一血清型内各亚型之间仅有部分交叉免疫性。

【流行特点】

（1）**易感动物** 口蹄疫病毒可侵害多种动物（多达33种），但以偶蹄动物的易感性较高，按易感性的高低顺序排列为黄牛、牦牛、犏牛和水牛、骆驼、绵羊、山羊和猪。在野生动物中，黄羊、鹿、麝、野猪、象、长颈鹿、野牛、羚羊均可感染口蹄疫。一般幼畜的易感性高，死亡也多。人对本病也有易感性。马对口蹄疫具有极强的抵抗力。

（2）**传染源** 患病动物是本病最主要的传染源，发病初期的动物是最重要的传染源。患病动物能从疱液、口涎、乳汁、粪尿、泪液等排出病毒。病牛痊愈后较长时间仍可从唾液中排毒，有的长达5个月之久，有的康复1年后仍然带毒而引起本病的传播流行。

（3）**传播途径** 口蹄疫病毒以直接接触和间接接触方式传播。主要经消化道和呼吸道传播，也可经损伤的皮肤、黏膜、乳头而传播。可通过人或犬、蝇、蜱、鸟等动物媒介，或经车辆、器具等被污染物传播。如果环境气候适宜，病毒可随风远距离传播。空气也是一种重要的传播媒介，病毒能随风传播到50~100千米以外的地方，甚至能引起远距离的跳跃式传播，气源性传播在口蹄疫流行中起着重要作用。

（4）**周期性和流行季节** 本病传播迅速，流行猛烈，有时在同一时间内，牛、羊、猪等一起发病，且发病数量很多，对畜牧业危害相当严重。流行也有一定周期性，一般每隔1~2年或3~5年流行1次。发生季节因地区而异，牧区常表现为秋末开始，冬季加剧，春季减轻，夏季平息。而农区季节性不明显。

【临床症状】潜伏期2~7天，最长14天左右，病牛以口腔黏膜出现水疱为主要特征。病初，体温升高至40~41℃，精神委顿，食欲减退或废绝，反刍停止，口腔有明显牵缕状流涎并带有泡沫（图1-25），开口时有吸吮声。口腔黏膜发炎，口腔、舌及蹄部出现水疱，水疱呈蚕豆至核桃大小，内含透明的液体，主要发生于口唇、舌面、齿龈、软腭、颊部黏膜及蹄冠、蹄踵和趾间的皮肤，偶尔见于鼻镜、乳房、阴唇等部位。经过1~2天后水疱破裂，表皮剥脱，形成浅表的边缘整齐的红色糜烂（图1-26~图1-29）。若继发细菌感染则可导致病牛不能采食、站立困难，甚至蹄匣脱落，病程延长。病牛体重减轻和产奶量显著减少，特别是引起乳腺炎时，产奶量损失可高达75%，甚至泌乳停止乃至不能恢复。本病多取良性经过，经1周即可痊愈，但有蹄部病变时病程可延长至2~3周。哺乳犊牛患病时，水疱症状不明显，常呈急性胃肠炎和心肌炎症状而突然死亡。犊牛病死率为20%~50%，成年牛病死率为1%~3%。但也有些患牛可能在恢复过程中突然恶化（发生心肌麻痹而表现为心跳加快，节律失调，站立不稳，肌肉震颤，最后突然倒地死亡）而死亡，称为恶性口蹄疫。

图1-25　口腔有带有泡沫的牵缕状流涎

图1-26　口唇内面红色糜烂

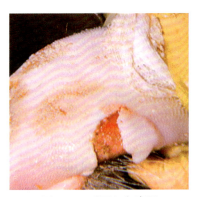

图1-27　舌面红色糜烂

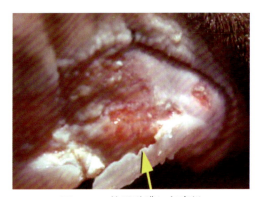

图1-28　软腭黏膜红色糜烂

【病理剖检变化】　在病牛的口腔、蹄部、乳房、咽喉、气管、支气管和前胃黏膜发生水疱（图1-30）、圆形烂斑和溃疡，上面覆有黑棕色的痂块。皱胃、大肠和小肠黏膜可见出血性炎症（图1-31）。具有诊断意义的是心脏病变，心包膜有弥漫性及点状出血，心肌断面有灰白色或浅黄色斑点或条纹，好似老虎身上的斑纹，称为"虎斑心"（图1-32）。心脏松软似煮肉状。

【类症鉴别】

病　　名	与口蹄疫的相似点	与口蹄疫的不同点
传染性水疱性口炎	有传染性，体温高（40~41℃），舌、唇黏膜有水疱，食欲减退，流涎	1岁以下的牛感染率低（口蹄疫犊牛比成年牛易感）。马也易感，不形成大流行。较少侵害蹄和乳房皮肤，发病率和死亡率很低

(续)

病　　名	与口蹄疫的相似点	与口蹄疫的不同点
牛病毒性腹泻/黏膜病	有传染性，体温高（41~42℃），口腔有溃疡、流涎，蹄部有糜烂、跛行	多发生于6~18月龄犊牛，有腹泻、蹄叶炎，不呈大流行
牛恶性卡他热	有传染性，体温高（40~41℃），口腔黏膜有糜烂，流涎	鼻黏膜和鼻镜也有坏死过程，还有角膜混浊和全眼球炎，全身症状严重，死亡率高，它的发生常与羊接触有关，呈散发
口炎	大量流涎，食欲、反刍减少	体温不升高，蹄趾部不出现水疱和糜烂，非传染病
牛狂犬病	有传染性，体温高（40~41℃），食欲、反刍减少或废绝，大量流涎	不形成大流行，有视力障碍，不断哞叫，有疝痛，蹄部不发生水疱和糜烂

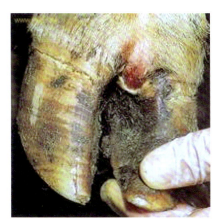

图1-29　趾间皮肤红色糜烂

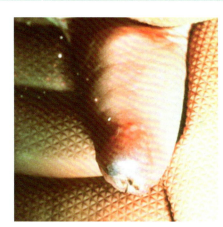

图1-30　乳头皮肤有水疱

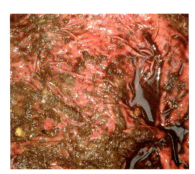

图1-31　皱胃黏膜出血性炎症

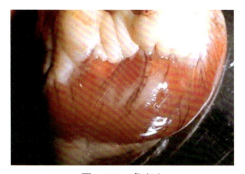

图1-32　虎斑心

【预防】　强制注射口蹄疫疫苗。在疫区、受威胁区根据流行的毒型注射口蹄疫疫苗。我国兰州兽医研究所和哈尔滨兽医研究所研制生产并已经使用的口蹄疫灭活疫苗，其型号有牛羊O型口蹄疫灭活疫苗（单价苗）和牛羊O~A型口蹄疫双价灭活疫苗（双价苗），免疫保护率一般为80%~90%，接种疫苗后10天产生免疫力，免疫持续期为6个月。注射方法、用量及注射以后的注意事项，必须严格地按照疫苗说明书执行。免疫所用疫苗的毒型必须与流行的口蹄疫病毒毒型一致，否则无效。注射后有时会出现副反应，必须事先做好护理和治疗的准备工作。

【临床用药指南】　当牛群中发现最初几个疑似口蹄疫的病例时，必须按照《中华人民共和国动物防疫法》及有关规定，采取紧急、强制性、综合性的控制和扑灭措施。应采取的处理措施如下：

1）应立即向当地动物防疫监督机构报告疫情，包括发病动物种类、发病数、死亡数、发病地点及范围、临床症状和实验室检疫结果，并逐步上报至国务院畜牧兽医行政主管部门。当地畜牧兽医行政主管部门接到疫情报告后，应立即划定疫点、疫区、受威胁区。由发病当地县级以上人民政府实行封锁，并通知毗邻地区加强防范，以免扩大传播。

2）采取水疱皮和水疱液等病料，送检定型。

3）扑杀患病牛和同群牛。按照"早、快、严、小"的原则，进行控制、扑杀。禁止患病牛外运，杜绝易感动物调入。饲养人员要严格执行消毒制度和措施。

4）对全群牛进行检疫，立即隔离患病牛。

5）实行紧急预防接种，对假定健康牛、受威胁区内的牛实施预防接种。建立免疫带，防止口蹄疫从疫区传出。

6）严格消毒。牛舍及用具用4%氢氧化钠溶液消毒，生皮用饱和盐水加0.2%氢氧化钠溶液消毒，毛及干皮用甲醛溶液熏蒸消毒。粪便送指定地点发酵后利用。

7）在最后一头患病牛痊愈或扑杀后，经14天无新病例出现时，经过彻底消毒后，由发布封锁令的政府宣布解除封锁。

五、口炎

口炎是口腔黏膜表层和深层组织的炎症的统称，包括舌炎、腭炎和齿龈炎。其病演变过程有单纯性局部炎症和继发性全身反应。

【发病原因】

（1）非传染性病因　有机械性（吃了粗糙或尖锐的饲料，饲料中混有木片、玻璃或麦芒等杂物；牙齿磨灭不正或各种坚硬机械的刺激）、温热性和化学性损伤（服用高浓度的刺激性药物如冰醋酸、酒石酸锑钾等；吃了有毒植物，误饮氨水等），以及核黄素、抗坏血酸、烟酸、锌等营养缺乏症。另外，霉菌性中毒、过敏反应也可引起口炎。

（2）传染性病因　见于微生物感染，如口蹄疫、坏死杆菌病、牛黏膜病、牛恶性卡他热、牛流行热、水疱性口炎、蓝舌病等特异病原性疾病。

【临床症状】　原发性口炎病牛常采食减少或停止，口腔黏膜潮红、肿胀、疼痛、流涎（图1-33），甚至糜烂、出血和溃疡（图1-34），口臭，全身变化不大。继发性口炎多见

图1-33　原发性口炎病牛流涎　　图1-34　原发性口炎病牛口腔黏膜潮红、肿胀、出血

有体温升高等各传染病固有的其他全身反应。如口蹄疫时，除口腔黏膜发生水疱及烂斑外（图1-35和图1-36），趾间及皮肤也有类似病变。另外，霉菌性口炎，常有采食发霉饲料的病史，除口腔黏膜发炎外，还表现下泻、黄疸等病症。过敏反应性口炎，多与突然采食或接触某种过敏原有关，除口腔有炎症变化外，在鼻腔、乳房、肘部和股部内侧等处见有充血、渗出、溃烂、结痂等变化。

图1-35 口蹄疫病牛口唇内面红色糜烂

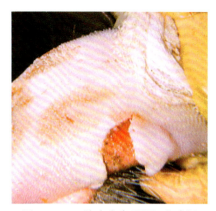

图1-36 口蹄疫病牛舌面红色糜烂

【类症鉴别】

病名	与口炎的相似点	与口炎的不同点
口蹄疫	口腔黏膜潮红、肿胀，或有水疱、溃疡、流涎、食欲减退或废绝	有传染性、体温40~41℃，仅见于偶蹄兽，蹄部趾间也有水疱和溃疡
牛恶性卡他热	口腔黏膜潮红、肿胀、流涎、拒食	有传染性、体温41℃，眼睑、头部肿胀，眼、鼻有分泌物，拉稀
牛狂犬病	流涎、拒食	有传染性、体温40℃或以上，口腔黏膜不红肿，不断哞叫直至声音嘶哑，阵发性腹痛并排黑软粪，且视力障碍
传染性水疱性口炎	口腔黏膜潮红、流涎、拒食	有传染性，呈地方性流行，蹄趾间有水疱，体温40℃左右
咽炎	流涎、拒食	咽部敏感，鼻孔也流黏液和泡沫，饮水时有水从鼻孔流出
食管炎	流涎、拒食	颈静脉沟处常可见食管充盈而有波动，低头鼻流涎液，导管探入食道有阻力，但稍用力即可通过
有机磷农药中毒	流涎、拒食	误食有机磷污染的饲草、饲料而发病。瞳孔缩小，腹痛，黏膜苍白，呼吸困难，全身颤抖、抽搐
牛病毒性腹泻/黏膜病	口腔黏膜有糜烂，流涎多	有传染性，体温40~42℃，眼鼻有分泌物，有腹泻

【预防】加强饲养管理，合理调配饲料，对粗硬饲草可进行碱化、粉碎处理；防止不良因素对口腔黏膜的刺激，口服给药时，药物温度不能过高，使用开口器时应避免损伤

黏膜等；不喂粗硬的、带芒的草料和严防损伤口舌的刺激性异物进入口腔，如口腔内有芒刺等异物要及时取出，防止因口腔受伤而发生原发性口炎；若在牛群中发现口炎病牛，应立即隔离病牛，观察治疗，查明原因，并对全场牛只进行监测，以防止本病的蔓延。

【临床用药指南】

（1）**局部治疗** 反复洗涤口腔，一般用1%食盐水或3%硼酸溶液或0.1%雷佛奴尔溶液，每天数次洗口；若口腔恶臭，用0.1%高锰酸钾溶液冲洗；若唾液分泌旺盛，用1%~2%明矾溶液或鞣酸溶液洗口；若口腔黏膜溃烂或溃疡时，口腔洗涤后溃烂面涂10%磺胺甘油乳剂或碘甘油（5%碘酊1份，甘油9份），每天2次；用青霉素80万单位加适量蜂蜜混匀后，每天涂抹数次。

（2）**中药治疗** 可在口腔内衔冰硼散、青黛散，每天1次。

（3）**输液治疗和消炎治疗** 病情严重、体温升高、不能采食时，要静脉注射葡萄糖，并结合抗菌药物或磺胺药物治疗等；每天2次经胃管投入流质饲料。

（4）**治疗原发病** 对传染病合并口炎症者，在治疗口炎的同时，宜隔离治疗传染病并消毒。

六、食管阻塞

食管阻塞是由于吞咽物过于粗大和（或）咽下机能紊乱所致的一种食管疾病。临床上以突发吞咽障碍、流涎和瘤胃臌气等为特征。

【发病原因】阻塞物除日常饲料外，还有马铃薯（图1-37）、甜菜、萝卜等，还可能有西瓜皮、洋芋、玉米棒、包心菜根、落果及胎衣等。也见有误食塑料袋、地膜等异物造成食管阻塞的。原发性阻塞常发生在饥饿、抢食、采食受惊等应激状态下或麻醉复苏之后。继发性阻塞常伴随于异食癖（营养缺乏症）、脑部肿瘤，以及食管的炎症、痉挛、麻痹、狭窄、扩张、憩室等疾病。

【临床症状】按其程度，可分为完全阻塞和不完全阻塞。按其部位，可分为咽部食管阻塞、颈部食管阻塞和胸部食管阻塞。若为咽部食管阻塞，采食中止，突然发病；口腔和鼻腔大量流涎（图1-38）；低头伸颈，徘徊不安或摇头缩颈，做吞咽动作（图1-39）；几番吞咽或试着饮水后，随着一阵颈项挛缩和咳嗽发作，大量饮水和（或）唾液从口腔和鼻孔喷涌而出（图1-40）。若为颈部食管阻塞，可见局限性膨隆，能摸到堵塞物（图1-41）。若为

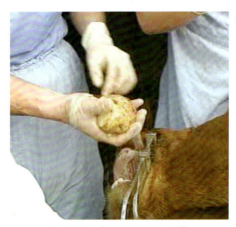

图1-37 食管阻塞物马铃薯

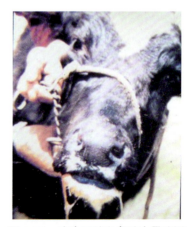

图1-38 病牛口腔和鼻腔大量流涎

胸部食管阻塞，由于咽下的唾液积存于阻塞物前部的食管中，可看到左颈静脉沟处出现膨大的食管，触诊有波动，如用手向口腔方向挤压，则有大量泡沫状唾液从口、鼻流出。不完全阻塞，液体可以通过食管，而食物不能下咽。完全阻塞，在阻塞物上方部位可积存液体，手触有波动感，由于不能嗳气而迅速继发瘤胃臌气和呼吸困难（图1-42）。食管阻塞时，如有异物吸入气管可发生异物性气管炎和异物性肺炎。

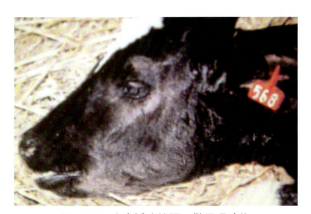

图1-39 病牛摇头缩颈，做吞咽动作

图1-40 唾液从口腔和鼻孔喷涌而出

图1-41 颈部食管局限性膨隆，能摸到堵塞物

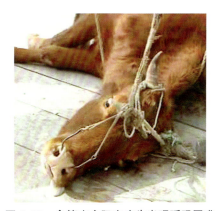

图1-42 食管完全阻塞病牛出现呼吸困难

【类症鉴别】

病　　名	与食管阻塞的相似点	与食管阻塞的不同点
咽炎	口流涎，有时鼻也流涎，喝水能从鼻孔流出，头颈伸直	缓慢和少量喝水时鼻不流水，咽部肿胀敏感，食管无积液波动
喉囊炎肿	流涎，有时头颈伸直	喉部热肿，呼吸困难，呼吸有鼾声，喝水鼻不流涎
食管炎	口鼻流涎，吃草吞咽困难，大口喝水从鼻流出	咽、食管内无硬结，用导管探诊排出食管积液后灌水能入胃，导管至炎症处即感到阻力，但稍用力即可通过
破伤风	头颈伸直，口腔潴留大量唾液，嘴张开时流涎	两耳直立，牙关紧闭，四肢强直如木马

【预防】 为了预防本病的发生，应防止牛偷食未加工的块根饲料；补喂牛生长素制

剂或饲料添加剂；清理牧场、厩舍周围的废弃杂物。

【临床用药指南】 治疗要点是润滑管腔，缓解痉挛，清除堵塞物。

(1) 瘤胃穿刺减压 对已经发生瘤胃臌气的病牛，应立即用套管针在肷俞穴穿刺，缓慢放出瘤胃内气体后，再做其他处理。

(2) 镇静并疏通食管 应用镇痛解痉药，并以1%~2%普鲁卡因溶液混以适量液状石蜡或植物油灌入食管。然后依据阻塞部位和堵塞物性状，选用下列方法疏通食管。

1）直接掏取法。若阻塞物在近咽部，妥善保定后，先给牛戴上开口器，用胃管灌入液状石蜡100~300毫升，一人用双手在食管两侧将堵塞物推至咽部，另一人将手或钝钳伸入咽内取出堵塞物。

2）推送法。先用胃管将液状石蜡或豆油150~200毫升、2%盐酸普鲁卡因注射液30毫升，投入到阻塞部，10~15分钟后用硬质胃管或接打气管气压或接水管水压推送阻塞物至胃内。

3）挤出法。颈部垫以平板，手掌抵堵塞物下端，向咽部挤压，从咽部取出。

4）砸碎法。当阻塞物易碎、表面光滑并阻塞在颈部食管时，可在阻塞物两侧垫上软垫，将一侧固定，在另一侧用木槌或拳头砸（用力要均匀），使其破碎后咽入瘤胃。

5）吸取法。阻塞物如为草料食团，可将牛保定好，送入胃管后用橡皮球吸取水，注入胃管，在阻塞物上部或前部软化阻塞物，反复冲洗，边注入边吸出，反复操作，直至食管畅通。

6）手术法。若上述方法无效，切开食管，取出堵塞物。

七、有机磷农药中毒

有机磷农药中毒是指畜禽接触、吸入或误食某种有机磷农药后发生的以呈现腹泻、流涎、肌群震颤为特征的一种疾病。各种动物均可发生。临床上以体内胆碱酯酶活性被钝化，乙酰胆碱蓄积而出现胆碱能神经兴奋效应为特征。

【发病原因】 有机磷农药是一种毒性较强的接触性神经毒，主要通过饲草的残存或因操作不慎污染而造成牛生产性或事故性中毒。

【临床症状】 牛中毒后多在1~3小时内出现症状，最快的在采食后20分钟即可发病。有机磷农药中毒后主要表现为胆碱能神经兴奋，乙酰胆碱大量蓄积，出现毒蕈碱样、烟碱样症状及中枢神经系统症状。

(1) 毒蕈碱样症状 又称"M样症状"，主要表现为胃肠运动过度、腺体分泌过多而导致腹痛，病牛回顾腹部，反刍、嗳气减少甚至消失，瘤胃臌气，肠音高亢，腹泻，粪尿失禁，不时排出稀软或水样带血粪便（图1-43）。大量流涎（图1-44），流泪，鼻孔和口角有白色泡沫，瞳孔缩小呈线状，食欲废绝，可视黏膜苍白等。呼吸困难，呼出气中带有蒜臭味，四肢末端厥冷，听诊肺区有湿啰音。尿频，全身出汗。

(2) 烟碱样症状 又称"N样症状"，表现肌肉痉挛，如上下眼睑、颈、肩胛、四肢肌肉发生震颤，常以三角肌、斜方肌和股二头肌最明显，严重者波及全身肌肉，出现肌群震颤。继发骨骼肌无力和麻痹，心跳加快。重则强直性痉挛，共济失调，倒地不起，最后因呼吸肌麻痹窒息而死（图1-45）。

(3) 中枢神经系统症状 由于乙酰胆碱在脑组织中蓄积，影响中枢神经之间冲动的传导，而出现过度兴奋或高度抑制，后者多见。

图1-43 排出水样带血粪便

图1-44 病牛流涎

【病理剖检变化】 胃黏膜充血、出血（图1-46和图1-47）、肿胀，黏膜易脱落，肺充血、肿大，气管内有白色泡沫（图1-48），肝脏、脾脏肿大，肾脏混浊、肿胀，包膜不易剥落。

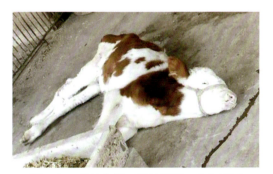
图1-45 共济失调，倒地不起，窒息而死

图1-46 瓣胃黏膜充血、出血

图1-47 皱胃黏膜充血、出血

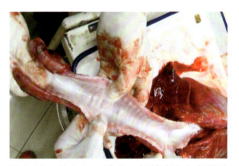
图1-48 肺充血、肿大，气管内有白色泡沫

【类症鉴别】

病　名	与有机磷农药中毒的相似点	与有机磷农药中毒的不同点
癫痫	眼球、肌肉震颤、卧地时四肢乱蹬	没有与农药接触史，口流白沫，不流涎，不出现呼吸困难，当病发作几分钟或十几分钟即恢复正常状态
食盐中毒	失神，肌肉震颤，磨牙，卧地乱蹬腿	曾过量采食食盐、腌水或超量应用氯化钠，烦渴，尿少或无尿，瞳孔散大

【预防】 预防本病的根本措施是建立和健全有机磷农药的购销、运输、保管和使用制度，以防牛误食；喷洒过农药的田地或草场要做好标记，在7~30天内严禁牛群进入摄食，也严禁在场内刈割青草饲喂牛；使用敌百虫药驱寄生虫时应严格控制剂量；研制高效、低毒、低残留的新型有机磷农药。

【临床用药指南】

(1) 排除毒物 首先立即使中毒牛脱离毒源，马上停止使用可疑饲料和饮水；其次除去尚未吸收的毒物，经皮肤沾染的可充分用清水、5%石灰水、0.5%氢氧化钠溶液或肥皂水洗刷皮肤；经消化道中毒的，可用大量清水、2%~3%碳酸氢钠溶液或食盐水洗胃，并灌服活性炭。注意，敌百虫中毒不能用碱水洗胃和清洗皮肤，否则会转变成毒性更强的敌敌畏。

(2) 特效解毒 目前常用的解毒药有两种，一种是抗M受体拮抗剂；另一种为胆碱酯酶复活剂。

1) 抗M受体拮抗剂。即乙酰胆碱对抗剂，常用硫酸阿托品，其一次用量为10~50毫克，皮下或肌内注射。中毒严重时以1/3剂量缓慢静脉注射，2/3剂量皮下注射。经1~2小时症状未见减轻的，可减量重复应用，直到出现所谓"阿托品化"状态（即口腔干燥、出汗停止、瞳孔散大、心跳加快等）。"阿托品化"状态之后，应每隔3~4小时皮下或肌内注射1次一般剂量阿托品，以巩固疗效。此外，山莨菪碱（654-2）和樟柳碱（703）对有机磷农药中毒有一定疗效。

2) 胆碱酯酶复活剂。胆碱酯酶复活剂，常用的有解磷定、氯解磷定和双复磷等。解磷定剂量为每千克体重20~50毫克，用5%葡萄糖溶液或生理盐水配成2.5%~5%溶液，缓慢静脉注射；以后每隔2~3小时注射1次，剂量减半，直至症状缓解。氯解磷定，剂量同解磷定，可肌内注射或静脉注射。双复磷，每千克体重40~60毫克，皮下、肌内或静脉注射。

(3) 对症治疗 除采取以上措施外，还需要进行对症治疗。

1) 治疗过程中特别注意保持病牛呼吸道的通畅，防止呼吸衰竭或呼吸麻痹，如消除肺水肿、兴奋呼吸、输入高渗葡萄糖溶液等。

2) 口服中毒者，应及早洗胃，适量应用阿托品，勿过早停药。

(4) 中药治疗

1) 防风60克，绿豆250~500克，煎水灌服，每天2次，连用2天。

2) 甘草120克，绿豆250~500克，煎水灌服，每天2次，连用2天。

八、尿素中毒

尿素中毒是指牛采食过量尿素引起的以肌肉强直、呼吸困难、循环障碍，新鲜胃内容物有氨气味为特征的一种中毒病。主要发生在反刍动物，多为急性中毒，死亡率很高。

【发病原因】 发病原因主要是尿素饲料使用不当。如将尿素溶解成水溶液喂给时，易发生中毒；饲喂尿素的牛，若不经过逐渐增加用量，初次就按定量喂给，也易发生中毒；不严格控制定量饲喂，或对添加的尿素未均匀搅拌等，都能造成中毒。将尿素堆放在饲料的近旁，导致发生误用（如误认为食盐）或被牛偷吃。此外，由于饲料中糖类含量不足，而豆科饲料比例过大，饮水不足、体温升高、肝功能紊乱、瘤胃液pH升高，以及饥饿或间断性饲喂尿素等，也可成为中毒诱因。

【临床症状】 中毒症状出现的迟早和严重程度与食入的尿素量和血氨浓度有关。牛在食入中毒量尿素后30~60分钟即出现症状，起初表现为沉郁和呆滞，接着表现不安和感光过敏、呻吟，反刍停止，瘤胃臌气，肌肉抽搐、震颤，步态不稳，反复出现强直性痉挛，呼吸困难，脉搏加快，出汗，流涎（图1-49）。后期病牛倒地，肛门松弛，四肢游泳状划动，窒息而死亡（图1-50）。血氨浓度升高至4.7毫摩尔/升（正常为0.12~0.36毫摩尔/升），红细胞压积增高，血液pH在中毒初期升高，死亡前下降并伴有高血钾，尿液pH升高。

【病理剖检变化】 鼻孔内流出红褐色液体，眼球下陷（图1-51），眼结膜发绀，阴道黏膜发绀，有白色胶冻样物，皮下瘀血。腹腔内有强烈的腐败气味。瘤胃饱满，浆膜呈暗褐色，切开后有刺鼻的氨味，黏膜脱落，底部出血（图1-52），胃内容物呈现红白相间。肠黏膜脱落、出血（图1-53），尤其是小肠前段的出血和溃疡严重。肝脏肿大，含血量多（图1-54），质地变脆，胆囊扩张，充满胆汁。肾脏肿大，有大量的尿酸盐沉积。肺脏瘀血，支气管内有粉红色泡沫状分泌物。心外膜有鲜红色弥漫性出血点（图1-55）。心室扩大，血凝块分层明显。隔膜有轻度充血和少量瘀血。

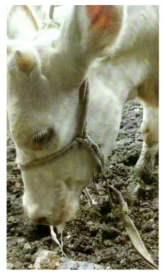

图1-49 病牛表现呆滞、出汗、流涎

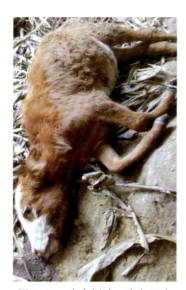

图1-50 病牛倒地，窒息死亡

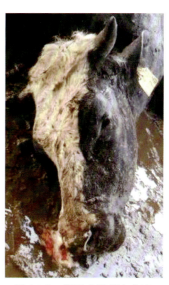

图1-51 鼻孔内流出红褐色液体，眼球下陷

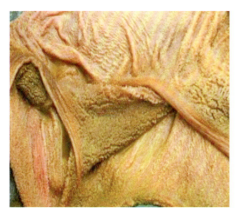

图1-52 瘤胃黏膜出血

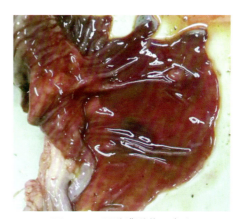

图1-53 肠黏膜脱落、出血

图1-54 肝脏肿大,含血量多

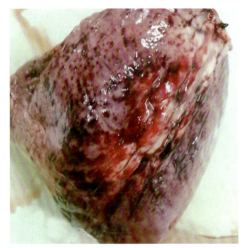
图1-55 心外膜有鲜红色弥漫性出血点

【类症鉴别】

病　　名	与尿素中毒的相似点	与尿素中毒的不同点
有机磷农药中毒	肌肉震颤、站立不稳,步态蹒跚,呼吸困难,流涎,绝食,呻吟,心跳加快	因采食或饮用有机磷农药污染的饲料或水,或给牛体喷洒药物灭虱而发病。眼球震颤、凸出,瞳孔缩小,拉稀,胃内容物和呼出气有大蒜气味,体温不高
有机氟化物中毒	沉郁,阵发性痉挛,心跳加快,知觉过敏(死前),呻吟,绝食,步态不稳	因采食有机氟化物污染的饲料或饮水而发病,并未接触尿素。牛瞳孔散大,痉挛常持续9~18小时,突然倒地狂叫,角弓反张,四肢痉挛、划动,衰竭死亡

【预防】

(1) **注意初次饲喂尿素添加量要小**　大约为正常喂量的1/10,以后逐渐增加到正常饲喂量,持续时间为10~15天,并要供给玉米、大麦等富含糖和淀粉的谷类饲料。一般添加尿素量为日粮的1%左右,最多不应超过日粮干物质总量的1%或精料干物质的3%。

(2) **注意使用尿素饲料要合理**　使用尿素要适量,要将添加的尿素均匀地搅拌在粗精饲料中饲喂;不能将尿素溶于水后饲喂;也不能给牛饲喂尿素后让其立即大量饮水;尿素不宜与豆饼、南瓜等含有尿素酶的饲料同喂。

(3) **必须严格遵守饲料保管制度**　不能将尿素饲料同其他饲料混杂堆放,以免误用;在牛舍内应避免放置尿素饲料,以免被偷吃。

【临床用药指南】　无特效药物。

1) 发现中毒时应立即停喂尿素,并用食醋500~1000毫升,或用5%醋酸4500毫升加适量水,成年牛1次灌服。

2) 用5%葡萄糖溶液或5%糖盐水3000~4000毫升、25%葡萄糖溶液500毫升、25%维生素C注射液8~10毫升、10%安钠咖注射液30毫升(或樟脑磺酸钠注射液20毫升)静脉注射。必要时在12~24小时再注射1次。

3) 用硫代硫酸钠5~10克,用蒸馏水配成5%~20%溶液静脉注射或肌内注射。

4) 肌肉抽搐时,可肌内注射苯巴比妥(每千克体重5~15毫克,用蒸馏水或生理盐水溶解）；或用25%硫酸镁溶液40~100毫升，肌内注射。

5）呼吸困难时，可使用盐酸麻黄碱，成年牛50~300毫升，肌内注射。

6）中药治疗。绿豆250克、滑石粉250克、炙甘草80克，水煎取汁，候温灌服。

九、硝酸盐和亚硝酸盐中毒

硝酸盐和亚硝酸盐中毒是牛摄入过量含有硝酸盐或亚硝酸盐的植物或饮水，引起的以皮肤发红、黏膜发绀、呼吸困难、角弓反张、血液凝固不良为特征的一种中毒病。

【发病原因与发病机理】白菜、油菜、菠菜、芥菜、韭菜、甜菜、萝卜、玉米秸秆、苜蓿等青绿植物，是喂牛的良好饲料，但又都含有数量不等的硝酸盐。亚硝酸盐为硝酸盐在硝化细菌的作用下，还原为氨的过程中的中间产物。硝化细菌广泛分布于自然界中，适宜的生长温度为20~40℃，青绿饲料堆放过久发酵腐熟或在牛的瘤胃中，硝酸盐可转化为亚硝酸盐，毒性大大提高，而引起亚硝酸盐中毒。亚硝酸盐中的亚硝酸根（NO_2^-）具有强氧化性，可将血液中的氧合血红蛋白迅速地氧化成高铁血红蛋白，从而使血红蛋白失去携氧功能，导致组织细胞缺氧。因血液与组织都缺氧，故发病牛可视黏膜呈暗红色。

【临床症状】多在食后1~5小时出现症状。病牛精神沉郁，茫然呆立，步态蹒跚，肌肉震颤，高度呼吸困难（1-56），心跳加快，眼结膜及口、鼻黏膜发绀。常伴有流涎（图1-57），腹痛，腹泻（图1-58），有时可有呕吐。瘤胃蠕动减弱甚至消失，反刍停止，嗳气减少或停止，瘤胃臌气。重者耳、鼻、四肢冰凉，体温正常或稍有下降。最后卧地不起，四肢划动，全身痉挛挣扎死亡。严重的几分钟到1小时死亡。轻的可以耐过而自然恢复。

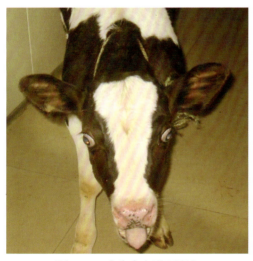

图1-56　病牛高度呼吸困难

图1-57　病牛大量流涎

【病理剖检变化】最具特征的变化是血液呈黑红色或咖啡色如酱油状，凝固不良（图1-59），与空气接触很久仍不变为鲜红色。胃肠道有炎性病变，心肌变性柔软或出血，肺充血。

图 1-58　病牛腹泻

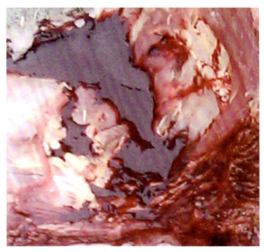

图 1-59　病牛的血液凝固不良，如酱油状

【类症鉴别】

病　　名	与硝酸盐和亚硝酸盐中毒的相似点	与硝酸盐和亚硝酸盐中毒的不同点
炭疽病	呼吸困难，腹泻，肌肉震颤，黏膜呈蓝紫色，死后血液呈黑红色、凝固不良	体温高（42℃），有传染性，濒死时天然孔出血。亚急性在喉、颈、胸前、腹下、肩胛、乳房等处出现有热痛的肿胀。血检有炭疽杆菌
氢氰酸中毒	体温不高或偏低，流涎，腹痛，呼吸困难，脉搏细弱，肌肉震颤	吃了含氢苷的嫩高粱、玉米苗或其收获后的再生苗发病。呼出气有杏仁味，可视黏膜鲜红
无机氟化物中毒	食欲、反刍废绝，流涎，腹痛，腹泻，肌肉震颤，呼吸困难	因采食无机氟矿区、温泉、炼铝、氟化盐厂的废水污染的饲料或水而发病，有强直性痉挛，感觉过敏，易惊，尿的含氟量在 10 毫克/千克以上（正常为 2~6 毫克/千克）

【预防】　本病预防要注意喂牛的青绿饲草收割后应摊开敞放，不要露天堆积、日晒雨淋，如已发热不应喂牛；接近收割期的青绿饲料不能再施用硝酸盐等化肥农药，曾用硝酸盐化肥和除莠剂的植物和污染的水不要给牛饮食，以免发生中毒；对已经中毒的病牛，应迅速抢救。

【临床用药指南】

（1）特效解毒　治疗本病特效解毒剂是美蓝（亚甲蓝），剂量为每千克体重 8~10 毫克，加生理盐水或葡萄糖溶液，制成 1% 溶液，静脉注射。用甲苯胺蓝治疗变性血红蛋白效果比美蓝好，剂量按每千克体重 5 毫克制成 5% 溶液，静脉注射，也可用于肌内或腹腔注射。同时应给予大剂量维生素 C（3~5 克）和静脉滴注高渗葡萄糖以增强疗效。

（2）对症治疗　呼吸困难者，可用 25% 尼可刹米注射液 10~20 毫升，皮下注射。或用 5% 糖盐水 1000 毫升、50% 葡萄糖注射液 100 毫升、20% 安钠咖注射液 20 毫升，静脉注射。或用 10% 维生素 C 注射液 30~50 毫升，1 次肌内注射；或按每千克体重 5~20 毫克，加入 25% 葡萄糖注射液 500 毫升中，静脉注射。或用硫代硫酸钠 5~20 克，静脉注射。当出现高度呼吸困难时，可用 3% 过氧化氢溶液 80 毫升、10% 葡萄糖注射液 2000 毫升，静脉注

射；或用 0.1% 高锰酸钾溶液 500~1000 毫升，10 分钟后再灌服 1% 硫酸铜溶液 100 毫升；或用十滴水 30~50 毫升，加入等量水，1 次缓慢灌服。

（3）**采用放血等疗法** 通过尾尖、蹄头、耳静脉或颈静脉放血 500~1000 毫升，放血的同时于对侧颈静脉注射 5% 糖盐水补液，直至血液黏稠度接近正常为止。

（4）**中药治疗** 用绿豆粉 500~700 克、甘草末 100 克，开水冲调，候温，1 次灌服。

第二章 前胃弛缓疾病的鉴别诊断与防治

第一节 前胃弛缓疾病概述及发生的因素

一、概述

(1) 前胃弛缓的简介 前胃弛缓又称"脾胃虚弱",是由各种病因导致前胃兴奋性降低,平滑肌收缩力减弱,瘤胃内容物运转缓慢,菌群紊乱,产生大量发酵和腐败的物质,引起消化障碍和全身机能紊乱的一种综合征。前胃弛缓不是一个独立的疾病,而是牛胃肠尤其是前胃疾病和全身性疾病伴有的症候群。因此,俗称的前胃弛缓应称之为单纯性消化不良。其临床上以食欲减退,前胃蠕动机能减弱或停止,反刍、嗳气减少或丧失为特征。本病是牛前胃疾病中最为常见的一种,舍饲的牛多发,尤其是肉牛和奶牛,多见于早春和晚秋。

(2) 生理解剖基础 牛的胃为复胃,包括瘤胃、网胃(又称蜂巢胃)、瓣胃(又称重瓣胃或百叶胃)和皱胃(真胃)4个胃(图2-1)。前3个胃的黏膜没有腺体分布,相当于单胃的无腺区,总称为前胃;只有皱胃的黏膜分布有消化腺,能分泌胃液,机能与单胃相同,所以又称为真胃。4个胃的相对容积和机能随牛的年龄而发生很大的变化。

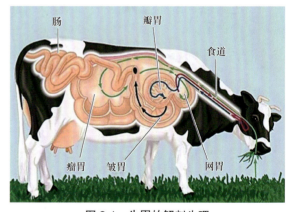

图 2-1 牛胃的解剖生理

1) 瘤胃。瘤胃是牛重要的消化器官。必须促进瘤胃的尽早发育,以便使牛的生产性能得到充分发挥。新生犊牛的瘤胃在整个复胃体积中所占比例只有25%左右。而网胃、瓣胃和皱胃体积所占比例分别为5%、10%和60%左右。随着犊牛的生长,瘤胃体积所占比例迅速增加,10~12周龄时占67%,4月龄时占80%。成年牛瘤胃的体积约占整个复胃体积的80%左右。瘤胃前面接食管,前下方与网胃相接,占腹腔的左半部,一部分越过正中线达腹腔右半部。严重的瘤胃积食,其右侧胃壁可压挤肠袢,并继发假性肠梗阻。瘤胃的前端与网胃之间形成瘤网胃间褶,是瘤胃与网胃的分界线,两室相通之处为瘤网胃间孔,发生创伤性网胃腹膜炎时,可由此将网胃内异物取出。

2）网胃。网胃在4个胃中容积最小，成年牛的网胃占整个复胃体积的5%左右。网胃的上端有瘤网孔与瘤胃背囊相通，瘤网孔下方有网瓣孔与瓣胃相通。网胃壁黏膜形成许多网格状皱褶，形似蜂巢，并布满角质化乳头，因此，又称网胃为蜂巢胃。网胃位于剑状软骨区的体正中面偏左，与第6~8肋骨相对。其前壁紧贴膈，而膈与心包的距离仅为1.5厘米，当饱食后，膈与心包几乎相接。因此，当牛吞食金属异物后停留在网胃内时，由于网胃的蠕动常刺穿网胃壁而引起创伤性网胃腹膜炎，严重者可刺穿膈进入心包而引起创伤性心包炎。

3）瓣胃。瓣胃呈球形，很坚实，位于右季肋部、网胃与瘤胃交界处的右侧，在肩端水平线与第8~11肋间隙相对。成年牛瓣胃占整个复胃体积的7%左右。瓣胃的上端经网瓣孔与网胃相通，下端有瓣皱孔与皱胃相通。瓣胃黏膜形成百余叶瓣叶，从纵剖面上看，很像一叠"百叶"所以俗称"百叶肚"。瓣胃的作用是对食糜进一步研磨，并吸收有机酸和水分，使进入皱胃的食糜更细，含水量降低，利于消化。

4）皱胃。皱胃位于右季肋部和剑状软骨部，与腹腔底部紧贴。成年牛皱胃占整个复胃体积的8%左右。皱胃前端粗大，称为胃底，与瓣胃相连；后端狭窄，称为幽门部，与十二指肠相接。皱胃黏膜形成12~14片螺旋形大皱褶。围绕瓣皱孔的黏膜区为贲门腺区；近十二指肠黏膜区为幽门腺区；中部黏膜区为胃底腺区。皱胃分泌的胃液含有胃蛋白酶和胃酸，以消化来自前胃的食糜。

二、疾病发生的因素

前胃弛缓分为原发性前胃弛缓（也称单纯性消化不良）和继发性前胃弛缓两大类。

（1）原发性前胃弛缓 主要是饲养不当引起的。当长期饲喂粗硬、劣质、难以消化的饲料时，如豆秸、甘薯蔓、糠秕、秸秆等，强烈刺激胃壁，尤其在饮水不足时，前胃内容物是缠结成难以移动的团块，影响瘤胃内微生物的消化活动；反之，当长期饲喂柔软刺激性小或缺乏刺激性的饲料，如麸皮、面粉、细碎精料等，不足以兴奋前胃机能，均易发生前胃弛缓。饲喂品质不良的草料，如发酵变质的青草、青贮料、酒糟、豆腐渣等，或草料突然变换，前胃机能一时不易适应，也是发生前胃弛缓的常见原因。另外，血钙水平降低、矿物质和维生素缺乏、管理不当（主要是过度使役或运动不足）、应激反应等因素也可发生前胃弛缓。

（2）继发性前胃弛缓 可见于皱胃和肠道疾病、口腔疾病、外产科疾病、营养代谢病、某些传染病和寄生虫病、治疗中用药不当引起菌群失调等症候性前胃弛缓，其病因主要是前胃运动神经调控失衡和前胃内环境改变。

第二节　前胃弛缓疾病的诊断思路及鉴别诊断要点

一、诊断思路

临床上遇到前胃弛缓的病牛，首先应根据腹围的大小，区分是腹围膨大性前胃弛缓还是腹围不大性前胃弛缓；然后应根据腹围膨大的部位，区分是左侧膨大还是右侧膨大；再根据腹围膨大的特点，区分是积气性、积液性还是积食性腹围膨大，进一步确诊。

对腹围不大性前胃弛缓,应根据腹部听叩诊有无钢管音为线索进行鉴别诊断。对左侧腹部有钢管音的,在排除瘤胃积液、积气性疾病,如瘤胃酸中毒、迷走神经性消化不良等,应考虑皱胃左方变位;对右侧腹部有钢管音的,应考虑皱胃右方变位及扭转、盲肠扩张及扭转等疾病;对无钢管音的,可根据病牛粪便的性状,进一步鉴别,见图 2-2。

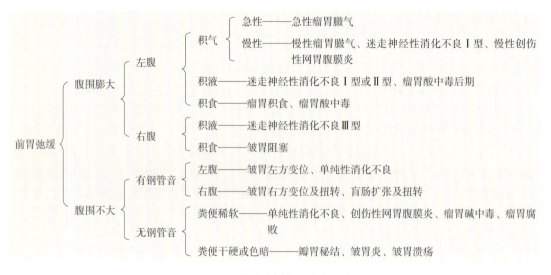

图 2-2　前胃弛缓鉴别诊断思路

二、鉴别诊断要点

(1) 具有前胃弛缓综合征的前胃疾病

1) 单纯性消化不良。即俗称的前胃弛缓,具有饲养失宜的病史,瘤胃触诊内容物松软,增强瘤胃运动机能、改善瘤胃内环境疗效显著。

2) 瘤胃积食。具有过食病史,瘤胃内容物膨满而黏硬,左腹膨大,排粪迟滞。

3) 瘤胃臌气。具有采食大量易发酵饲料病史,临床上以呼吸高度困难、腹围急剧膨大、触诊瘤胃紧张而富有弹性为特征。

4) 瘤胃酸中毒。具有过食富含碳水化合物的谷物饲料病史,起病急、病程短、全身症状重剧,消化障碍明显,瘤胃内容物稀软,pH 低于 5,严重脱水,循环衰竭。

5) 创伤性网胃腹膜炎。顽固性消化障碍,触压网胃疼痛,行为、姿势异常。

6) 瓣胃阻塞。瓣胃蠕动减弱或消失,触诊疼痛,瓣胃穿刺有阻力,排粪干少、色暗。

7) 瘤胃碱中毒。具有采食高蛋白质饲料或非蛋白氮物质过多的病史,消化不良,反复发生中等程度瘤胃臌气,瘤胃内容物 pH 大于 7.5,代谢性碱中毒。

8) 迷走神经性消化不良。具有创伤性网胃腹膜炎病史,迁延数周的慢性病程,厌食、逐渐消瘦,排粪迟滞,肚腹膨大,瘤胃和(或)皱胃积食、积液、积气,直肠检查瘤胃呈现"L"形扩张。

(2) 具有前胃弛缓综合征的皱胃疾病

1) 皱胃阻塞。具有长期采食粗硬或细碎草料的生活史,右下腹膨隆,直肠检查皱胃膨大、后移、内容物黏硬、代谢性碱中毒、低氯血症、低钾血症。

2）皱胃溃疡。排柏油样黑便，明显的贫血体征，触压皱胃部疼痛，有的表现局限性腹膜炎的症状。

3）皱胃左方变位。在分娩或流产后呈现消化不良、轻度腹痛、酮病，常规治疗无效或复发，左肋弓后上方局限性膨隆，冲击或触诊有震水音，叩诊发鼓音，听叩诊相结合有钢管音，穿刺液 pH 为 1~3。

4）皱胃右方变位。具有皱胃左方变位的症状，右肋弓后腹中部膨隆，冲击式触诊有震水音，叩诊呈鼓音，听叩诊相结合有钢管音，穿刺液 pH 为 1~3。皱胃发生扭转时，腹痛剧烈，全身症状重剧，迅速发生循环衰竭。

5）盲肠扩张及扭转。产后不久显现前胃弛缓，发生扭转时，恒见腹痛表现，排糊状暗黑色便，右饥窝有鼓音区和钢管音，低钾低氯性代谢性碱中毒。

（3）**具有症候性前胃弛缓综合征的疾病** 伴有发热的症候性前胃弛缓的疾病主要有：流感、结核病、牛肺疫、布鲁氏菌病、前后盘吸虫病、肝片吸虫病、细颈囊尾蚴病、血孢子虫病和锥虫病等。

不伴有发热的症候性前胃弛缓的疾病主要有：骨软症、生产瘫痪、酮病、牛产后血红蛋白尿病、脂肪肝综合征，有毒植物和化学毒物中毒等。

此外，还有医源性因素，如长期大剂量内服磺胺类药物或抗生素类药物，使瘤胃内菌群共生关系破坏，消化功能紊乱而发生前胃弛缓。

第三节　常见疾病的鉴别诊断与防治

一、单纯性消化不良

【**临床症状**】临床症状可分为急性和慢性 2 种类型。

（1）**急性型** 多呈现急性消化不良，精神委顿，神情不活泼，表现为应激状态。食欲减退或消失，反刍弛缓或停止。体温、呼吸、脉搏及全身机能无明显异常。瘤胃收缩力减弱，蠕动次数减少或正常，瓣胃蠕动音低沉，产奶量下降，时而嗳气，有酸臭味，便秘，粪便干硬、呈深褐色。瘤胃内容物充满，黏硬或呈粥状。由变质饲料（图 2-3）引起的，瘤胃收缩力消失，轻度或中等度膨胀，下痢；由应激反应引起的，瘤胃内容物黏硬，而无膨胀现象。一般病例病情轻，容易康复。如果继发前胃炎或酸毒症，病情急剧恶化，呻吟、磨牙、食欲、反刍废绝，大量牛粪便为棕褐色糊状便、恶臭，精神高度沉郁，皮温不整。

图 2-3　瘤胃内的变质饲料

体温降低，鼻镜干燥（图 2-4），眼球下陷，黏膜发绀，发生脱水现象（图 2-5）。实验室检查，瘤胃内容物 pH 可下降到 6.5~5.5，甚至 5.5 以下。纤毛虫活性降低，数量减少，甚至消失。血浆二氧化碳结合力下降。

图 2-4　病牛鼻镜干燥

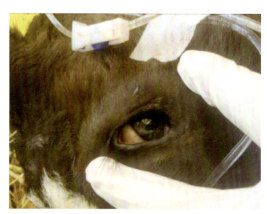

图 2-5　病牛眼球下陷，脱水严重

（2）**慢性型**　多为继发性因素引起或由急性转变而来。食欲不定，时好时坏，常常空嚼磨牙，出现异食癖，舔砖吃土（图 2-6），或吃被粪尿污染的垫草污物，反刍不规则，间断无力或停止，嗳气减少，嗳出气体带臭味。病情时好时坏，水草迟细（即病牛喝水吃草迟缓且张口细小），日渐消瘦，皮焦毛炸，无神无力（图 2-7），体质衰弱。瘤胃蠕动音减弱或消失，内容物停滞，稀软或黏硬。网胃与瓣胃蠕动音减弱或消失，瘤胃轻度膨胀。腹部听诊，肠蠕动音微弱或低沉。便秘，粪便干硬、呈暗褐色、附着黏液；下痢，或下痢与便秘互相交替。排出糊状粪便，

图 2-6　病牛表现吃土的异食癖

散发腥臭味；潜血反应往往呈阳性。病后期伴发瓣胃阻塞，精神沉郁，鼻镜龟裂，不愿移动，或卧地不起（图 2-8），食欲、反刍停止，瓣胃蠕动音消失，继发瘤胃膨胀，脉搏加快，呼吸困难。眼球下陷，结膜发绀，全身衰竭、病情危重。

图 2-7　病牛消瘦，无神无力

图 2-8　病牛精神沉郁，卧地不起

【类症鉴别】

病　名	与单纯性消化不良的相似点	与单纯性消化不良的不同点
瘤胃积食	吃草、反刍减少或废绝，瘤胃蠕动弱，磨牙，体温无变化	瘤胃膨满、坚硬，呼吸急促
瘤胃臌气	吃草、反刍减少或废绝，瘤胃蠕动弱甚至无蠕动音，体温不高	左肷膨凸，甚至高过脊背，叩之鼓音，烦躁不安，眼结膜充血，呼吸急促
创伤性网胃腹膜炎	吃草、反刍减少或废绝，瘤胃蠕动减弱	在喝冷水时出现肘后至肩部被毛逆立，卧时小心，常先前肢跪下后躯左右移动最后才小心卧下，用脚下踢剑状软骨部有疼痛反应
瓣胃阻塞或扩大	吃草、反刍减少或废绝，瘤胃蠕动减弱，粪便减少	病初有疝痛，瘤胃反复发生臌气，在最后肋骨弓上缘向前向里触摸可触到球形硬块
皱胃阻塞	吃草、反刍减少或废绝，腹围膨大，瘤胃柔软，蠕动减弱或废绝	在右腹侧自软肋下方至膝襞处可摸到硬块，而左腹侧对等部位则无硬块，直肠检查掌心摸瘤胃时，手背可触到硬块，所排的干粪、稀粪均呈黑色
牛肠阻塞	吃草、反刍减少或废绝，瘤胃柔软、蠕动音减弱或消失	右腹膨大，用拳猛推腹壁有晃水音，病初有疝痛，不排粪而排白色胶冻样黏液
牛瘤胃酸中毒	吃草、反刍减少或废绝，瘤胃柔软、蠕动音减弱或消失	采食含碳水化合物饲料过多而发病。体温偏高，呼吸、心跳加快，眼结膜潮红，走路蹒跚，重时不能起立，瘤胃内容物 pH 在 6 以下，尿 pH 在 7 以下
牛酮血病	吃草、反刍减少或废绝，瘤胃柔软、蠕动音减弱或消失，好卧懒动	多发生于奶牛，且多发生产后 1~2 个月内，牛乳、尿、呼气有酮气味，酮粉检验牛乳或尿呈阳性
创伤性心包炎	吃草、反刍减少或废绝，瘤胃蠕动音减弱或消失	久站立不愿卧下，卧时前肢先下跪，后躯踌躇、左右移动而后才卧下，心区叩诊敏感，听诊有拍水音
皱胃移位	吃草、反刍减少或废绝，瘤胃蠕动音减弱或消失	常在产后立即发病，伴发酮尿，于左侧腹侧下部可听到皱胃蠕动音，病程持久，通常需要 1 个月。左腹肋上方倒数第 2 肋间隙叩诊结合听诊可听到特殊的钢管音
皱胃扭转	吃草、反刍减少或废绝，瘤胃蠕动音减弱或消失	很快表现腹痛，心率增数，每分钟达 100 次以上，粪软、色暗，后变血样乃至呈黑色。最后多数会死亡

【预防】　应做到及时诊治原发疾病；防止长期饲喂单调的难以消化的草料；防止饲喂霉败变质和过粗、过细（粉质）、过热或冰冻的饲料；还要避免突然变换饲料。役牛在大忙季节，不能劳役过度，冬季休闲，注意适当运动；保持安静，避免奇异声、光等不利因素的刺激和干扰引起应激反应；注意圈舍清洁卫生和通风保暖；提高牛群健康水平，防止本病的发生。

【临床用药指南】　治疗原则为加强护理，除去病因，增强瘤胃机能。

（1）**加强护理**　病初绝食 1~2 天，多饮清水，多次少量饲喂优质干草和易消化的饲料，适当运动。

（2）**增强瘤胃机能**　为了兴奋瘤胃蠕动机能，通常先服缓泻制酵剂，而后应用兴奋瘤胃蠕动机能的药物。

1）缓泻止酵。常用硫酸镁或硫酸钠 500 克、松节油 30~40 毫升、酒精 80 毫升、常水 4000~5000 毫升，1 次内服；或液状石蜡 1000~2000 毫升、苦味酊 20~40 毫升，1 次内服。

2）兴奋瘤胃蠕动机能的药物。最好先测定瘤胃内容物 pH，当 pH 为 5.8~6.9 时，宜用偏碱性药物，如人工盐 60~90 克，或碳酸氢钠 50~100 克，常水适量，1 次内服，同时应用 10% 氯化钠溶液 250~500 毫升、10% 安钠咖注射液 20~40 毫升，1 次静脉注射，每天 1 次，效果良好。当pH为7.6~8.0时，宜用偏酸性药物，如苦味酊60毫升、稀盐酸30毫升、番木鳖酊15~25毫升、酒精100毫升、常水500毫升，1次内服，每天1次，连用数天。促反刍液，通常用5%氯化钠溶液300毫升、5%氯化钙溶液300毫升、20%安钠咖注射液10毫升，1次静脉注射。或用10%氯化钠溶液100毫升、5%氯化钙溶液200毫升、20%安钠咖注射液10毫升，静脉注射，可促进前胃蠕动，提高治疗效果。

3）应用拟胆碱药。新斯的明4~20毫克，1次皮下注射，每2~3小时1次；或毒扁豆碱30~50毫克，1次皮下注射。但应注意，应用任何拟胆碱药物时，都必须适当地采用小剂量，必要时可经1~2小时重复1次。重症的病牛，伴有腹膜炎的病牛，特别是妊娠后期的病牛禁用。也可用吐酒石（酒石酸锑钾）4~6克、常水2000毫升，溶解后1次内服，每天1次，不超过2~3次，效果较好。但应注意，瘤胃蠕动音一旦停止则禁用。

4）如果是由于血钙水平低引起的，可用10%氯化钠溶液100~200毫升、10%氯化钙溶液100~200毫升、20%安钠咖注射液10毫升，静脉注射，对提高血钙、促进前胃运动机能恢复有良好效果。为了改善瘤胃生物学环境、提高纤毛虫的活力，还可以移植健康牛的瘤胃内容物，最好是用胃管先给健康牛灌服生理盐水8000~12000毫升，而后采取其瘤胃内容物，加适量水混合后，用胃管灌服，效果较好。

(3) **中药治疗**

1）对于脾胃虚弱、水草迟细、消化不良的病牛，应着重健脾和胃、补中益气为主，宜用四君子汤加味。党参100克、白术75克、茯苓75克、炙甘草25克、陈皮40克、黄芪50克、当归50克、大枣200克，水煎去渣内服，每天1剂，连用2~3剂。

2）对于久病虚弱、气血双亏的病牛，应以补中益气、养气益血为主，宜用八珍散加味。党参、白术、当归、熟地、黄芪、山药、陈皮各50克，茯苓、白芍、川芎各40克，甘草、升麻、干姜各25克，大枣200克，水煎去渣内服，每天1剂，连服数剂。

3）对口色淡白、耳鼻俱冷、口流清涎、水泻的病牛，温中散寒补脾燥湿为主，宜用厚朴温中汤加味。厚朴、陈皮、茯苓、当归、茴香各50克，草豆蔻、干姜、桂心、苍术各40克，广木香、砂仁、甘草各25克，水煎去渣内服，每天1剂，连用数剂。也可用红糖250克、生姜200克（捣碎），开水冲、内服，具有和脾暖胃、温中散寒的功效。

4）针灸治疗。关元俞为主穴，配脾俞、六脉穴，电针30分钟，每天1次，连用3~5次。

二、瘤胃积食

瘤胃积食是牛采食大量粗劣难消化的饲料，致瘤胃运动机能障碍、食物积滞于瘤胃内（图2-9），使瘤胃壁扩张、容积增大（图2-10）的疾病。临床上以瘤胃蠕动音极弱或消失、腹部膨满、触诊瘤胃黏硬或坚硬、反刍嗳气停止为特征。中兽医又称"宿草不转"。牛、羊均可发生，舍饲牛较多见。

【发病原因】

(1) **原发性瘤胃积食的病因** 主要原因是饲养不当，1次或长期采食过量劣质、粗硬的饲料，如麦草、豆秸、花生蔓及其他粗秸秆植物等，其中特别是半干的花生蔓、甘薯蔓、豆秸等，具有高度韧性，当秋后给牛单纯饲喂时，最易发病。或1次喂过量适口饲料，或采食大量干料后饮水不足，或偷食大量精料等。由于过食，瘤胃运动机能紊乱，运送机能障碍，使瘤胃内容物逐渐积聚而发病。

图2-9 瘤胃内积滞的食物

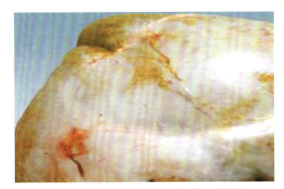
图2-10 瘤胃容积增大，造成胃壁扩张

(2) 继发性瘤胃积食的病因　常见于单纯性消化不良、瓣胃阻塞、创伤性网胃腹膜炎、腹膜炎、皱胃炎、皱胃阻塞、皱胃扭转、皱胃移位和热性疾病等的经过中。

【临床症状】病牛表现食欲减退，甚至拒食，初期反刍减慢、次数稀少，不断嗳气，以后反刍、嗳气减少或停止。鼻镜干燥，腹痛不安，摇尾、弓背，回头顾腹（图2-11），有时呻吟。左侧下腹部轻度膨大（图2-12），左侧䏶窝部位平坦（图2-13）。听诊瘤胃蠕动音减弱或消失；触诊瘤胃胀满、硬实，并有痛感；叩诊呈浊音。排粪迟滞，粪便干少、色暗，有时排少量恶臭的粪便。晚期病情急剧恶化，产奶量锐减或停产，肚腹膨隆，呼吸急促而困难，全身战栗，眼球下陷，黏膜发绀，全身衰弱，卧地不起（图2-14），陷于昏迷状态，发生脱水与自体中毒，呈现循环衰竭虚脱。

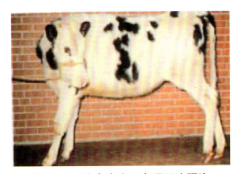
图2-11 病牛腹痛，表现回头顾腹

图2-12 病牛左侧下腹部轻度膨大

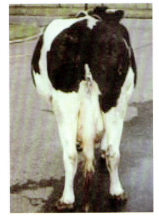
图2-13 病牛左侧䏶窝部位平坦

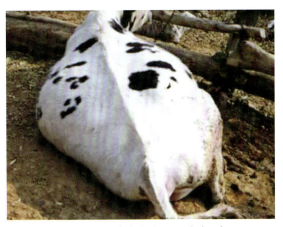
图2-14 病牛全身衰弱，卧地不起

【类症鉴别】

病　　名	与瘤胃积食的相似点	与瘤胃积食的不同点
单纯性消化不良	吃草、反刍减少或废绝，瘤胃蠕动音弱，体温无变化	瘤胃不饱满、坚硬
瘤胃臌气	左肷饱满，呼吸急促，烦躁不安，吃草、反刍减少或废绝	有时高过背脊，叩之呈鼓音。针刺瘤胃放出气体
创伤性网胃腹膜炎	吃草、反刍减少或废绝，不想卧倒，磨牙	剑状软骨部位叩诊疼痛，卧时前肢下跪，后躯左右移动多次才卧下，走下坡路显痛苦状
瓣胃阻塞（扩大）	腹围增大，左肷稍膨大，吃草、反刍减少或废绝，有疝痛，粪干少	在右腹最后肋弓上缘向里向前按压可触到圆球状硬块，触诊瘤胃无饱满、坚硬感
黑斑病红薯中毒	吃草、反刍废绝，瘤胃饱满，腹围大，呼吸急促	因吃黑斑病红薯而发病，瘤胃虽饱满，但按压不坚硬。胸围膨大，有时颈背部出现皮下气肿

【预防】 本病预防主要是加强饲养管理，防止过食，避免突然更换饲料，粗饲料要适当加工软化后再喂。注意充分饮水、适当运动。积极治疗其他前胃疾病。

【临床用药指南】 以排除瘤胃内容物和兴奋瘤胃蠕动机能为基本治疗原则，同时根据病情采取补液、强心和纠正酸中毒等对症治疗措施。

（1）**排除瘤胃内容物** 根据病情可适当采取以下措施。

1）轻症的瘤胃积食。禁食并进行瘤胃按摩，每次 10~20 分钟，1~2 小时按摩 1 次。或先灌服大量温水，再按摩，则效果更好。也可用酵母粉 500~1000 克，1 天分 2 次内服。

2）中等或重度程度的瘤胃积食，可内服泻剂。如硫酸镁或硫酸钠 500~800 克，加鱼石脂 15~20 克，水 5000~6000 毫升，1 次内服；也可用液状石蜡或植物油 1000~2000 毫升，1 次内服；或盐类和油类泻剂并用。

（2）**兴奋瘤胃蠕动机能** 可于瘤胃内容物泻下后，或与泻下措施同时施行，具体措施参见单纯性消化不良的治疗。在瘤胃内容物已泻下、食欲仍不转好时，可用健胃剂，如番木鳖酊 15~20 毫升、龙胆酊 50~80 毫升，加水适量，1 次内服。

（3）**对症治疗** 对高度脱水的病牛，需大量输液，每天至少静脉注射 4000~10000 毫升，同时静脉注射 5% 碳酸氢钠注射液 500~1000 毫升。

（4）**中药治疗**

1）大黄、枳实、槟榔、麦芽、茯苓各 60 克，白术、青皮、香附各 45 克，厚朴 90 克，山楂 120 克，木香、甘草各 30 克，共研为末，开水冲调，候温灌服。

2）焦三仙 250 克、莱菔子 200 克、椿树皮 150 克，煎汁 1500 毫升，加麻油 500 毫升，1 次灌服。

3）芒硝 400 克，神曲、山楂各 120 克，大黄 100 克，麦芽 90 克，枳实 60 克，厚朴、槟榔各 30 克，共研为细末，沸水冲调，候温灌服。

4）烟丝 65 克、香油 500 毫升，混合后加水适量，1 次灌服。

5）莱菔子 250~500 克，研末，加植物油 500~1000 毫升，灌服。

6）蜂蜜 500~1000 毫升、健胃散 100~200 克、水 2000~3000 毫升，灌服。

（5）**手术治疗** 重症而顽固的瘤胃积食，经上述措施治疗无效时，可行瘤胃切开术。

三、瘤胃臌气

瘤胃臌气是牛采食了大量易发酵的草料，在瘤胃和网胃内发酵，以致瘤胃和网胃内迅速产生并积聚大量气体，而使瘤胃急剧臌气（图2-15）的疾病。临床上以呼吸极度困难，腹围急剧膨大（图2-16），触诊瘤胃紧张而有弹性为特征。瘤胃内气体多与液体和固体食物混合存在，形成泡沫臌气。本病多发于牛和绵羊，山羊少见。夏季草原上放牧的牛羊，可能有成群发生瘤胃臌气的情况。

图2-15 瘤胃急剧臌气

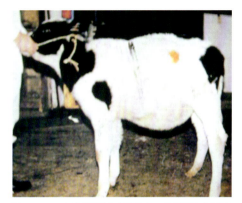

图2-16 病牛腹围急剧膨大，呼吸极度困难

【发病原因】 本病可分为原发性瘤胃臌气（泡沫性臌气）和继发性瘤胃臌气（非泡沫性或自由气体性臌气）2种。

（1）**原发性瘤胃臌气** 主要是牛采食了大量易发酵的草料，最常见的是长期舍饲的牛，初到幼嫩多汁而茂盛的草地放牧，一时采食过多，尤其是过食豆科牧草，如苜蓿、紫云英、三叶草、野豌豆等更易发病；或采食新鲜干红薯、萝卜缨子、白菜叶等也可引起发病；采食大量雨季潮湿的青草、凋萎的牧草、霜冻牧草、腐烂的干草及质地不良的青贮料，或采食大量多汁而易发酵的饲料，如青贮料、马铃薯、粉渣、酒糟，均能引起瘤胃臌气。

（2）**继发性瘤胃臌气** 主要是由于前胃机能减弱，嗳气机能障碍。多见于单纯性消化不良、食管阻塞、瓣胃阻塞、迷走神经性消化不良、创伤性网胃腹膜炎及慢性腹膜炎等。

【临床症状】

（1）**原发性瘤胃臌气** 多在采食中或采食后不久突然发病，病牛表现不安，回顾腹部，后肢踢腹及背腰拱起等腹痛症状。食欲废绝，反刍和嗳气很快停止。腹围迅速膨大（图2-17），肷窝凸出，左侧更为明显，常可高至髋结节或背中线（图2-18）。此时，触诊左侧肷窝紧张而有弹性，叩诊呈鼓音。瘤胃蠕动音减弱或消失。呼吸极度困难，每分钟60~80次，甚至张口呼吸，舌脱出。黏膜呈蓝紫色。心搏动增强，脉搏细弱、加快，每分钟达120~140次，静脉怒张。后期病牛呻吟，步态不稳或卧地不起，常因窒息或心脏停搏而死亡（图2-19）。

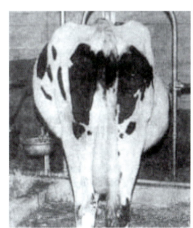

图2-17 原发性瘤胃臌气的左腹围迅速膨大

图 2-18　原发性瘤胃臌气的左肷窝凸出，高至背中线　　　图 2-19　瘤胃臌气后期窒息死亡

（2）继发性瘤胃臌气　一般发生、发展缓慢，对症施治，症状暂时减轻，但原发病不愈，不久又可复发。通常是为非泡沫性臌气，穿刺排气后，继而又臌起来，瘤胃收缩运动正常或减弱，穿刺针随同瘤胃收缩而转动。病畜逐渐消瘦，可能便秘和腹泻交替发生。犊牛排出的气体，具有显著的酸臭味。病情发展缓慢，食欲、反刍减退，水草迟细，逐渐消瘦。生产性能降低，奶牛产奶量显著减少。

【病理剖检变化】　死后立即剖检的病例，瘤胃壁过度扩张，充满大量气体（图 2-20）及含有泡沫的内容物。死后数小时剖检，瘤胃内容物无泡沫，间或有瘤胃或膈肌破裂。瘤胃腹囊黏膜有出血斑，甚至黏膜下瘀血，角化上皮脱落。肺脏充血，肝脏和脾脏被压迫呈贫血状态，浆膜下出血等，很像窒息病变。

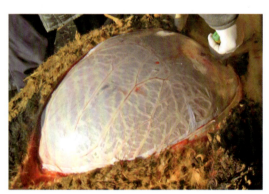

图 2-20　立即剖检病死牛，瘤胃壁过度扩张并有大量气体

【类症鉴别】

病　名	与瘤胃臌气的相似点	与瘤胃臌气的不同点
食管阻塞	瘤胃臌满，叩之呈鼓音，呼吸困难，头颈伸直，不安，不愿卧下	口鼻流涎，食管完全阻塞时胃管不能插入到瘤胃，但有黏液从胃管流出。食管可在颈静脉沟摸到梗塞物，梗塞物前方食管膨大而柔软
氢氰酸中毒	瘤胃臌气，呼吸困难，吃草、反刍废绝	采食鲜的或再生的高粱和玉米苗而发病，发病很急，可视黏膜呈鲜红色，呼出气有杏仁气，口流白色泡沫，肌肉痉挛
黑斑病红薯中毒	瘤胃稍臌满，呼吸急促、困难，张口伸舌，发出吭声，只能站立不肯卧下	采食有黑斑病的红薯及其粉渣而发病，肺有啰音、破裂音，胸围膨大，后期颈、肩、背部皮下有气肿

【预防】

（1）加强饲养　防止贪食过多幼嫩、多汁的豆科牧草，尤其在由舍饲转为放牧时，应先喂些干草或粗饲料，适当限制在牧草幼嫩茂盛的牧地和霜露浸湿的牧地放牧的时间。

（2）**加强管理** 在放牧或改喂青绿饲料前1周，先饲喂青干草、稻草，或作物秸秆，然后放牧或青饲，以免饲料骤变发生过食；在放牧中应注意避免采食开花前的豆科植物；堆积发酵或被雨露浸湿的青草，要尽量少喂；气体产生与牧草含糖量有关，苜蓿、紫云英等豆科植物的含糖量下午比上午高，下午采食，易发生急性臌气，故应注意；幼嫩牧草，采食后易发酵，应晒干后掺干草喂饲。饲喂量应有所限制；放牧应注意茂盛牧区和贫瘠草场进行轮牧，避免过食；注意饲料保管、防止霉败变质，加喂精料应适当限制，特别是粉渣、酒糟、甘薯、马铃薯、胡萝卜等，更不宜突然多喂，饲喂后也不能立即饮水，以防发生本病；舍饲牛在开始放牧前一两天内，先给予聚氧化乙烯或聚氧化丙烯20~30克，加豆油少量，放在饮水内，内服，然后再放牧，可以预防本病。继发性瘤胃臌气，早期积极治疗原发病。

【**临床用药指南**】 急救贵在及时，排气消胀。治疗原则是排气、制酵、泻下。

（1）**病情轻微牛的治疗** 使牛立于斜坡上，保持前高后低姿势，不断牵引其舌；或用涂有煤酚皂溶液或植物油的木棒，或用椿木棒，木棒两端用绳子固定在牛角上，给牛衔在口内，同时按摩瘤胃；或在牛口内放一些食盐，引起咀嚼以咽下唾液；或病的初期使病牛头颈抬举，按摩瘤胃，促进瘤胃内气体排除，同时应用松节油20~30毫升、鱼石脂10~15克、95%酒精30~50毫升，加适量温水，1次内服；或用8%氧化镁溶液600~1000毫升，1次内服；或消胀片30~60片，1次内服；或应用菜籽油、豆油、花生油或香油300毫升，温水500毫升，制成油乳剂，1次内服。

（2）**对病情严重牛的治疗** 腹围显著膨大，呼吸极度困难的病牛，首先应用套管针在牛的饿眼穴进行瘤胃穿刺放气急救（图2-21）。饿眼穴是专门治疗瘤胃臌气的穴位。穴位在左侧腰椎横突水平线下，最后肋骨与髋结节当中的三角形的正中点。操作方法：在穴位处（当瘤胃臌气时，穴位基本处在瘤胃外部隆起最高的地方）剪毛，用5%碘酊消毒，将穿刺点的皮肤稍向前移，用套管针或16号针头，向对侧肘头方向刺入，然后将套针拔出，使瘤胃内气体缓慢放出。待气体放完后，可以向瘤胃内注射药物等，注射完后，将套针插入，再拔出套管针，消毒穴位；放气后向瘤胃内注入稀盐酸10~30毫升；或鱼石脂15~25克、95%酒精100毫升、常水1000毫升；或0.25%盐酸普鲁卡因50~100毫升、青霉素100万单位；皮下注射毛果芸香碱0.02~0.05克，或新斯的明0.01~0.02克，同时强心补液。

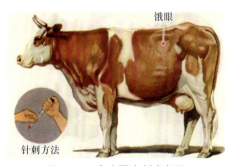

图2-21 牛瘤胃穿刺术部位

（3）**中药治疗**

1）市售十滴水或藿香正气水50~200毫升，加温水适量，灌服。

2）熟清油500~1000毫升，加辣椒面50~70克，候温灌服。

3）当归250~500克，研末，用清油500~1000毫升炒，候温灌服。

4）食醋500毫升、白酒500毫升、水1000毫升，灌服。

5）莱菔子300克、芒硝120克、大黄45克、滑石60克，研末，加食醋500毫升、植物油500毫升，1次灌服。

6）烟叶300克、生牵牛子15克，水煎，加食醋100毫升，1次灌服。

7）食醋 2000 毫升、清油 500 毫升，混合后 1 次灌服。

8）芒硝 250 克、大黄 120 克、槟榔 60 克、枳壳 45 克、莱菔子 40 克，山楂、神曲、麦芽各 30 克，甘草 21 克，共研为细末，沸水冲调，候温加豆油 500 毫升，灌服。

9）芒硝 500 克、大黄 120 克、枳实 45 克、厚朴、京三棱、莪术、生甘草各 30 克，大戟、芫花、甘遂各 15 克，共研为细末，加清油 1000 毫升，沸水冲调，候温灌服。

10）健胃散加莱菔子 60 克、枳壳 45 克、大黄 20 克，共研为末，沸水冲调，候温灌服。

四、瘤胃酸中毒

瘤胃酸中毒是指牛采食大量易发酵碳水化合物饲料后，瘤胃乳酸产生过多而引起瘤胃微生物区系失调和功能紊乱的一种急性代谢性疾病。临床上又称为"乳酸性消化不良""中毒性消化不良""反刍动物过食谷物""谷物性积食""中毒性积食"等。临床以消化障碍、瘤胃运动停滞、脱水、酸血症、运动失调等为特征。本病发病急骤，病程短，死亡率高。

【发病原因】常见的病因是病牛突然采食大量富含碳水化合物的谷物（如大麦、小麦、玉米、水稻和高粱或其糟粕等）或高精饲料，如因饲料混合不匀，采食精料过多；进入料库、粮食或饲料仓库或晒谷场，短时间内采食了大量的谷物或畜禽的配合饲料；采食苹果、青玉米、甘薯、马铃薯、甜菜及发酵不全的酸、湿谷物的量过多时，也可发生本病。

【临床症状】瘤胃酸中毒临床上一般分为以下 4 种类型。

（1）**最急性型** 精神高度沉郁，极度虚弱，侧卧而不能站立。双目失明，瞳孔散大，体温低下，36.5~38℃。重度脱水，腹部显著膨胀，瘤胃停滞，内容物稀软或水样，瘤胃 pH<5，无纤毛虫存活。心跳为 110~130 次/分钟，微血管再充盈时间延长，常于发病后 3~5 小时死亡（图 2-22），直接原因是内毒素休克。

（2）**急性型** 体温不定，呼吸、心跳加快，精神沉郁，食欲废绝。结膜潮红，瞳孔轻度散大，反应迟钝。消化道症状典型，磨牙、虚嚼、不反刍，瘤胃膨满、不蠕动，触诊有弹性，冲击性触诊有震荡音，瘤胃液 pH 为 5~6，无存活的纤毛虫。排稀软、酸臭粪便，有的排粪停止，中度脱水，眼窝凹陷，血液黏滞，尿少色脓或无尿。后期出现神经症状，步态蹒跚，或卧地不起，头颈侧弯（图 2-23），或往后仰呈角弓反张样，昏睡或昏迷（图 2-24）。若不及时救治，多在 24 小时内死亡。

图 2-22 最急性瘤胃酸中毒死亡牛腹部显著膨胀

图 2-23 瘤胃酸中毒病牛卧地不起，头颈侧弯

(3) **亚急性型** 食欲减退或废绝，瞳孔正常，精神沉郁，能行走而无共济失调。轻度脱水，体温正常，结膜潮红，脉搏加快。瘤胃蠕动减弱，中等充满，触诊瘤胃内容物呈生面团样或稀软，pH 为 5.5~6.5，纤毛虫数量减少。常继发或伴发蹄叶炎或瘤胃炎而使病情恶化，病程 24~96 小时不等。

(4) **轻微型** 呈单纯性消化不良体征，表现为精神轻度沉郁，食欲减退，反刍无力或停止。瘤胃蠕动减弱，稍膨满，内容物呈现捏粉样硬度，瘤胃 pH 为 6.5~7.0，纤毛虫活力基本正常，脱水体征不明显。体温、脉搏和呼吸数没有明显变化。腹泻，粪便灰黄、稀软，或呈水样（图 2-25），混有一定黏液，多能自愈。

图 2-24 瘤胃酸中毒病牛昏迷

图 2-25 瘤胃酸中毒病牛腹泻呈水样

【病理剖检变化】 发病后于 24~48 小时内死亡的急性病例，其瘤胃和网胃中充满酸臭的内容物，黏膜呈玉米糊状，容易擦掉（图 2-26），露出暗色斑块，底部出血；血液浓稠，呈暗红色；内脏静脉瘀血、出血和水肿；肝脏肿大，实质脆弱；心内膜和心外膜出血（图 2-27）。病程持续 4~7 天后死亡的病例，瘤胃壁与网胃壁坏死，黏膜脱落，溃疡呈袋状溃疡，溃疡边缘呈红色。被侵害的瘤胃壁区增厚 3~4 倍，呈暗红色，形成隆起，表面有浆液渗出，组织脆弱，切面呈胶冻状。脑及脑膜充血；淋巴结和其他实质器官均有不同程度的瘀血、出血和水肿。

图 2-26 瘤胃中充满酸臭的内容物，黏膜呈玉米糊状，容易擦掉

【类症鉴别】

病　名	与瘤胃酸中毒的相似点	与瘤胃酸中毒的不同点
单纯性消化不良	吃草、反刍减少或废绝，瘤胃柔软、蠕动弱，懒于行动	一般按压瘤胃留指痕（在瘤胃因用药不当而使渗透压升高或饮水不能通过网瓣孔时才会有较多的水分）。末期才出现精神沉郁，瘤胃和尿的 pH 不会急剧下降

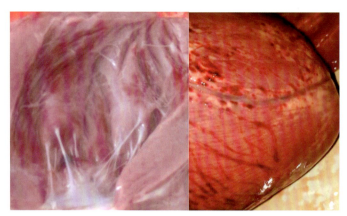

图 2-27 心内膜、心外膜出血

【预防】 应严格控制精料喂量，做到日粮供应合理，构成相对稳定，精粗饲料比例平衡；加喂精料时要逐渐增加，严禁突然增加精料喂量；饲料中添加缓冲剂或加一些抑制乳酸生成菌作用的抗生素（如莫能菌素）；对产前、产后的牛应加强健康检查，随时观察异常表现并尽早治疗；防止牛闯入饲料房、仓库、晒谷场，暴食谷物、豆类及配合饲料。

【临床用药指南】 治疗原则为清除瘤胃有毒内容物，纠正脱水、酸中毒和恢复胃肠功能。

（1）清除瘤胃内有毒的内容物 多采用洗胃和/或缓泻法或手术疗法。①洗胃可用双胃管或内径为25~30毫米的粗胶管，经口插入瘤胃，排出液体内容物，然后用1%食盐水、1%碳酸氢钠溶液、自来水或1：(5~10)石灰水溶液上清液反复洗胃，直到瘤胃内容物无酸臭味而呈中性或弱碱性为止。②缓泻多用盐类或油类泻剂，如液状石蜡或植物油500~1500毫升。③硫酸新斯的明注射液20毫克，1次皮下注射，2小时重复1次，同时肌内注射氯丙嗪注射液（每千克体重0.5~1毫升）。④重症病例，应尽快施行瘤胃切开术，直接取出瘤胃内容物，然后接种健康牛的瘤胃液或瘤胃内容物3~5升，效果更好。

（2）纠正酸中毒和脱水 ①纠正酸中毒，可用5%碳酸氢钠溶液1000~3000毫升，1次静脉注射。②纠正脱水，用生理盐水、复方氯化钠液、5%葡萄糖氯化钠液等，每天4000~10000毫升，分2~3次静脉注射。③酸中毒基本解除时，内服健康牛的瘤胃液3~5升；或酵母粉100~200克、葡萄糖粉100克、酒精50~100毫升，加温水1000~2000毫升内服。④症状轻的牛，可灌服制酸药和缓冲剂，如氢氧化镁或碳酸盐缓冲合剂（干燥碳酸钠50克、碳酸氢钠420克、氯化钾40克）250~750克，水5~10升，1次灌服。

（3）恢复胃肠功能 可灌服健康牛的瘤胃液5升，大黄苏打片30克，人工盐150克。或给予整肠健胃药或拟胆碱制剂。

（4）对症治疗 ①防止心力衰竭，应用强心药物。②降低脑内压，缓解神经症状，应用山梨醇、甘露醇。③有蹄叶炎伴发时，可应用抗组胺药物。④防止休克，宜用肾上腺皮质激素制剂。

五、牛前后盘吸虫病

牛前后盘吸虫病（又称同盘吸虫病或双口吸虫病）是由多种前后盘吸虫寄生于牛

的瘤胃、网胃和胆管壁上所引起的疾病。本病分布于全国各地，牛的感染率南方高于北方。

【流行特点】 前后盘吸虫在我国各地广泛流行，不仅感染率高，而且感染强度大，常见成千上万的虫体寄生，而且常为多种虫体混合感染。流行季节主要取决于当地气温和中间宿主的繁殖发育季节及牛羊等放牧情况。南方可常年感染，北方主要在5~10月感染。多雨年份易造成本病的流行。

【临床症状】 前后盘吸虫的成虫主要吸附在牛的瘤胃与网胃接合部，此时临床症状及对牛的危害不甚明显。但在感染初期大量幼虫进入体内，在肠、胃及胆管内寄生、发育并移行，刺激、损伤胃肠黏膜，夺取营养，对牛造成极大危害。本病的发生多集中在夏、秋两季，主要症状是顽固性腹泻，粪便呈粥状或水样，常有腥臭（图2-28），有时体温升高。病牛逐渐消瘦，精神委顿，体弱无力，高度贫血，黏膜苍白，血液稀薄，颌下水肿，严重时发展到整个头部以至全身。病程较长者呈现恶病质状态。病牛白细胞总数稍高，嗜酸性粒细胞比例明显增加，占10%~30%，中性粒细胞增多，并有核左移现象，淋巴细胞减少。到后期，病牛极度瘦弱，卧地不起，终因衰竭而死亡（图2-29）。

图2-28 顽固性腹泻，粪便呈粥状

图2-29 病牛极度瘦弱，卧地不起，衰竭而亡

【病理剖检变化】 成虫感染的牛，多在屠宰或尸体剖检时发现。虫体主要吸附于瘤胃与网胃接合部的黏膜（图2-30和图2-31），数量不等，呈深红、粉红或乳白色（图2-32），如将其强行剥离，见附着处黏膜充血、出血或留有溃疡（图2-33）。因感染幼虫而衰竭死亡的牛，除呈现恶病质变化外，胃、肠道及胆管黏膜有明显的充血、水肿及脱落，其内容物中可检查出虫体或虫卵（图2-34）。

图2-30 附于瘤胃与网胃接合部黏膜上的前后盘吸虫

图 2-31　瘤胃壁上的前后盘吸虫　　图 2-32　呈深红、粉红或乳白色的前后盘吸虫

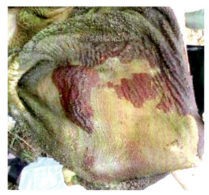 

图 2-33　瘤胃壁黏膜充血、出血或留有溃疡　　图 2-34　牛瘤胃内容物内的前后盘吸虫

【类症鉴别】

病　名	与牛前后盘吸虫病的相似点	与牛前后盘吸虫病的不同点
单纯性消化不良	吃草、反刍减少，瘤胃蠕动弱，行动缓慢，精神不振	不出现红细胞减少，瘤胃导不出虫体，粪中检不出虫卵
牛焦虫病	吃草、反刍减少或废绝，瘤胃蠕动弱、消瘦、眼结膜苍白、黄染、红细胞减少	尿呈浅红色或茶褐色，血检可见焦虫，体表可见蜱，瘤胃液中无虫体
肝片吸虫病	吃草、反刍减少，瘤胃蠕动弱，经常拉稀，下颌、垂皮水肿，行动缓慢，粪中有虫卵	洗胃时不见虫体，粪检肝片吸虫虫卵为圆形、黄褐色、壳薄透明，卵内充满卵黄细胞（前后盘吸虫虫卵内一端充满、一端有空隙）

【预防】　定期驱虫；粪便堆积发酵，杀死虫卵；杀灭中间宿主螺体；不在低洼潮湿的地方放牧；加强饲养管理，保持清洁的饮水。

【临床用药指南】

1）硫双二氯酚（别丁），每千克体重 40~60 毫克，装小纸袋或胶囊内投服，也可做成悬浮液灌服。

2）氯硝柳胺，每千克体重 60~70 毫克，用菜叶包好，放于牛的舌下让其吞服。

3）溴羟替苯胺，每千克体重 65 毫克，制成悬浮液灌服。

六、创伤性网胃腹膜炎

创伤性网胃腹膜炎是牛采食时吞下尖锐的金属异物,进入网胃内,损伤网胃壁而引起的网胃腹膜炎。临床上以顽固的前胃弛缓症状和触压网胃表现疼痛为特征,奶牛多发。

【发病原因】 本病的主要原因是牛采食迅速,并不咀嚼,以唾液裹成食团,囫囵吞咽,又有舔食习惯,往往将随同饲料的坚硬异物(特别是尖锐的金属异物,如碎铁丝、铁钉、钢笔尖、回形针、大头钉、缝针、发卡、废弃的小剪刀、指甲剪、铅笔刀、碎铁片及鱼串等)吞咽落进网胃,随着腹内压急剧消长,促使金属异物刺伤网胃(图2-35)或穿透网胃壁(图2-36),发生网胃炎,甚至损伤其他脏器,可引起其他受损伤脏器的炎症,最常发生的如牛创伤性(网胃)心包炎。通常在瘤胃积食或臌气、重剧劳役、妊娠、分娩,以及奔跑、跳沟、滑倒、手术保定等过程中,腹内压升高,从而导致本病的发生和发展。

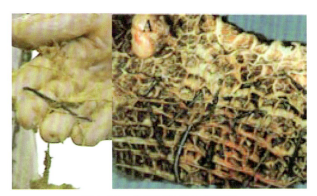

图2-35 尖锐异物刺伤网胃壁

图2-36 尖锐异物刺穿网胃壁和心包

【发病机理】 反刍动物特别是牛,采食快,不咀嚼,喜舔食,口腔黏膜上有大量锥状乳头,在饲养管理粗放的情况下,金属异物混杂在饲草饲料中,可随同采食咽下。金属异物所致的病理损害与异物的形状大小有关。一般而言,较长的金属异物被吞入瘤胃,通常不致引起炎性反应。较小的特别是尖锐金属异物,在大多数情况下,都落入网胃(图2-37),所造成的危害性最大,因为网胃体积小收缩力强,胃前壁与后壁接触,落入网胃的金属异物,即使短小,也容易刺入胃壁,并以胃壁为金属异物的支点,向前可刺伤膈、心脏、肺,向后可刺伤肝脏(图2-38)、脾脏、瓣胃、肠和腹膜,病情显得复杂重剧。最常见的是慢性损伤造成创伤性网胃腹膜炎(图2-39),由于迷走神经损伤,并发网胃或肝脏、脾脏脓肿,大量纤

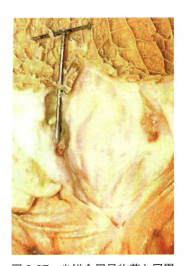

图2-37 尖锐金属异物落入网胃

维蛋白渗出,腹腔脏器粘连,特别是耕牛,由于胃肠功能紊乱,呈现慢性前胃弛缓,周期性瘤胃臌气,以及瓣胃阻塞、皱胃阻塞,甚至继发感染,引起脓毒败血症,病情更为错综复杂。

图 2-38　向后穿出可刺伤肝脏

图 2-39　牛创伤性网胃腹膜炎

【临床症状】单纯的创伤性网胃炎症状轻微，难以发现。病牛呈现顽固性的前胃弛缓症状，精神沉郁，食欲减退或拒食，反刍缓慢或停止，鼻镜干燥，经常磨牙、呻吟。瘤胃蠕动减弱，次数减少，触压瘤胃，感觉内容物松软或黏硬。按单纯性消化不良治疗，尤其是应用前胃兴奋剂后，病情不但不轻，反而加重，甚至突然恶化。并有慢性瘤胃臌气的症状。有的病牛，一发病就呈现慢性前胃弛缓症状，病情轻微而发展缓慢。随着病情的进展，当尖锐异物穿透网胃刺伤隔膜、腹膜引起腹膜炎，甚至发展到迷走神经性消化不良；或刺伤心包引起创伤性心包炎（图 2-40 和图 2-41）的中后期，出现严重前胃弛缓、间歇性瘤胃臌气，甚至颈静脉隆起（图 2-42），颈下、胸前水肿（图 2-43），食欲减退或废绝，反刍停止，才怀疑本病发生。创伤性网胃腹膜炎的特征症状是疼痛引起的异常姿势，如头颈前伸，肘头开张，磨牙，拱背摇尾，步态缓慢小心，拒绝下坡，卧地时后躯先卧，起立时前躯先起等反常现象。进食时往往前肢站在食槽上，或者后肢退到排粪沟内；触压网胃时，多数病牛表现疼痛不安，后肢踢腹，呻吟，或躲避检查。炎症严重时，体温升高到 40~41℃，脉搏加快，白细胞总数增多，可达 11000~16000，其中嗜中性白细胞增至 45%~70%，淋巴细胞减少 30%~45%，核型左移。

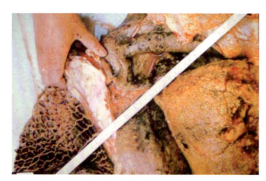
图 2-40　牛创伤性心包炎

图 2-41　创伤性心包炎时，心包穿刺流出大量黄色黏性液体

【类症鉴别】

病　　名	与创伤性网胃腹膜炎的相似点	与创伤性网胃腹膜炎的不同点
创伤性心包炎	吃草、反刍减少或废绝，卧时小心移动几次才卧下，肘外展，金属探测仪检测有反应	叩诊心区敏感、听心跳有拍水音，颌下、垂皮有水肿

(续)

病　名	与创伤性网胃腹膜炎的相似点	与创伤性网胃腹膜炎的不同点
单纯性消化不良	吃草、反刍减少或废绝、精神不振	左肘部外展、剑状软骨部叩诊无疼痛反应,虽有久站不卧、久卧不站现象,但不出现前肢下跪后后躯移动良久才卧下现象
牛肠阻塞	吃草、反刍减少或废绝、拳猛推右肷部有晃水音	病初有腹痛,不排粪而排白色胶冻样黏液,叩诊剑状软骨部位无疼痛
皱胃溃疡	吃草、反刍减少或废绝,体温稍升高	在右腹肋后按压有痛感(剑状软骨处叩诊无痛感),粪不论干稀均为黑色

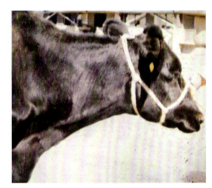

图 2-42　颈静脉隆起

图 2-43　牛颈下、胸前水肿

【预防】　预防本病的关键是加强饲养管理。首先在于加强经常性饲养管理工作,给予营养全价的饲料,防止出现异食癖,注意饲料选择和调理,防止饲料中混杂金属异物。在加工饲料的铡草机上,应增设清除金属异物的电磁铁装置,除去饲料、饲草中的异物,牛场内严防铁丝、铁钉、发卡、注射针头等散失,以防本病的发生。定期请兽医人员应用金属探测器进行定期检查,必要时再应用金属异物打捞器从瘤胃和网胃中摘除异物。不用铁丝捆扎草料,不要在工厂或垃圾场附近堆放草料,还要防止牛只进入这种场地。

【临床用药指南】　本病目前尚无理想的治疗方法。对于确诊为创伤性心包炎的病牛多无治疗价值,应尽早淘汰。

(1) **手术治疗**　创伤性网胃腹膜炎,在早期如无并发症,采取手术疗法,施行瘤胃切开术从网胃壁上摘除金属异物,同时加强护理措施,其治愈率可达85.1%。

(2) **保守治疗**　①将病牛立于斜坡上,或斜台上,保持前躯高后躯低的姿势,减轻腹腔脏器对网胃的压力,促使异物退出网胃壁。同时应用磺胺类药物,按每千克体重0.07克内服;或用青霉素600万单位与链霉素600万单位,每天上、下午分别肌内注射,连续用药3天,据报道治愈率可达70%。②可用特制磁铁经口投入网胃中,吸取胃中金属异物,同时应用青霉素和链霉素,肌内注射,治愈率约达50%,但有少数病例可能复发。③加强饲养和护理,使病牛保持安静,先禁食2~3天,其后给予易消化的饲料,并适当应用防腐止酵剂、高渗葡萄糖或葡萄糖酸钙溶液,静脉注射,增进治疗效果。

(3) **磁铁吸取法**　特制磁铁经口吸取胃内金属异物的操作方法:病牛禁食12小时以上,不限制饮水。在操作前先让病牛充分饮水或给牛灌水4000~5000毫升。先装置牛网胃金属异物打捞器开口器,并抬高牛头使之呈水平状态,将打捞器磁铁经特制开口器的硬质塑料管送入牛咽腔内，牛即可自然咽下磁铁。磁铁相连的金属软绳及塑料管末端仍保留在口腔外。拉紧金属软绳，推送塑料管，将塑料管端顶在磁铁尾端，用塑料管推送磁铁通过贲门进入瘤胃内10~15厘米，然后放松金属软绳，向外抽出塑料管15~20厘米，使塑料管末端进入食道，此时一手固定塑料管，另一只手缓缓向外牵拉金属软绳，当磁铁靠近贲门时，金属软绳的阻力加大，此时猛然放松金属软绳，使磁铁从瘤胃前庭的贲门处自然下降而落入下方的网胃腔内，让磁铁在网胃腔内停留5~8分钟，待磁铁吸上网胃内金属异物后，再缓缓向外牵拉金属软绳，磁铁和吸在磁铁上的金属异物一起经食道拉出口腔外，去除磁铁上的金属异物，经过3~4次的反复打捞即可将游离在网胃内或与网胃壁结合不太紧密的金属异物全部取出。

七、瓣胃阻塞

瓣胃阻塞，又称"瓣胃秘结"，中兽医称为"百叶干"，是瓣胃收缩力减弱、瓣胃内积滞干涸食物而发生阻塞的疾病。临床上以前胃弛缓，瓣胃听诊蠕动音减弱或消失，触诊疼痛，排粪干少、色暗为特征。本病常见于牛。

【发病原因】 本病的病因可分为原发性和继发性2种。

（1）**原发性瓣胃阻塞** 主要见于长期饲喂麸糠、粉渣、芦苇、酒糟等含泥沙的饲料，或粗纤维坚硬的甘薯蔓、花生秧、豆秸、青干草、红茅草、豆荚、麦秸等。其次，放牧改为舍饲或饲料突然变换，饲料质量低劣、缺乏蛋白质、维生素及微量元素。或因饲养不科学，饲喂后缺乏饮水及运动不足等都可引起本病。

（2）**继发性瓣胃阻塞** 常见于单纯性消化不良、瘤胃积食、瓣胃炎、皱胃阻塞、皱胃溃疡、皱胃变位与扭转、肠便秘、腹腔脏器粘连、生产瘫痪、牛产后血红蛋白尿、黑斑病甘薯中毒、急性肝脏病、急性热性病及血液原虫病等。

【临床症状】 本病病期较长，逐渐发病，持续1~2周。病初呈现前胃弛缓症状，食欲减退，反刍缓慢，嗳气减少，鼻镜干燥，瘤胃轻度臌气，瓣胃蠕动音微弱或消失。便秘，粪便呈饼状（图2-44），或干小呈算盘珠样（图2-45），或排出恶臭的泥状粪便，这一点可以作为诊断参考。于右侧腹壁瓣胃区（第7~9肋间的中央，肩关节线上）触诊，病牛有疼痛感，叩诊浊音区扩大。精神沉郁，时而呻吟，产奶量下降。

图2-44 瓣胃阻塞病牛的饼状粪

图2-45 病牛排的干小呈算盘珠样的粪便

病情进一步发展，精神沉郁，反应减退，鼻镜干燥（图2-46）、龟裂，空嚼、磨牙，呼吸浅表、快速，心脏机能亢进，脉搏数增至80~100次/分钟。食欲、反刍消失，瘤胃收缩力减弱。进行瓣胃穿刺检查，用15~18厘米长穿刺针，于右侧第7~9肋间肩关节水平线上，进行穿刺时，有阻力，感觉不到瓣胃收缩运动。直肠检查可见肛门与直肠痉挛性收缩，直肠内空虚、有黏液，少量暗褐色粪块附着于直肠壁。晚期病例，瓣胃叶坏死（图2-47），伴发肠炎和全身败血症，体温升高0.5~1℃，食欲废绝，排粪停止，或排出少量黑褐色糊状带有少量黏液恶臭粪便。尿量减少，呈黄色，或无尿。呼吸急促，次数增多，心悸，脉搏数可达100~140次/分钟，脉律不齐，有时徐缓，微循环障碍，皮温不整，结膜发绀，形成脱水与自体中毒现象。体质虚弱，神情忧郁，卧地不起，病情显著恶化，甚至死亡。

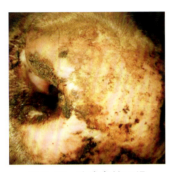
图2-46 病牛鼻镜干燥

图2-47 病牛瓣胃叶坏死

【类症鉴别】

病　　名	与瓣胃阻塞的相似点	与瓣胃阻塞的不同点
单纯性消化不良	吃草、反刍减少或废绝，左肷下陷，瘤胃蠕动弱，磨牙	不出现鼻镜龟裂、瘤胃反复臌气，在右腹侧最后肋弓上方、腰椎横突下方向里向下按压不能触及圆球形硬块
皱胃阻塞（扩张）	吃草、反刍减少及废绝，粪量少、呈黑色球状	所排粪球或稀粪均为黑色，掰开粪球内部也为黑色。阻塞时软肋下方可触及硬块，如扩张则硬块在软肋后方至膝部，直肠检查时手心向瘤胃，手背可触及硬块

【预防】 预防本病应正确饲养，注意避免长期应用麸糠及混有泥沙的饲料喂养，同时注意适当减少坚硬的粗纤维饲料，增加青绿饲料和多汁饲料，保证足够饮水；糟粕饲料也不宜长期饲喂过多，注意补充矿物质饲料，并给予适当运动；发生前胃弛缓时，应及早治疗，以防止发生本病。

【临床用药指南】 治疗时应着重增强前胃运动机能，促进瓣胃内容物排出，强心补液，恢复瓣胃功能。

（1）轻症病牛内服泻剂和使用促进前胃蠕动的药物 ①硫酸镁或硫酸钠500~800克，加常水10~16升，或液状石蜡1~2升，或植物油0.5~1升，1次内服。同时应用10%氯化钠溶液300~500毫升、10%氯化钙溶液100~200毫升、20%安钠咖注射液10~20毫升，1次静脉注射。②可应用士的宁注射液15~30毫克，皮下注射；毛果芸香碱注射液20~50毫克，或新斯的明注射液10~20毫克，或氨甲酰胆碱（卡巴胆碱）注射液1~2毫克，皮下注射。但须注意，体弱、妊娠母牛、心肺功能不全病牛，忌用这些药物。③可用硫酸钠300~500克、番木鳖酊10~20毫升、大蒜酊60毫升、槟榔末30克、大黄末40克、常水6~10升，1次内服，服药后要勤饮水，如不饮水时，可灌服1%盐水，每次5升，每天2~3次。

（2）重症病牛进行瓣胃内注射　①注射部位在右侧第 8 肋间与肩关节水平线相交点，略向前下方刺入 10~12 厘米，判断针头是否刺入瓣胃内，可先注入少量注射用水或生理盐水，能抽出少量混有草料碎渣的液体，表明针头已刺入瓣胃内（图 2-48），方可注入药物。一般可用 10% 硫酸钠溶液 2000~3000 毫升、液状石蜡或甘油 300~500 毫升、普鲁卡因 2 克、盐酸土霉素 3~5 克，配合 1 次注入瓣胃内。②可用硫酸镁 400 克、普鲁卡因 2 克、呋喃西林 3 克、甘油 200 毫升、常水 3000 毫升，溶解后 1 次注入。如注射 1 次效果不明显时，第二天或隔天再注射 1 次。③可静脉注射 10% 浓盐水 250~500 毫升、10% 安钠咖注射液 20 毫升，并适当配合补碱、补液等治疗措施。

图 2-48　检查针头是否刺入瓣胃内：先注入少量生理盐水后，能抽出少量混有草料碎渣的液体

（3）中药治疗　①宜用藜芦润燥汤，藜芦、常山、二丑、川芎各 60 克，当归 60~100 克，水煎后再加滑石 90 克、液状石蜡 1000 毫升、蜂蜜 250 克，内服。②可用加味承气汤、猪脂导滞散、麻仁汤、大戟散等。

（4）手术治疗　以上措施无效时，可试行瘤胃切开术，通过网瓣孔插入胃导管，用水充分冲洗，使干涸内容物变稀，便于内容物排出。

八、皱胃阻塞

皱胃阻塞，也称"皱胃积食"，主要是由于迷走神经调节机能紊乱，皱胃内容物积滞，胃壁扩张，体积增大形成阻塞。多发生于 2~8 岁的黄牛，水牛少见。

【发病原因】　皱胃阻塞发生的原因，主要是由于饲料与饲养或管理使役不当而引起的。如冬、春季缺乏青绿饲料，用谷草、麦秸、玉米秸、豆秸、高粱秸、甘薯蔓、麦糠或铡碎的稻草等喂牛，发病率较高。另外，由于机械阻塞，如成年牛吞食胎盘、毛球、破布或塑料（图 2-49）等，都能引起皱胃阻塞。犊牛因误食破布、麻线（图 2-50）、木屑、刨花及塑料布等，引起机械性皱胃阻塞。根据临床观察，皱胃阻塞常继发于前胃弛缓、创伤性网胃腹膜炎、皱胃炎、皱胃溃疡、迷走神经性消化不良、脾脓肿或纵隔疾病等。

图 2-49　皱胃机械阻塞吞食的塑料

图 2-50　引起犊牛机械性皱胃阻塞的麻线

【临床症状】病牛食欲废绝，反刍减少或停止，有的病牛则喜饮水，肚腹显著膨大，右侧更为明显（图2-51）。触诊右肷窝部有波动感，并发出振水声，或瘤胃内充满，腹部膨胀或下垂，瘤胃与瓣胃蠕动音消失，在肷窝部叩诊肋骨弓进行听诊，呈现叩击钢管清朗的铿锵音。肠音微弱，有时排出少量糊状、棕褐色恶臭粪便，混有少量黏液或血丝和凝血块（图2-52）。尿量少而浓稠，呈深黄色，具有强烈的臭味。重症牛，触击右侧腹部皱胃区病牛躲闪，皱胃增大、坚硬。若对阻塞的皱胃进行穿刺，穿刺针可感到有阻力，回抽注射器，则抽不出内容物。须向皱胃内注入30~50毫升生理盐水后再回抽注射器内栓可抽出内容物，皱胃内容物测定，pH为1~4。直肠检查时，直肠内有少量粪便和成团黏液，体格较小的牛，检查者的手伸入骨

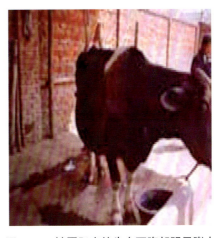

图2-51 皱胃阻塞的牛右下腹部明显膨大

盆腔前缘右前方，于瘤胃的右侧，能摸到向后伸展扩张呈现捏粉样硬度的皱胃体。体形较大的牛直肠内不易触诊。全身症状表现精神沉郁，结膜黄染，被毛逆立，鼻镜干燥，眼球下陷，中后期体温升高达40℃左右，心率每分钟可达100次以上，心音低沉，心律不齐，脉搏微弱。

此外，犊牛的皱胃阻塞，也同样具有部分的消化不良综合征，由含有大量的酪蛋白牛乳所形成的坚韧乳凝块而引起的皱胃阻塞（图2-53），持续下痢，体质瘦弱，腹部膨胀而下垂，用拳冲击式触诊腹部，可听到一种类似流水的异常声音。即使通过皱胃手术，除去阻塞物，仍然可能陷于长期的前胃弛缓现象。

图2-52 少量混有凝血块的糊状、棕褐色恶臭粪便

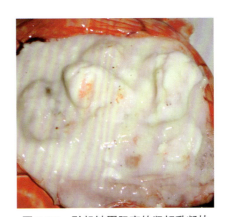

图2-53 引起皱胃阻塞的坚韧乳凝块

【类症鉴别】

病　　名	与皱胃阻塞的相似点	与皱胃阻塞的不同点
瓣胃阻塞	吃草、反刍减少或废绝，瘤胃内容物少、蠕动弱。排粪量少，有时呈球状，外表褐黑，精神不振	急性有疝痛，在右腹最后肋骨上方、腰椎横突下方向里向前按压可触到圆球状硬块，扩张时肋弓后缘可摸到圆形大硬块。粪球外表褐黑，球心呈黄色

(续)

病　　名	与皱胃阻塞的相似点	与皱胃阻塞的不同点
单纯性消化不良	吃草、反刍减少或废绝，瘤胃内容物柔软，蠕动弱、磨牙、精神不振	虽有排粪如干球、外表褐黑，但球内发黄（只有吃红薯秧、蚕豆秧和荚时粪才发黑）。当瘤胃下盲囊向右腹倾斜作"L"状时，右腹侧可摸到硬块，但右腹侧同等部位也同样坚硬。手背不触及硬块
皱胃溃疡	吃草、反刍减少或废绝，所排稀粪或粪球均为黑色，磨牙、精神不振，瘤胃蠕动弱	右软肋下方至膝襞无硬块，在肋弓后缘触诊皱胃有痛感
牛妊娠毒血症	体温、心跳、呼吸无变化，不吃不反刍，粪干小，步态不稳、好卧	发生于肥胖的妊娠牛，临产前2个月左右粪先干后下痢，粪色黄白、有恶臭

【预防】 应加强饲养管理，合理调制饲料，防止前胃疾病的发生，要防止发生创伤性网胃腹膜炎。

【临床用药指南】 本病的治疗原则是促进皱胃内容物排出，防止脱水和自体中毒。

（1）**促进皱胃内容物的排出** 病初期皱胃运动机能尚未完全消失时，①可用25%硫酸镁溶液500~1000毫升、乳酸10~20毫升，或生理盐水1000~2000毫升，于右腹部皱胃区，注入皱胃内，促进皱胃内容物的后送。②可用硫酸钠或硫酸镁500克、常水2000~4000毫升，1次内服。③用胃蛋白酶80克、稀盐酸40毫升、陈皮酊40毫升、番木鳖酊30毫升，1次内服，每天1次，连用3次，有较好的效果。④用木棒在右腹下的皱胃部做前后滚压动作，对促进皱胃运动和食物后移也有一定的作用。

（2）**补液解毒** 可用10%葡萄糖溶液500~1000毫升、20%安钠咖溶液20毫升，1次静脉注射，每天2次。

（3）**补液治疗** 发生脱水时，应根据脱水程度和性质进行输液。通常应用5%葡萄糖生理盐水2000~4000毫升、20%安钠咖溶液10毫升、40%乌洛托品溶液30~40毫升，静脉注射。必要时，应用10%维生素C注射液20~40毫升，肌内注射。

（4）**消炎治疗** 适当地应用抗生素或磺胺类药物，防止继发感染。

（5）**中药治疗** 大黄、郁李仁、滑石各100克，芒硝200克，厚朴、枳实、木通、莪术、醋香附、山楂、麦芽、沙参、石斛各50克，京三棱、青皮各40克，糖瓜蒌2个，水煎取汁，候温，加植物油250毫升，导服。

（6）**手术治疗** 严重的皱胃阻塞，药物治疗多无效果，应及时进行手术。

九、皱胃溃疡

皱胃溃疡是由于皱胃食糜的酸度增高，长期刺激皱胃，以致发生溃疡。

【发病原因】

（1）**原发性皱胃溃疡** 主要由于饲料质量不良，过于粗硬、霉败、难以消化，缺乏营养，或精料喂给过多，影响消化和代谢机能。另外，饲养不当，饲喂不定时定量，时饥时饱，放牧转为舍饲，突然变换饲料引起消化机能紊乱。管理使役不当，长途运输，环境卫生不良，过度拥挤，精神紧张，或因分娩疼痛，挤乳过度，异常的光、声刺激，以及中毒与感染所引起的应激作用等，所有这些不良因素都能引起神经体液的调节紊乱，影响消化，这在本病的发生发展上有着决定性作用。

（2）**继发性皱胃溃疡** 通常见于前胃疾病，皱胃变位，皱胃炎、病毒性腹泻/黏膜病、巴氏杆菌病、病毒性腹泻、恶性卡他热、口蹄疫、水疱病、病毒性鼻气管炎等疾病过程中，往往导致皱胃黏膜充血、出血，糜烂坏死和溃疡。严重的血矛线虫寄生，也可引发皱胃糜烂和溃疡。

【临床症状】病牛消化机能严重障碍，食欲减退，甚至拒食，反刍停止，有时发生异食癖（图2-54）。粪便含有血液，呈松馏油样（图2-55）。直肠检查，手臂上黏附类似酱油色糊状物（图2-56）。有的出现贫血症状，呼吸急速，心率加快，伴发贫血性杂音，脉搏细弱，甚至手感觉不到脉搏跳动。继发胃穿孔时，多伴发局限性或弥漫性腹膜炎，体温升高，腹壁紧张，后期体温下降，发生虚脱而死亡。

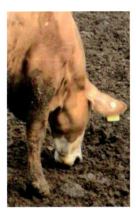
图2-54 病牛表现异食粪土

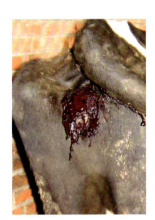
图2-55 病牛的粪便呈松馏油样

图2-56 直肠检查，手上黏附类似酱油色糊状物

【类症鉴别】

病　名	与皱胃溃疡的相似点	与皱胃溃疡的不同点
皱胃阻塞	吃草、反刍减少或废绝，粪或稀或干、均呈黑色（中心也为黑色）。右肋弓后缘及软肋下按压敏感	软肋下至膝襞触诊有大硬块，对侧同等部位则无
瓣胃阻塞	吃草、反刍减少或废绝，有时腹痛，粪少，粪球外表呈黑色	初有疝痛，最后肋骨上方、腰椎横突下方向里向前按压可触及硬圆球，扩张时肋弓后缘可触及圆硬块。粪球中心为黄色
单纯性消化不良	吃草、反刍减少或废绝，瘤胃蠕动弱、磨牙	除采食鲜红薯秧、蚕豆秧、蚕豆荚排黑色粪（无潜血）外，即使排黑褐色粪球，中心仍为黄色。皱胃区按压无痛
皱胃炎	吃草、反刍减少，瘤胃蠕动弱，磨牙，右肋弓向里按压敏感，粪有时稀、有时呈球状	粪不呈黑色，常有轻度臌胀

【预防】注意饲料管理和调整，停止饲喂酸度大和粗硬难以消化的饲料，减少精料的供应量。改善饲养条件，搞好防疫卫生，避免发生应激现象，增强体质防止本病发生。在精饲料中添加0.8%~1.5%（每天50~150克）的碳酸氢钠，可有效地预防奶牛皱胃溃疡。

【临床用药指南】 采取少量多次的饲喂方法来减轻消化道的负担，也可灌服打碎的青绿饲料浆。本病治疗原则是除去病因，镇静止痛，抗酸止酵，消炎止血。

1）首先应除去致病因素，给予富含维生素、容易消化的饲料；其次避免刺激和兴奋，为减轻疼痛刺激，可用安溴注射液 100 毫升，静脉注射；最后可用 30% 安乃近溶液 20~300 毫升，皮下注射，每天 1 次。

2）为防止黏膜受胃酸侵蚀，宜用氧化镁 50~100 克，每天 3 次内服，可连用 3~5 天。必要时，给予适量植物油或液状石蜡清理胃肠。

3）为促进溃疡面愈合，防止出血，促进愈合，犊牛可使用次硝酸铋（碱式硝酸铋）3~5 克，于饲喂前半小时口服，每天 3 次，连用 3~5 天。

4）出血严重的溃疡病牛，可用维生素 K 制剂、止血敏（酚磺乙胺）等止血。

5）为防止继发感染，可应用抗生素或磺胺类药物。

6）中药治疗。①啤酒花全草 150~250 克，研末用沸水冲调，候温灌服。②佛手 50 克、海螵蛸 40~90 克、白芍 40~60 克、陈皮 30 克，研末，灌服。腹痛者加延胡索 45 克。③伏龙肝 300~500 克，浸入 2000 毫升水中约 10 分钟取液，加入血余炭 30~60 克，灌服，每天 1 剂，连用 2~5 天。

7）当继发胃穿孔、伴发腹膜炎时，应尽快采取手术疗法。

十、皱胃变位与扭转

皱胃变位是奶牛最常见的皱胃疾病。皱胃变位可分为左方变位和右方变位。左方变位是指皱胃由腹中线偏右的正常位置（图 2-57），经瘤胃腹囊与腹腔底壁间潜在空隙移位于腹腔左壁与瘤胃之间（图 2-58），是临床常见病型。右方变位又称为"皱胃右方不全扭转"，指位于腹底正中线偏右的皱胃，向前或向后发生位置的变化引起的疾病。皱胃扭转是皱胃围绕自己的纵轴作 180~270 度扭转，导致瓣 - 皱孔和幽门口不完全或完全闭锁，是一种可致奶牛较快死亡的疾病。其特征是中度或重度脱水，低血钾，代谢性碱中毒，皱胃机械性排空障碍。

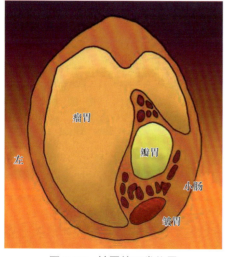

图 2-57 皱胃的正常位置

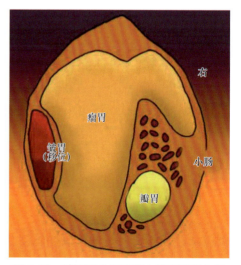

图 2-58 皱胃移位于腹腔左壁与瘤胃之间

【发病原因】 饲养不当，日粮中含谷物，如玉米等易发酵的饲料较多及饲喂较多的含高水平酸性成分饲料，如青贮玉米等。由此，导致挥发性脂肪酸含量增加，其浓度过高可引发皱胃和（或）胃肠弛缓，导致皱胃弛缓、膨胀和变位。高精料的日粮可引起气体产生增加，促进变位或扭转的发生。一些营养代谢性疾病或感染性疾病，如酮病、低钙血症、生产瘫痪、牛妊娠毒血症、子宫炎、乳腺炎、胎膜滞留和消化不良等，也会引起胃肠弛缓。为获得更高的产奶量，在奶牛的育种方面，通常选育后躯宽大的品种，从而腹腔相应变大，增加了皱胃的移动性，增加了发生皱胃变位的机会。

【临床症状】 本病多发生在产后，一般症状出现在分娩数日至 1~2 周（左方变位）或 3~6 周（右方变位）。发生皱胃变位的奶牛主要表现食欲减退，厌食谷物饲料而对粗饲料的食欲降低或正常，产奶量下降 30%~50%，精神沉郁，瘤胃弛缓，排粪量减少并含有较多黏液，有时排粪迟滞或腹泻，但体温、脉搏和呼吸正常。

发生左方变位的病牛，视诊腹围缩小，两侧肷窝部塌陷，左侧肋部后下方、左肷窝的前下方显现局限性凸起（图 2-59），有时凸起部位由肋弓后方向上延伸到肷窝部，对其触诊有气囊性感觉，叩诊发鼓音。听诊左侧腹壁，在第 9~12 肋弓下缘、肩 - 膝水平线上下听到皱胃音，似流水音或滴答音，在此处做冲击式触诊，可感知有局限性振水音。用叩诊与听诊相结合的方法，即用手指叩击肋骨，同时在附近的腹壁上听诊，可听到类似铁锤叩击钢管发出的共鸣音——钢管音（砰音）（图 2-60）；钢管音区域一般出现于左侧肋弓的前后，向前可达第 8~9 肋骨部，向下抵肩关节 - 膝关节水平线，大小不等，呈卵圆形，直径为 10~12 厘米或 35~45 厘米（图 2-61）。发生右方变位的病牛，在右侧第 9~12 肋或在第 7~10 肋肩关节水平线上下叩诊与听诊相结合有钢管音。时有磨牙，腹围膨大不显，病程长者腹围变小。有的右方变位病牛无明显临床症状，食欲旺盛，产奶量变化不大，在做检查时才被发现钢管音；有的病牛食欲与产奶量均不正常，检查时可能正好听不到钢管音，需间隔一段时间再做检查方能发现。

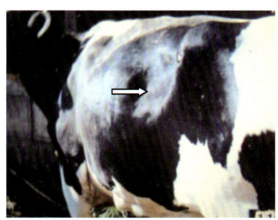

图 2-59　左侧肋部后下方、左肷窝的前下方显现局限性凸起

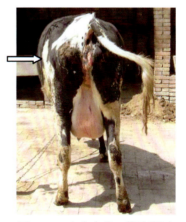

图 2-60　左方变位，箭头所示肋部隆起，出现钢管音

发生皱胃扭转的病牛，突然表现腹痛不安，回头顾腹，后肢踢腹。食欲废绝，眼深陷，中度或重度脱水（图 2-62），产奶量急剧下降，甚至无奶。大便多呈深褐色，有的稀而臭，有的少而干，严重者甚至无大便；小便少。体温多低于正常或变化不明显，心率为

52~130次/分钟，重度碱中毒时，呼吸次数减少，呼吸浅表，末梢发凉。腹围膨大，右侧腹尤为明显（图2-63）。膨胀的皱胃前缘最多可达膈（逆时针扭转时），后缘最多可达右骽部，在右骽部可发现或触摸到半月状隆起。在右侧第7~13肋骨及肋骨后缘叩诊与听诊相结合，可听到音质高朗的钢管音。右腹冲击触诊有明显振水音；直肠检查较易摸到膨大的皱胃。严重内出血者，可视黏膜、乳头皮肤及阴户黏膜苍白。多数病牛多立少卧，或难起难卧（图2-64），个别病牛卧地不起。

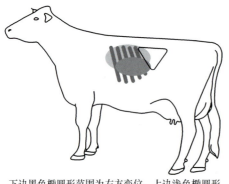

下边黑色椭圆形范围为左方变位，上边浅色椭圆形范围为皱胃阻塞、创伤性网胃腹膜炎、瓣胃梗塞的钢管音范围

图2-61　皱胃左方变位钢管音范围

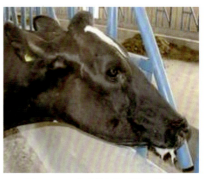

图2-62　病牛眼球下陷、脱水

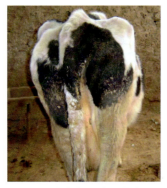

图2-63　病牛右侧腹围膨大明显

图2-64　病牛难起难卧

【类症鉴别】

病　　名	与皱胃变位与扭转的相似点	与皱胃变位与扭转的不同点
创伤性网胃腹膜炎	吃草、反刍减少或废绝，瘤胃蠕动减弱	肘外展，叩诊剑状软骨部位敏感，卧时小心，前肢先跪后躯左右移动而后才卧
牛酮病	产后发病，牛乳、呼气有酮味，腹痛	多因饲料中所含蛋白质、脂肪多于碳水化合物而发病，多数嗜睡，左骽部不显膨大
皱胃阻塞	右腹膨胀，粪发黑，腹痛，体温不高	右腹软肋下方至膝襞有硬块。听诊不出现钢管音和乒乓音

(续)

病　　名	与皱胃变位与扭转的相似点	与皱胃变位与扭转的不同点
皱胃扭转与皱胃右方变位		皱胃扭转发病急，腹痛明显，腹围增大快，脱水严重，食欲废绝，产奶量急剧下降，直肠检查较易摸到膨大的皱胃，右侧腹壁叩诊与听诊相结合有大范围的钢管音，音质高朗。皱胃右方变位发病较缓，腹痛较轻，腹围变化不明显，有一定程度的食欲，一定的奶量；较皱胃扭转右侧叩诊与听诊相结合钢管音的范围小，音质低沉，有时不易听到，需要多次反复听诊，防止漏诊、误诊

【预防】 预防本病应合理配合日粮，日粮中的谷物饲料、青贮饲料和优质干草的比例应适当；对发生乳腺炎或子宫炎、酮病等疾病的病牛应及时治疗；在奶牛的育种方面，应注意选育既要后躯宽大，又要腹部较紧凑的奶牛。

【临床用药指南】 皱胃左方变位的病例多采取保守治疗，对顽固性病例可采用手术治疗。皱胃右方变位早期的病例可采取保守治疗，后期病例和复发病例宜采用手术治疗。皱胃扭转病例如能诊断，应及时手术。

(1) **保守治疗**

1) 药物治疗。使用健胃剂辅以消导剂，增强胃肠运动，消除皱胃弛缓，促进皱胃气液排空。①如口服风油精 10 克（或薄荷油），每天 1 次，连用 2~3 天；配合应用大黄苏打片、酵母片、复合维生素 B 口服液等。②静脉注射促反刍液，10% 氯化钠溶液 500~800 毫升、5% 氯化钙溶液 150~200 毫升、10% 安钠咖注射液 30~50 毫升，配合补糖、补液、强心等，维护机体的体液和电解质平衡。③肌内注射硫酸新斯的明 15~20 毫克，每天 1 次，连用 2~3 天，或用其他平滑肌兴奋药。④ 2% 普鲁卡因溶液 200 毫升配在 1000 毫升生理盐水中静脉注射，每天 1 次，连用 3~5 天。⑤中药按前胃弛缓处方治疗兼消导。用四君子汤、平胃散、补中益气汤、椿皮散加减；补中益气汤加减：沙参 30 克、黄芪 250 克、白术 100 克、当归 60 克、陈皮 60 克、升麻 20 克、柴胡 30 克、枳实 60 克、川楝子 40 克、代赭石 100 克、焦槟榔 40 克、鸡内金 100 克、焦三仙 100 克，水煎内服，1 剂分 2 次内服，每天 1 剂，连用 2~3 剂。⑥若存在并发症，如酮病、乳腺炎、子宫炎等，应同时进行治疗，否则药物治疗效果不佳。

2) 翻滚法治疗。滚转法是治疗单纯性皱胃左方变位的常用方法（图 2-65），运用巧妙时，可以痊愈。治愈率达 70%。①让病牛绝食 1 天以上，限制饮水，使瘤胃容积变小。②让牛在有一定倾斜度的坡地（最好是草地或较松软平整的地方进行）上进行滚转。③具体的方法是使牛右侧横卧 1 分钟（背脊朝高面、蹄向低面），然后转成仰卧（背部着地，四蹄朝天）1 分钟，随后以背部为轴心，先向左滚转 45 度，回到正中，再向右滚转 45 度，再回到正中；如此来回地向左右两侧摆动若干次，每次回到正中位置时静止 2~3 分钟，此时皱胃往往"悬浮"于腹中线并回到正常位置，仰卧时间越长，从膨胀

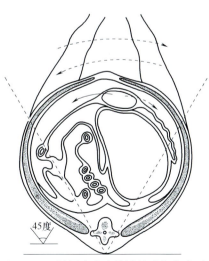

图 2-65 皱胃左方变位滚转法复位术以牛背为中心，左右摇晃使之复位

的器官中逸出的气体和液体越多；将牛转为左侧横卧，使瘤胃与腹壁接触，然后立即使牛站立，以防左方变位复发。④也可以采取左右来回摆动3~5分钟后，突然一次以迅猛有力的动作摆向右侧，使病牛呈右横卧姿势，至此完成一次翻滚动作，直至复位为止。如尚未复位，可重复进行。⑤经药物治疗、滚转法治疗或药物与滚转法相结合的治疗后，让病牛尽可能地采食优质干草，以增加瘤胃容积，从而达到防止左方变位的复发和促进胃肠蠕动的作用。

（2）**手术治疗**　具体请参考有关兽医外科书籍。

第三章 腹泻疾病的鉴别诊断与防治

第一节 腹泻疾病概述及发生的因素

一、概述

腹泻是指肠黏膜的分泌增多与吸收障碍、肠蠕动过快，引起排便次数增加，使含有大量水分的肠内容物被排出的病理现象。腹泻是临床上常见的综合征，是许多疾病的伴发症状。

牛的肠道包括小肠、大肠、盲肠和直肠（图3-1）。小肠特别发达，成年牛小肠长27~49米，盲肠为0.75米，结肠为10~11米，肠长与体长比例为27∶1。小肠是营养物质消化吸收的主要器官。胰腺分泌的胰液由导管进入十二指肠，其中含有的胰蛋白分解酶、胰脂肪酶和胰淀粉酶分解食物中的蛋白质、脂肪和糖，分解产物经小肠黏膜的上皮细胞吸收入血液或淋巴系统。盲肠和结肠也进行发酵作用，能消化饲料中纤维素的15%~20%，纤维素经发酵产生大量挥发性脂肪酸，可被机体吸收利用。消化道与外界环境相连通，随饮食进入消化道的病原微生物对机体有一定的危害，消化管壁内含丰富的淋巴组织，具有重要的免疫功能。不同肠管都具有一定的结构和功能，但也具有一些共同特征，表现在肠管壁由内向外由黏膜、黏膜下层、肌层和浆膜4层构成。

图3-1 牛的消化道

排便是一种复杂的反射活动，排便的反射弧包括感受器、传入神经、中枢神经系统、传出神经和效应器，涉及肠道的蠕动性能、腹壁的状态、神经功能等方面，如果一个部分发生器质性或功能性的改变，均会导致排便的异常。当肠道存在炎症、异常刺激、功能异常、食物消化异常、过食等，均会导致腹泻现象。

二、疾病发生的因素

（1）**细菌性腹泻** 引起牛腹泻的主要细菌有大肠杆菌、沙门菌、空肠弯曲杆菌、B型和C型产气荚膜杆菌、副结核分枝杆菌、鹦鹉热衣原体等。

（2）**病毒性腹泻** 病毒性腹泻主要见于恶性卡他热、轮状病毒病、牛瘟、牛病毒性腹泻/黏膜病等。

(3) **寄生虫性腹泻** 主要寄生虫病有球虫病、消化道线虫病、消化道绦虫病、隐孢子虫病等。

(4) **中毒性腹泻** 见于砷、汞、铜、钼、氟、有机磷、食盐中毒,以及有毒植物、真菌毒素中毒等。

(5) **饮食性腹泻** 由于饲料质地不良、饲养失宜所致的消化不良、胃肠炎等;采食某种或某些食物后不久即发生腹泻的,称为特殊食物不耐受性腹泻。

(6) **营养性腹泻** 继发性铜缺乏、硒缺乏、铁缺乏等疾病时,可伴有腹泻。

第二节 腹泻疾病的诊断思路及鉴别诊断要点

一、诊断思路

对于牛腹泻的诊断,没有捷径可言。一定要考虑到所有环境因素(包括营养、泌乳、季节、舍饲或放牧),个体发病还是群体发病,急性腹泻还是慢性腹泻等方面。

侵袭性因素引起的腹泻最为显著的特点是发病由少到多,再逐渐减少的过程,而且可以通过特定血清学检验、病原的分离鉴定和粪便中寄生虫卵的检查进行诊断。

中毒性因素引起的腹泻最为显著的特点是往往突然发生,具有群发性,体格健壮的牛发病较为严重,更换可疑饲料和饮水后发病随之停止,并可通过特定毒物的检测进行确诊。

饲养管理因素引起的腹泻多为散发,除腹泻表现外缺乏共同性特点,主要包括肠卡他、肠炎、霉菌性肠炎、黏液膜性肠炎、犊牛消化不良、肠痉挛、硒缺乏等。

急性腹泻的临床特征是发热,暴发性腹泻,粪便混有血液或黏膜碎片,黏膜充血,脱水明显,全身症状重剧。急性腹泻,常见于细菌、病毒、寄生虫感染及环境毒素中毒。

慢性腹泻的临床特征是体温正常或升高,复发性或持续性腹泻,食欲减退或亢进,食粪癖,体重持续性减轻,体躯下部水肿、皮肤病等。慢性腹泻,可见于寄生虫感染、圆线虫幼虫移行、慢性沙门菌病、牛病毒性腹泻、牛副结核等。

根据流行病学特点、临床症状、实验室检查,对腹泻病牛进行病因学归类。

根据病原学检验、特殊诊断方法,并结合病史和临床特点,确定腹泻的病因、病性和病变部位。

二、鉴别诊断要点

成年牛急性重度腹泻的鉴别要点见表3-1;牛慢性腹泻的病因及诊断方法见表3-2。

表3-1 成年牛急性重度腹泻的鉴别要点

	发热	下痢*	粪便白细胞	颊部病变	血液计数	血清蛋白	必要的检查方法
侵袭性细菌	+	常见	+	-	左移	白蛋白减少	粪便培养
肠毒性细菌	-	-	-	-	PCV极高	增加	粪便pH碱性;粪便培养、接种
病毒	+	不定	-	反刍兽常见	WBC减少	正常	粪便、鼻分泌物培养、血清学
线虫寄生	-**	罕见	-**		贫血	减少	粪便虫卵检查

（续）

	发热	下痢*	粪便白细胞	颊部病变	血液计数	血清蛋白	必要的检查方法
真菌	+	可能	+		左移	球蛋白正常或增加	霉菌感染其他症状
重金属	−	常见	?		不定	正常	重金属定量分析

*肉眼可见粪便混有血液或肠黏膜碎片；**圆线虫除外。

表 3-2 牛慢性腹泻的病因及诊断方法

引起牛慢性腹泻的疾病	诊断方法
寄生虫感染	粪便虫卵检查
副结核病	粪便培养
沙门菌病	粪便培养
牛病毒性腹泻	病毒鉴定
腹脂肪坏死	直肠检查
慢性腹膜炎	腹部检查
后腔静脉血栓形成	肝功能检查
心衰	心脏检查
腹部肿瘤	理学检查、开腹探查、活体组织学检查
霉菌毒素中毒	饲料分析
铜缺乏	饲料铜、钼测定
蓝舌病	病毒分类
腹水	腹部检查
异物	开腹探查

第三节　常见疾病的鉴别诊断与防治

一、沙门菌病

沙门菌病是由沙门菌属中多种细菌引起的疾病的总称。本病主要侵害幼龄牛和青年牛，临床上表现为败血症、胃肠炎及其他组织的局部炎症；成年牛则多呈散发性或偶尔呈地方性流行，但妊娠牛可能发生流产。犊牛沙门菌病又称为"犊牛副伤寒"，其临床表现为败血症和胃肠炎的症状，慢性病例还表现肺炎和关节炎的症状。

【流行特点】

（1）**易感动物**　本病主要发生于 10~40 日龄的犊牛，发病后传播迅速，往往呈地方性流行，在发病严重的牛场，犊牛的发病率可达 80% 甚至更高，死亡率为 10%~40%。

（2）**传染源**　病牛和带菌牛是本病的传染源。

（3）**传播途径**　病原菌随粪便排出体外，污染水源和饲料。主要经消化道传染，间有呼吸道感染的。此外，带菌牛在不良的因素影响下，也可发生内源性传染。未吸吮初乳、乳汁不良、断奶过早，或牛舍拥挤、长途运输、饲料中缺乏维生素和蛋白质、突然更换饲料、饮用污水或患有其他疾病时，均能促进本病的发生和传播。

（4）流行季节　本病一年四季均可发生，以秋末春初发病较多。

【临床症状】　潜伏期为1~2周。根据病程长短可分为急性型和慢性型。

（1）急性型　急性型的犊牛可于出生后24小时内即表现拒食、卧地、迅速衰竭，常于3~5天死亡。多数在出生后10~14日龄后发病，病初体温升高达40~41℃，呈稽留热，持续不退。脉搏加快，呼吸急促，精神沉郁，食欲降低或废绝。初便秘、后腹泻，粪便呈灰黄或黄色液状（图3-2），有的混有黏液和血丝（图3-3）。一般出现症状后4~8天死亡，死亡率达10%~50%。

图3-2　犊牛沙门菌病急性型：粪便呈灰黄色

图3-3　犊牛沙门菌病急性型：粪便混有黏液和血丝

（2）慢性型　多由急性型转变而来。腹泻逐渐减轻或停止，但呼吸困难、咳嗽，从鼻孔排出黏液性分泌物而后变成脓性鼻液（图3-4）。初为支气管炎后发展为肺炎。体温升高，后期发生关节炎，腕关节和跗关节肿大、跛行（图3-5）。病犊牛极度衰弱，病程一般1~2周，长者可达1~2个月。恢复后体内很少带菌。

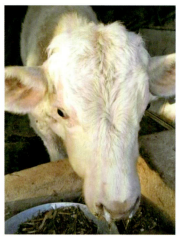

图3-4　犊牛沙门菌病慢性型：从鼻孔排出脓性鼻液

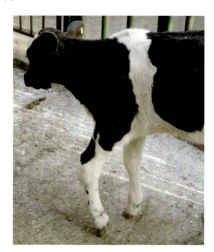

图3-5　犊牛沙门菌病慢性型：前肢腕关节发生炎症，肿大、跛行

【病理剖检变化】 急性型病犊牛的胃肠黏膜有出血性炎症变化（图3-6和图3-7），全身浆膜、黏膜及心外膜有多数出血点（图3-8）。淋巴结、脾脏、肝脏、肾脏肿大，特别是脾脏可肿大1~3倍。肝脏、脾脏散布有灰色小坏死灶（图3-9）。慢性型病犊牛的肺有肺炎病灶，且伴有坏死（图3-10），表面覆盖有纤维素薄膜。肝脏有坏死结节（图3-11）。小肠黏膜有出血点。腕关节和跗关节等关节囊肿胀，腔内有较多的浆液性纤维素渗出物（图3-12和图3-13）。

图3-6 牛沙门菌病：小肠的出血性肠炎变化

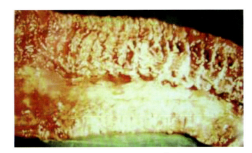

图3-7 牛沙门菌病：肠黏膜肿胀、增厚，并有纤维素伪膜，并伴有出血

图3-8 心外膜有多数出血点

图3-9 脾脏散布有灰色小坏死灶

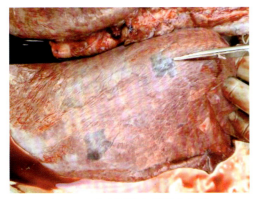

图3-10 表面覆盖有纤维素薄膜，且伴有坏死的肺炎病灶

图3-11 肝脏有坏死结节

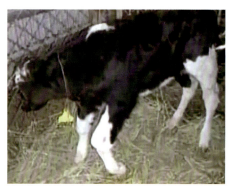

图3-12 腕关节关节囊肿胀

图3-13 关节腔内的纤维素性渗出物

【类症鉴别】

病　名	与沙门菌病的相似点	与沙门菌病的不同点
牛黏液膜性肠炎	腹痛，下痢，心跳、呼吸急促	体温不太高，排出管状或索状黏液膜后症状即减轻
牛血吸虫病	体温高（40℃以上），精神萎靡，拉稀，粪中含有血液、黏液、有恶臭	病程较长，里急后重，眼结膜苍白，粪检可见虫卵
牛副结核病	拉稀，粪中含血液、黏液、有恶臭	下颌、垂皮有水肿，体温不高，不出现腹痛，病程较长，腹泻间断发生，结核菌素检验反应阳性
无机氟化物中毒	腹痛，腹泻	多在矿区、炼铝厂及磷肥、氟化盐厂附近发病，流涎、呕吐、肌肉震颤，阵发性强直痉挛，慢性关节肿大
牛蕨中毒	体温高（40~41℃），腹痛，拉稀，粪中含血	因采食蕨而发病，粪呈褐红色糊状，并有血尿

【预防】　加强母牛和犊牛的饲养管理，饲养人员特别注意观察犊牛精神、食欲、粪便，适时更换褥草，搞好犊牛舍卫生。对于发病犊牛要及时隔离治疗。深埋或焚烧死尸、流产胎儿、胎衣及污染物，消毒被污染的场地及设施。沙门菌可对人造成威胁，在接触感染犊牛时要穿工作服，鞋和手套等物要消毒，注意公共卫生。犊牛注射牛副伤寒氢氧化铝苗，在常发病的牛场，对妊娠母牛接种，犊牛可获得较好的免疫保护。

【临床用药指南】　治疗措施主要包括补液、抗生素或磺胺类药物治疗及中药治疗。

(1) 补充体液，维持体况　对处于休克状态、不能站立、严重脱水的犊牛应静脉补液；对能走动、哺乳和仅有中度脱水的犊牛可经口或皮下补液。为纠正代谢性酸中毒，可给予碳酸氢钠。可用5%葡萄糖生理盐水1000毫升、25%葡萄糖溶液250毫升、5%碳酸氢钠溶液150~200毫升，1次静脉注射，每天2~3次。口服可用"口服补液盐"溶液，使其自饮或灌服。

(2) 抗生素或磺胺类药物治疗　如硫酸新霉素、合霉素、痢菌净、硫酸庆大霉素、硫酸卡那霉素、氨苄青霉素、硫酸多粘菌素、喹诺酮类药物、磺胺嘧啶、磺胺二甲氧嘧啶等。生产中应用抗生素或磺胺类药物治疗时，随时观察临床效果，当一种药物无效时，应更换另一种药物治疗，但最好是在细菌培养和药敏试验的基础上选用敏感药物。对于急性病例，抗生素治疗至少持续5~7天。有肺炎症状的，可用青霉素100万单位、链霉素150万~200万单位，1次肌内注射，每天2次，连用5~7天；或将"九一四"0.75克加入500毫升5%糖盐水中，缓慢静脉注射，每天1次，连用5~7天。伴有关节炎症状时，可用鱼石脂酒精绷带包裹患部，也可向关节腔内注入1%盐酸普鲁卡因青霉素溶液15~20毫升。

(3) **中药治疗**

1) 牵牛子、金银花、鸡内金各等份，焙黄研末，每次灌服30~50克，每天2次。

2) 柿蒂、乌梅、柏子仁各9克，黄连、姜黄各15克，研末后用沸水冲调，候温灌服。

3) 食盐60克、大蒜120克，捣烂后用沸水冲调，候温灌服。

4) 白头翁60克、黄连30克、黄柏45克、秦皮60克，研末后混匀，即为"白头翁散"，用沸水冲调，候温灌服。犊牛减量。

5) 郁金30克、诃子15克、黄芩30克、大黄60克、黄连30克、栀子30克、白芍15克、黄柏30克，研末后混匀，即为"郁金散"，用沸水冲调，候温灌服。犊牛减量。

二、大肠杆菌病

大肠杆菌病是指由致病性大肠杆菌引起多种动物不同疾病或病型的统称，包括动物的局部性或全身性大肠杆菌感染、大肠杆菌性腹泻、败血症和毒血症等。各种动物大肠杆菌病的表现形式有所不同，但多发生于幼龄动物，给养殖业造成了严重的损失。犊牛大肠杆菌病又称为"犊牛白痢"，是由致病性大肠杆菌引起的犊牛的一种急性细菌性传染病。本病临床上具有败血症、肠毒血症或肠道病变的特征，发病急、病程短、死亡率高，主要危害新生犊牛。

【**流行特点**】

(1) **易感动物** 本病多见于新生犊牛，尤其2~3日龄的犊牛最为易感。

(2) **传染源** 病牛和带菌牛是主要传染源，通过粪便排出病菌，污染水源、饲料、母牛的乳房及皮肤等。

(3) **传播途径** 病原性大肠杆菌存在于成年牛肠道或犊牛的肠道及各种组织器官内。主要通过消化道传染，也可通过子宫内感染或脐带感染。

(4) **流行季节** 一年四季均可发生，常见于冬、春舍饲时期，呈地方性流行或散发，在放牧季节很少发生。母牛在分娩前后营养不足、饲料中缺乏足够的维生素或蛋白质、乳房部污秽不洁、牛舍阴冷潮湿、寒冷、通风不良、气候突变、拥挤、场地污秽（图3-14）、出生后未食初乳、饲养用具及环境消毒不彻底等因素，都能促进本病的发生、流行或使病情加重。

图3-14 牛舍场地污秽

【**临床症状**】 潜伏期短，一般为几小时至十几小时。根据临床表现分为败血症型、肠炎型和肠毒血症型。

(1) **败血症型** 主要发生在未吃过初乳的犊牛。一般在出生后数小时发病，最迟2~3日龄发病。发病急，病程短，少数病犊牛未表现腹泻即死亡。多数病犊牛表现发热，高达40℃，停止吮乳，有时出现腹泻，可于数小时内急性死亡（图3-15），致死率可达80%以上。耐过犊牛1周后可能继发关节炎、肺炎或脑膜炎。

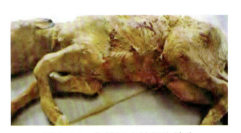

图3-15 急性死亡的新生犊牛

(2) 肠炎型 常见于7~10日龄犊牛，病初体温升高到40℃。病犊牛表现下痢，初期粪便呈粥样、黄色，后呈水样、灰白色（图3-16），混有未消化的凝乳块、凝血及泡沫，有酸败气味。后期排粪失禁，腹痛、踢腹，尾和后躯染有稀粪（图3-17）。病程长者可见到有脐炎、肺炎及关节炎表现。致死率一般为10%~50%。不死的犊牛发育迟缓。

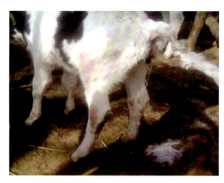
图3-16 粪便呈水样、灰白色

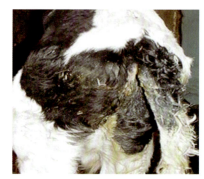
图3-17 尾和后躯染有稀粪

(3) 肠毒血症型 较少见，多突然死亡，病程稍长者可见典型的中毒性神经症状，先兴奋不安，后沉郁、昏迷，最后死亡。死前多有腹泻症状，排出白色而充满气泡的稀粪。

【病理剖检变化】 败血症型及肠毒血症型常无明显病理变化。肠炎型病变是：皱胃中有大量凝乳块（图3-18），黏膜充血、水肿，覆有胶状黏液，皱褶部有出血（图3-19）。肠内容物混有血液（图3-20）及气泡，恶臭；小肠黏膜有充血，皱褶基部有出血点（图3-21）。肠系膜淋巴结肿大，切面多汁或充血。肝脏、肾脏苍白，有时有出血点（图3-22）。胆汁黏稠、暗绿，心内膜有出血点（图3-23）。病程长的病例脐部、关节和肺部有病变。

图3-18 皱胃中有大量凝乳块

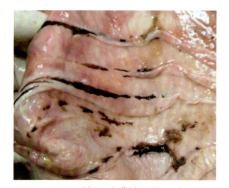
图3-19 皱胃黏膜皱褶部有出血

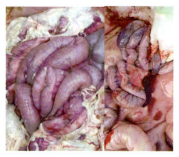
图3-20 小肠内容物中混有血液

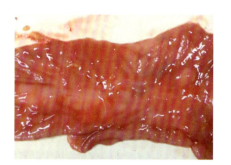
图3-21 小肠黏膜有充血，皱褶基部有出血点

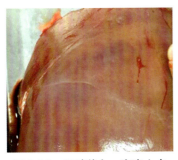
图 3-22 肝脏苍白，有出血点

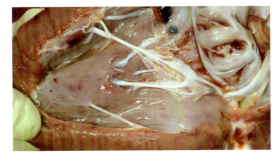
图 3-23 心内膜有出血点

【类症鉴别】

病　　名	与大肠杆菌病的相似点	与大肠杆菌病的不同点
犊牛沙门菌病	体温高（40~41℃），拉稀，粪呈黄色，混有黏液、血液。有关节炎	多数10~14日龄以后发病，粪呈液状、灰黄色、混有黏液和血丝，体温高后5~7天内死亡，死亡率为50%
犊牛衣原体病	体温高（40~41℃），拉稀，沉郁	发病年龄较大（6月龄前），流鼻液，流泪，咳嗽，后有支气管炎
犊牛轮状病毒感染	出生后10日龄发病，冬、春多发，拉稀	粪黄色，液状或灰暗水样，有时带血，发病率高，死亡率低（1%~4%）。电镜检出率高
犊牛新蛔虫	拉稀，粪呈灰白色	体温不高，眼结膜苍白，粪有特殊腥臭味，口腔有特殊臭气，消瘦，毛粗乱，1~5月龄犊牛粪检有虫卵
犊牛肠炎	体温高（40℃），拉稀	粪中有黏液、血液，不含凝乳块、凝血块及泡沫。粪腥臭而无酸败气味。不并发关节炎、脐炎、肺炎。无传染性
犊牛消化不良	初生犊牛发病，拉稀，粪中有凝乳块	无传染性。体温正常或偏低，15日龄以上犊牛的粪呈黄色、灰黄色、污绿色，15日龄以内有奶瓣。中毒时体温升高，震颤，搐搦，昏迷

【预防】 加强饲养管理，避免应激。对妊娠母牛要加强饲养管理，给予足够的营养，产前补饲些胡萝卜、骨粉、食盐及青草等，确保新生犊牛抗病力强。做好产房消毒工作，保证环境卫生，减少环境因素的致病可能。做好接产的消毒工作，防止在接产过程中造成感染，特别要注意断脐后的消毒处理。对污染的环境、用具，可用3%~5%来苏儿溶液消毒。注意保暖，及时吃到足够的初乳，定时喂乳，防止哺乳过多或过少，内服链霉素、土霉素、金霉素或诺氟沙星粉剂等可有效预防，也可自由饮用0.01%~0.05%的高锰酸钾溶液，可收到较好的预防效果。对常发本病的牛场，分离本场菌株制备大肠杆菌灭活菌苗免疫接种。犊牛出生后及时注射母牛血液100~150毫升，可使发病率显著降低。

【临床用药指南】 由于本病发病急，应以预防为主，发病后及时隔离治疗，对病程稍长者在确诊后应及时治疗。治疗原则是抗菌消炎，补液强心，保护胃肠黏膜。

(1) **抗菌消炎** 使用抗生素或磺胺类药物，如痢菌净、盐酸四环素、盐酸土霉素、硫酸新霉素、硫酸庆大霉素、恩诺沙星、氨苄青霉素、硫酸黄连素、磺胺类药物等。大肠杆菌容易产生抗药性，上述任何一种药物经使用5~7天后，如需继续治疗则应及时改用其他药物。

(2) **补液强心，防止酸中毒** 5%葡萄糖生理盐水500~2000毫升、25%葡萄糖溶液300毫升、5%碳酸钠注射液100~150毫升、10%维生素C注射液5~10毫升、10%安钠咖注射液5毫升，静脉注射，每天1次，连用3~5天。还可用葡萄糖甘氨酸溶液调整胃肠功能。其配方为葡萄糖43.2克、氯化钠9.2克、甘氨酸6.6克、枸橼酸0.5克、枸橼酸钾0.1克、磷酸二氢钾4.4克,以上药物加水2000毫升即成等渗溶液,每次喂服1000毫升,每天2次。

(3) **保护胃肠黏膜** 腹泻不止者,可使用次硝酸铋(碱式硝酸铋)5~10克,或白陶土50~100克,或活性炭10~20克,以保护肠黏膜,减少毒素吸收,同时补液、强心等对症治疗。病情好转后可配合使用活菌制剂,促菌生5克,口服,每天2次,连用5~7天。

(4) **中药治疗**
1) 白头翁20克,黄连、黄柏、秦皮各10克,水煎取汁,每天分2次灌服。
2) 大蒜300克,捣成碎泥,加水1500毫升,灌服。

三、副结核病

副结核病,也称"副结核性肠炎",是由副结核分枝杆菌引起的牛的一种慢性传染病,偶见于羊、骆驼和鹿。临床特征是慢性卡他性肠炎、顽固性腹泻和逐渐消瘦,剖检可见肠黏膜增厚并形成皱襞。目前本病广泛流行于世界各地。

【流行特点】

(1) **易感动物** 副结核分枝杆菌主要引起牛(尤其是奶牛)发病,犊牛最易感。绵羊、山羊、骆驼、猪、马、驴、鹿等动物也可感染。

(2) **传染源** 病牛和隐性感染的牛是传染源。

(3) **传播途径** 病原菌通过粪、尿等排泄物和乳汁排出体外,污染饲料及饮水等外界环境并可以存活很长时间(数月)。病原菌通过消化道侵入健康的牛体内。妊娠母牛也可通过子宫传染给犊牛。皮下或静脉接种也可使犊牛感染。

(4) **流行季节** 本病一般呈散发或地方性流行,无明显季节性,但春、秋两季多发。气温变化频繁及妊娠、分娩、寄生虫病、饲养管理不当、长途运输等因素易诱发本病。

【临床症状】 本病的潜伏期很长,可达6~12个月,甚至更长。早期临床症状不明显,以后逐渐明显,表现为间断性腹泻或顽固拉稀,排泄物稀薄、恶臭带有气泡、黏液和血凝块(图3-24);食欲逐渐减退、逐渐消瘦(图3-25和图3-26)、精神不好、经常躺卧;产奶量逐渐减少,最后完全停止;皮肤粗糙,被毛粗乱,下颌及垂皮可见水肿;体温常无变化。尽管病牛消瘦,但仍有性欲。有时腹泻停止,恢复常态,但再度复发。腹泻不止的牛,一般经过3~4个月因衰竭而死。染疫牛群的死亡率每年高达10%。

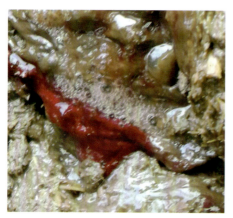 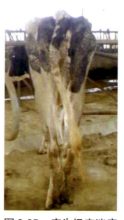 

图3-24 带有气泡、黏液和血凝块的粪便　　图3-25 病牛极度消瘦　　图3-26 病牛消瘦,食欲减退

【病理剖检变化】 尸体消瘦,主要病变在消化道和肠系膜淋巴管。消化道局限于空肠、回肠和结肠前段,特别是回肠的浆膜和肠系膜显著水肿,肠黏膜常增厚3~20倍(图3-27),并发生硬而弯曲的皱襞(图3-28),黏膜呈黄色或灰黄色;皱襞凸起处常充血,黏膜紧附黏稠混浊的黏液(图3-29),但无结节、无坏死和无溃疡;有时肠外表无大变化,但肠壁常增厚。浆膜下淋巴管和肠系膜淋巴管常肿大呈索状,淋巴结肿大变软、切面湿润,有黄白色病灶(图3-30)。肠腔内容物甚少。

图3-27 回肠黏膜增厚,形成皱褶

图3-28 肠黏膜硬而弯曲的皱襞

图3-29 皱襞凸起处常充血,
黏膜紧附黏稠混浊的黏液

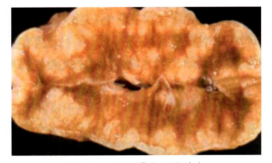

图3-30 肠系膜淋巴结肿大、
切面湿润,有黄白色病灶

【类症鉴别】

病　　名	与副结核病的相似点	与副结核病的不同点
牛肠卡他	体温无变化,间断性拉稀,腹泻停止后排泄物恢复正常,排粪不费力	粪便时干时稀,无恶臭,不含气泡、黏液和凝血块,颌下、垂皮不水肿
牛球虫病	体温不高,顽固拉稀,粪中含有黏液、血液、有恶臭,消瘦,贫血	本病多发生于1月龄以上2岁以内的犊牛(副结核虽犊牛也感染,但出现症状常为3~6岁母牛);急性病初体温不高,1周后可能升至40~41℃,后期粪全为血液、呈黑色。直肠黏膜刮取物可检有虫卵
牛沙门菌病	拉稀,粪中有凝血块、黏液、有恶臭,逐渐消瘦	病原为沙门菌,体温可达40~41℃,粪中有纤维素块、间有黏膜,腹痛剧烈,结膜充血、黄染

【预防】 重在加强饲养管理、搞好环境卫生和消毒,特别是对幼牛更应注意给予足够的营养,以增强其抗病力。还要加强检疫,不从发病牛群或疫区中引进牛只,必须引进时,则进行严格检疫,新引进牛只必须隔离观察,确认健康后方可混群。再次对牛进行

变态反应性诊断，及时淘汰阳性牛，被病牛污染过的环境、牛舍、栏杆、饲槽、用具、绳索和运动场等，要用生石灰、来苏儿、氢氧化钠、漂白粉、苯酚等消毒液进行喷雾、浸泡或清洗。最后对假定健康牛要进行隔离，定期检疫，连续3次检疫为阴性者，可视为健康牛。

【临床用药指南】 本病治疗意义不大。对确诊病牛及时淘汰，20%漂白粉溶液对污染场地和用具彻底消毒，粪便应堆积发酵处理后再作为肥料使用。

检测出的病牛（排除类症的前提下），根据不同情况采取不同方法处理：①具有明显临床症状的开放性病牛和细菌学检查阳性的病牛，要及时扑杀，但对妊娠后期的母牛，可在严格隔离不散菌的情况下，待产犊后3天扑杀。②对变态反应阳性牛，要集中隔离，分批淘汰，在隔离期间加强临床检查，有条件时采取直肠刮取粪便内的血液或黏液做细菌学检查，发现有明显临床症状和细菌检查阳性的牛，及时扑杀。③对变态反应疑似牛，隔15~30天检疫1次，连续3次呈疑似反应的牛，应酌情处理。④变态反应阳性及有明显临床症状或细菌检查阳性母牛所生的犊牛，立即和母牛分开，人工喂母牛初乳3天，单独组群，人工喂以健康牛乳，待长至1、3、6月龄时各做变态反应检查1次，如均为阴性，可按健康牛处理。

四、牛病毒性腹泻/黏膜病

牛病毒性腹泻/黏膜病即牛病毒性腹泻或牛的黏膜病，是由牛病毒性腹泻病毒引起的、主要发生于牛的一种急性、热性传染病。其临床特征为黏膜发炎、糜烂、坏死和腹泻。

【流行特点】

（1）**易感动物** 本病可感染黄牛、水牛、牦牛、绵羊、山羊、猪、鹿及小袋鼠。各种年龄的牛对本病毒均易感，以6~18月龄者居多。

（2）**传染源** 传染源为患病及带毒动物。

（3）**传播途径** 患病动物可发生持续性的病毒血症，其血、脾脏、骨髓、肠淋巴结等组织和呼吸道、眼分泌物、乳汁、精液及粪便等排泄物均含有病毒。本病主要经消化道、呼吸道感染，也可通过胎盘发生垂直感染，交配、人工授精也能感染。

（4）**流行季节** 本病呈地方性流行，一年四季均可发生，但以冬末、春季多发。新疫区急性病例多，发病率通常约为5%，病死率达90%~100%；老疫区则急性病例很少，发病率和病死率很低，而隐性感染率在50%以上。本病也常见于肉用牛群中，舍饲牛群发病时往往呈暴发式。

【临床症状】 牛潜伏期自然感染为7~10天，短的2天，长的可达21天。人工感染为2~3天。自然情况下，临床上可分为急性型和慢性型。

（1）**急性型** 多见于幼犊。突然发病，体温升高到40~42℃，持续4~7天，有的可发生第二次升高。随体温升高，白细胞减少，持续1~6天。继而又有白细胞微量增多，有的可发生第二次白细胞减少。病牛精神沉郁，厌食，鼻、眼有浆液性分泌物，2~3天内鼻镜及口腔黏膜充血、糜烂（图3-31和图3-32），有时也可见于阴门及阴道黏膜。舌面上皮坏死，流涎增多（图3-33），呼气恶臭。严重者，整个口腔覆有灰白色的坏死上皮，像被煮熟样（图3-34）。通常在口内损害之后常发生严重腹泻，开始水泻，以后带有黏液和血（图3-35）。母牛在妊娠期感染常发生流产，或产下先天性缺陷犊牛，最常见的缺陷是小脑发育不全。病犊牛可能只呈现轻度共济失调或不能站立。急性病例恢复的少见，通常死于发病后1~2周，少数病程可拖延1个月。

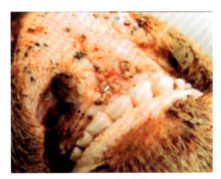

图 3-31　唇内黏膜糜烂

图 3-32　硬腭黏膜的溃疡面

图 3-33　病牛流涎增多

图 3-34　口腔覆有灰白色的坏死上皮，像被煮熟样

（2）**慢性型**　较少见，病程2~6个月，有的达1年。体温升高不明显，主要表现为鼻镜上的糜烂，此种糜烂可在全鼻镜上连成一片。眼常有浆液性分泌物（图3-36）。蹄叶炎及趾间皮肤糜烂、坏死，致使病牛跛行。淋巴结不肿大。大多数病牛均死于2~6个月内，也有些可拖延到1年以上。

图 3-35　带有黏液和血的粪便

图 3-36　眼睛有浆液性分泌物

【**病理剖检变化**】　尸体消瘦，鼻镜、鼻腔黏膜、齿龈、上腭、舌面两侧及颊部黏膜有糜烂及浅溃疡，严重病例在咽喉黏膜有溃疡及弥散性坏死。特征性损害是食道黏膜糜烂，呈现大小不等的形状与直线排列（图3-37）。瘤胃黏膜偶见出血和糜烂（图3-38），皱胃炎性水肿和糜烂（图3-39）。肠壁因水肿增厚，肠系膜淋巴结肿大（图3-40）。蹄部趾间

皮肤及全蹄冠有糜烂、溃疡和坏死。流产胎儿的口腔、食道、皱胃及气管内有出血斑或溃疡。运动失调的犊牛，严重的可见到小脑发育不全及两侧脑室积水。

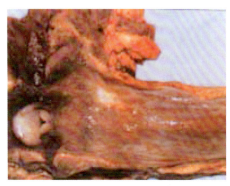

图 3-37　食道黏膜糜烂，呈大小不等形状与直线排列

图 3-38　瘤胃黏膜出血和糜烂

图 3-39　皱胃炎性水肿和糜烂

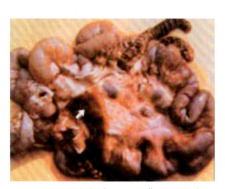

图 3-40　肠壁水肿，肠系膜淋巴结肿大

【类症鉴别】

病　　名	与牛病毒性腹泻/黏膜病的相似点	与牛病毒性腹泻/黏膜病的不同点
口蹄疫	体温高（40~42℃），口腔、鼻镜糜烂，流涎，趾间糜烂、坏死，有跛行	传播快速而面积大，眼、鼻无炎症，不流泪和鼻液，不发生蹄叶炎
牛恶性卡他热	体温高（41~42℃），口、鼻糜烂，流涎，流鼻液，拉稀，混有血液	传染时几乎是个别发病，眼结膜和角膜炎症严重，额窦隆起，牛角松离，进一步蔓延时，咽可因肿胀而窒息
牛传染性水疱性口炎	体温高（40~42℃），口腔黏膜有烂斑，大量流涎	人、马、猪也感染，口腔黏膜先发水疱而后破溃为糜烂，有的蹄和乳房有水疱，不拉稀，不出现蹄叶炎

【预防】　平时预防要加强口岸检疫，防止引入带毒牛、羊和猪；国内在进行牛只调拨或交易时，要加强检疫，发现病牛应及时隔离，无治疗价值的牛应淘汰，对与病牛接触过的牛应隔离观察，防止本病的扩大或蔓延；免疫接种可有效控制本病（①流行地区用病毒性腹泻/黏膜病弱毒疫苗皮下注射，犊牛在2月龄注射1次，到成年时再注射1次，成年牛注射1次；②对受威胁较大的牛群应每隔3~5年接种1次；③弱毒苗能引起流产和胎儿畸形，妊娠母牛禁用）。

【临床用药指南】　本病目前尚无有效的疗法。发病时严格隔离，并采取对症治疗和加强护理,增强机体抵抗力。临床上应用消化道收敛剂和补液疗法可缩短恢复期,减少损失。用抗生素和磺胺类药物进行预防性治疗,可减少继发性细菌感染,缩短恢复期。

1)鸡新城疫Ⅰ系疫苗 0.5 克,加生理盐水 250 毫升,肌内注射或于后海穴注射,每次每头 5~10 毫升,严重者隔天重复用药 1 次,现配现用。

2)纤维素酶 30~50 克,加温开水适量,1 次灌服,每天 1 次,连用 3 天。或益生素饮水,治疗时每 100 升水添加 20~40 克,预防时每 100 升水中添加 10~20 克。注意使用益生素时禁止使用抗生素。

3)磺胺甲基异恶唑片 40 克、次碳酸铋(碱式碳酸铋)片 30 克,1 次灌服,磺胺类药物每天使用 2 次,首次用量加倍,连用 3~5 天。

4)丁胺卡那霉素(阿米卡星)注射液 300 万单位、10% 维生素 C 注射液 30 毫升、10% 安钠咖注射液 20 毫升、5% 糖盐水 3000 毫升,1 次静脉注射,每天 1~2 次,连用 3~5 天。

5)5% 葡萄糖生理盐水 1000~2000 毫升、海达注射液 8~18 毫升、10% 维生素 C 注射液 20~40 毫升、5% 碳酸氢钠 200~400 毫升、利巴韦林注射液 30~40 毫升,静脉注射,每天 1 次,连用 3~4 天。双黄连、大青叶等抗病毒药,按说明使用。

6)中药治疗。①冰片 12 克、青黛 9 克、皮硝 30 克、薄荷 6 克、滑石 60 克,研细末用蜂蜜调匀涂搽。②硼砂、山豆根、贯众、滑石、寒水石、海螵蛸各等份,共研为细粉,用蜂蜜调匀涂搽患部。③乌梅、柿蒂、诃子、黄连各 20 克,茵陈、姜黄各 15 克,栀子炭 30 克,水煎取汁,灌服,每天 1 剂,连用 3~4 天。④黄连、乌梅、柿蒂、诃子各 20 克,山楂炭 30 克,姜黄、茵陈各 15 克,水煎取汁,每天分 2 次灌服,连用 2~3 天。⑤葛根、黄芩、扁豆各 60 克,党参、白术、茯苓、炙甘草、山药各 45 克,莲肉、桔梗、薏苡仁、砂仁各 30 克,黄连、丹参、地榆各 20 克,水煎灌服。⑥炙黄芪 90 克,党参、白术、当归、陈皮各 60 克,炙甘草 45 克,升麻、柴胡、神曲各 30 克,水煎灌服。

五、牛冬痢(弯杆菌性腹泻)

牛冬痢,又称"牛黑痢",是舍饲牛的一种急性接触性肠道传染病。病原主要是空肠弯曲杆菌,有时冠状病毒参与致病,本病主要特征是突然发病,传播迅速,排棕色稀便和出血性下痢。

【流行特点】

(1)**易感动物** 主要发生在舍饲牛,气候恶劣和管理不良可以诱发本病。成年牛、犊牛均可感染,但成年牛病情较重。

(2)**传染源** 病畜和带菌动物是传染源。

(3)**传播途径** 病畜和带菌动物从粪便排菌,也可通过乳汁和其他分泌物排出,污染饮水、草场或饲料,经消化道传播。人和动物及用具也可以机械地传播本病。

(4)**流行季节** 主要发生于秋、冬季节的舍饲牛,呈地方性流行,流行期 3 天到 3 周。发病率很高,但很少死亡。

【临床症状】 潜伏期 2~3 天。突然发病,一夜间可使牛群中 20% 的牛发生腹泻,2~3 天内可波及 80%~90% 的牛,病牛排出棕黑色粪便,有腥臭味,粪中伴有气泡、血液和血凝块(图 3-41 和图 3-42)。除少数严重病例外,多数病牛体温正常,食欲无明显变化,小肠蠕动亢进,奶牛产奶量下降 50%~95%。病情严重者,表现精神委顿,食欲不振,背弓起,毛逆立,寒战、虚脱,不能站立。大多数病牛在 3~5 天内恢复,很少死亡。腹泻停止后1~2天，产奶量逐渐回升。少数严重病牛可出现衰弱、脱水、不能站立，但若能及时治疗，也很少发生死亡。

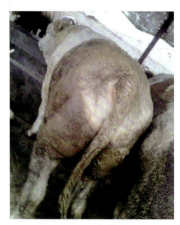

图3-41 病牛腹泻

图3-42 病牛排的带有血液的粪便

【病理剖检变化】 死后检查的主要特征是脱水（图3-43），空肠和回肠的卡他性炎症、出血性炎症（图3-44）及肠腔含有血液。

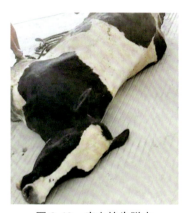

图3-43 病亡的牛脱水

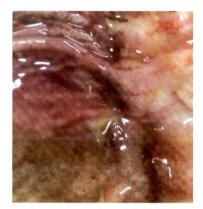

图3-44 回肠出现卡他性炎症、出血性炎症

【类症鉴别】

病　　名	与牛冬痢的相似点	与牛冬痢的不同点
牛球虫病	拉稀，粪中含有血液呈黑色，体温不高	体温病初不高，1周后达40~41℃，末期下降，排粪里急后重，冬季很少发病，粪中或直肠黏膜刮取物有虫卵
牛副结核病	拉稀，粪中有凝血块，恶臭	下颌、垂皮水肿，潜伏期长，结核菌素检验呈阳性反应

【预防】 本病传播途径是经消化道感染，因此，冬季舍饲牛，要加强饲养管理和环境消毒，病牛及时隔离治疗，病牛用具及分泌物要彻底消毒，严防粪便污染饲料和饮水，加强粪便管理及无害化处理。

【临床用药指南】 本病主要采取对症疗法。

1）灌服松节油和克辽林的等量混合剂，每次25~50毫升，每天2次，一般灌服2次即可痊愈。

2）对病情严重者应及时补液，如 5% 葡萄糖生理盐水溶液 2000~3000 毫升、5% 维生素 C 注射液 100 毫升、10% 氯化钠溶液 50 毫升，1 次静脉注射。高产奶牛同时加 10% 葡萄糖酸钙注射液 500 毫升。

3）儿茶酚 45 份、碳酸氢钠 45 份、苯酚磺酸锌 10 份混合，每次灌服 25~75 克，每 12 小时使用 1 次，连用 2~3 天。

4）四环素，每千克体重 5~10 毫克，用 5% 糖盐水配制成 5% 比例，静脉注射，每天 2 次，连用 2~3 天。

5）庆大霉素注射液 20 万~40 万单位，肌内注射，每天 2 次，连用 2~3 天。

6）氟苯尼考注射液，每千克体重 10 毫克，肌内注射，每天 1 次，连用 3~5 天。

六、魏氏梭菌病

牛魏氏梭菌病是由产气荚膜梭菌（也称产气荚膜杆菌、魏氏梭菌）引起的牛的一种急性传染病，以急性发病、病程短、肠炎、水肿、组织出血和死亡率高为特点。由于本病发病急、治疗困难、死亡率高，给养牛业造成的经济损失相当大。以犊牛发病较多，也称"犊牛梭菌性肠炎"。

【流行特点】

（1）**易感动物** 犊牛和青壮年牛对本病最易感，B 型（图 3-45）和 C 型产气荚膜梭菌常引起 3 周龄以内的哺乳犊牛发病，4 周龄以上的犊牛发病多由 D 型产气荚膜梭菌引起。7 日龄以下的犊牛也能感染 D 型产气荚膜梭菌。由 A 型产气荚膜梭菌所致的肠毒血症可见于各种年龄的牛，但最常发生于 2~16 周龄的犊牛。

（2）**传染源** 病牛和带菌牛是主要传染源。

（3）**传播途径** 常通过污染的饲料、垫草、饲喂用具及饮水经消化道传染，也可通过脐带或创伤感染。产气荚膜梭菌产生的毒素是引起发病和死亡的原因。

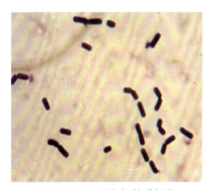

图 3-45 B 型产气荚膜梭菌

（4）**流行季节** 春、秋季多发，但其他季节也可发病，呈散发或地方性流行。

（5）**诱因** 凡影响犊牛抵抗力的不良因素（如母牛妊娠期营养不良、产房及犊牛舍阴暗潮湿、密度过大、卫生条件差、脐带消毒不严或不消毒、犊牛体质差、严寒季节产犊、犊牛受冻、饲喂高蛋白质精饲料过多、感染肠道寄生虫、哺乳不足或饥饱不匀等）均可诱发本病。

【临床症状】 根据临床症状可分为最急性型和急性型。

（1）**最急性型** 往往尚未见到临床症状即已死亡。

（2）**急性型** 病犊牛表现为精神委顿，不吃奶，皮温不整，耳、鼻、四肢末端发凉。口腔黏膜颜色由红逐渐变暗红至紫色。有腹痛症状，仰头蹬腿，后肢踢腹。腹部膨胀，腹泻，排出暗红色、恶臭粥样粪便（图 3-46）。呼吸急促，体温 39.5~40℃。病后期病犊牛高度衰弱，卧地不起（图 3-47），虚脱死亡；也有出现神经症状的，头颈弯曲，磨牙，吼叫，痉挛死亡。

【病理剖检变化】 剖检可见后腹部皮下水肿，腹腔内积有大量透明、红色的渗出液。肠系膜充血，肠系膜淋巴结瘀血、水肿、出血（图 3-48）。皱胃及小肠浆膜出血。皱胃

图3-46 病牛腹泻，排出暗红色、恶臭粥样粪便

图3-47 病犊牛高度衰弱，卧地不起

内积有凝乳块或灰绿色或紫色液体，黏膜充血、出血（图3-49）。小肠（特别是空肠段）发生出血性肠炎，肠腔内全为血水（图3-50）。肠黏膜充血、潮红，表面覆有糠麸样物。部分肠黏膜呈条状出血（图3-51）或溃疡。心包积液（图3-52），心外膜有出血点（图3-53）。肺脏充血或有瘀血斑。

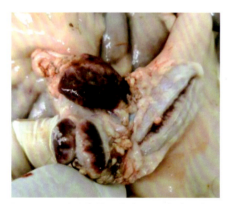
图3-48 肠系膜淋巴结瘀血、水肿、出血

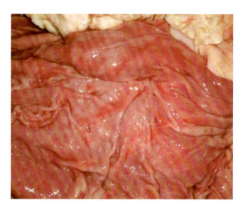
图3-49 皱胃黏膜充血、出血

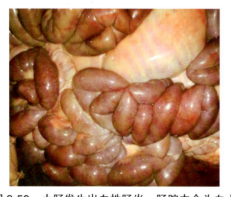
图3-50 小肠发生出血性肠炎，肠腔内全为血水

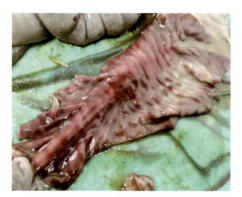
图3-51 肠黏膜呈条状出血

【类症鉴别】

病　　名	与魏氏梭菌病的相似点	与魏氏梭菌病的不同点
牛巴氏杆菌病（水肿型）	有传染性，呼吸急促、困难，病程短	体温高（40~41℃），咽喉、颈部、胸前肿胀，并有热痛，口流涎，皮肤黏膜发绀。血液或水肿液镜检可见两极浓染的杆菌

(续)

病　名	与魏氏梭菌病的相似点	与魏氏梭菌病的不同点
牛传染性鼻气管炎	有传染性，呼吸急促、困难，病程短	寒冬季节发病，鼻镜高度充血（红鼻子），鼻黏膜糜烂、坏死、出气臭，流行时常出现生殖道感染的症状
黑斑病红薯中毒	突发气喘，呼吸困难，头颈伸直，心跳快，体温不高	因吃了有黑斑病的红薯、秧苗及其加工副产品而发病，胸围扩大，有时皮下气肿，无传染性

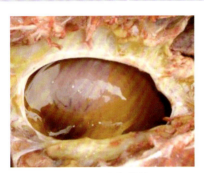

图3-52　心包积液

图3-53　心外膜有出血点

【预防】加强饲养管理，增强犊牛体质，注意保暖，合理哺乳。加强卫生消毒措施，阻止感染。进行免疫接种，增强犊牛抵抗力。母牛每年用五联梭菌疫苗预防接种1次；产前2~3周再接种1次。在犊牛出生后12小时内灌服土霉素0.2~0.5克，每天1次，连续灌服3天，有一定预防作用。

【临床用药指南】治疗原则是补充体液、抗休克、消除炎症防止继发感染。

1）对于症状轻的病牛，可用青霉素200万~400万国际单位肌内注射，12小时1次，连用3~5天。

2）对于全身症状严重的病牛，立即注射5%葡萄糖生理盐水1500~2000毫升、痢菌净40毫升、10%维生素C注射液40毫升、青霉素800万国际单位、止血敏（酚磺乙胺）注射液12毫升、维生素K_3注射液6毫升。同时，用草木灰200克、碳酸氢钠100克、新诺明（磺胺甲唑）40克、鸡蛋清4个、苈粉50克，温水灌服，每天1次，连用3天；还可配合使用肾上腺皮质激素，如地塞米松磷酸钠注射液20~25毫克，静脉注射或肌内注射。

3）林可霉素注射液，每千克体重15毫克，肌内注射，每天1~2次，连用3~4天。或诺氟沙星注射液，每千克体重15毫克，肌内注射，每天2次，连用3~5天。或环丙沙星注射液，每千克体重2.5毫克，肌内注射，每天2次，连用2~3天。

4）磺胺嘧啶钠注射液，每千克体重70毫克，静脉注射，每天2次，连用3~4天。同时，灌服足量磺胺脒、适量鞣酸蛋白（每次20克）、次硝酸铋（碱式硝酸铋）、碳酸氢钠（每次30~100克），每天2次。

5）硫酸链霉素5~10克、大蒜20克，捣烂，混合后加水500毫升，灌服，每天2次。

6）中药治疗。仙鹤草、黑地榆各40克，萹蓄、白头翁、血余炭、当归、生地黄、赤芍各30克，水煎，候温灌服，一般使用2次见效。或采用白头翁散治疗。

七、肝片吸虫病

肝片吸虫病是由肝片吸虫寄生于反刍动物的肝脏和胆管中所引起的一种寄生虫病，俗称

"肝蛭病"，肝片吸虫也可寄生于人体。本病能引起慢性或急性肝炎和胆管炎，同时伴有全身性中毒现象及营养障碍等症状，危害相当严重，尤其对幼畜和绵羊，可引起大批死亡。

【流行特点】

(1) **易感动物** 肝片吸虫系世界性分布，是我国分布最广泛、危害严重的寄生虫之一。本虫的宿主范围较广，主要寄生于黄牛、水牛、绵羊、山羊、鹿等反刍动物。

(2) **传染源** 肝片吸虫的终末宿主主要是人和反刍动物。

(3) **传播途径** 本病的流行与中间宿主淡水螺（锥实螺）有极为密切关系。肝片吸虫的中间宿主在我国内蒙古地区主要为土蜗螺。

(4) **流行季节** 本病呈地方性流行，多发生在低洼、潮湿和沼泽地带的放牧地区。干旱年份流行轻，多雨年份可促进本病的流行。感染多在每年春末夏秋季节，感染季节决定了发病季节，幼虫引起的疾病多在秋末冬初，成虫引起的疾病多见于冬末和春季。

【临床症状】 病牛一般表现为营养障碍、贫血和消瘦。临床症状与感染强度及牛的体质、年龄、饲养管理条件等有关。一般来说，牛体寄生有250条成虫时便会表现出明显的临床症状，但犊牛即使轻度感染，也可能表现出症状。根据病情可分为急性型和慢性型2种。

(1) **急性型** 较少见，主要见于吞食大量囊蚴后（2000个以上）发病。多发生于夏末、秋季及初冬季节，病牛病势急，初期表现体温升高，精神沉郁，食欲减退，衰弱，易疲劳，离群落后；叩诊肝区半浊音界扩大，压痛明显；很快出现贫血、黏膜苍白（图3-54）、红细胞及血红素显著降低；严重者在几天内死亡。

(2) **慢性型** 较多见，多发于冬末和春季。主要表现为精神沉郁，食欲不振，逐渐消瘦、贫血和低蛋白血症，眼睑、颌下、胸前和腹下水肿（图3-55），腹水。消化机能障碍，出现周期性前胃弛缓，伴发卡他性肠炎，便秘与腹泻交替发生。妊娠牛可流产，公牛生殖力下降。最后因消瘦、衰竭而死。

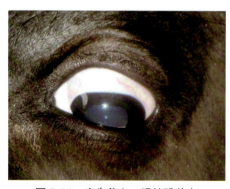 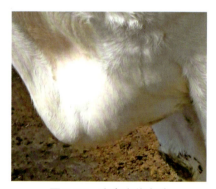

图3-54 病牛贫血、眼结膜苍白　　　　图3-55 病牛胸前水肿

【病理剖检变化】 剖检时，病理变化主要呈现在肝脏，其变化程度与感染虫体的数量及病程长短有关。

(1) **急性型** 在大量感染、取急性死亡的病例中，可见到急性出血性肝炎的表现。肝脏肿大、充血，包膜有纤维素沉积（图3-56）、出血（图3-57），肝实质内有数毫米长的暗红色虫道和幼小的虫体（图3-58），虫道内有凝固的血液及移行中的幼虫。严重感染者，腹腔内有红色液体（图3-59），有腹膜炎病变。

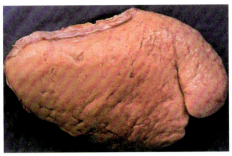
图 3-56　幼虫所致的纤维素性肝包膜炎

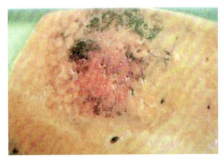
图 3-57　大量感染病牛的急性出血性肝炎

图 3-58　肝实质内幼小的虫体

图 3-59　腹腔内红色液体，液体内有虫体

（2）慢性型　病例主要呈现慢性增生性肝炎，在肝组织被破坏的部位呈现浅白色索状瘢痕，肝脏病变区实质萎缩、褪色，变硬（图 3-60），边缘钝圆，呈土黄色。胆管肥厚，呈绳索样凸出于肝脏表面；胆管内有磷酸钙和磷酸镁等盐类的沉积而使内膜粗糙，刀切时有沙沙声；胆管内有虫体（图 3-61）和污浊稠厚的液体。皮下及其他脂肪沉积处水肿，呈胶冻样。胸腹腔及心包内都蓄积着透明的液体。

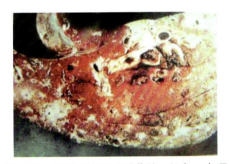
图 3-60　肝脏病变区实质萎缩、褪色、变硬

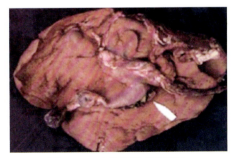
图 3-61　虫体寄生于胆管内

【类症鉴别】

病　名	与肝片吸虫病的相似点	与肝片吸虫病的不同点
单纯性消化不良	吃草、反刍减少，瘤胃蠕动弱，结膜苍白，耕作无力	很少持续拉稀，不会明显贫血，更无颌下、垂皮、胸前水肿，粪检无虫卵
牛肠卡他	吃草、反刍减少，瘤胃蠕动弱，经常拉稀，耕作无力	有时眼结膜呈树枝状充血，颌下、垂皮、胸前不出现水肿，粪中无虫卵

【预防】　根据本病的流行特点，制定综合性预防措施。

(1) 首先要定期驱虫 一般每年驱虫 2 次，冬季 1 次，春季 1 次；急性病例随时驱虫，并将牛的粪便特别是驱虫后 1~2 天排出的粪便堆集进行发酵处理，以杀死虫卵。

(2) 其次要防控和消灭中间宿主——淡水螺 消灭中间宿主可结合农田水利建设和草场改良，以破坏螺的生活条件；流行地区应用药物灭螺时，可选用 1：5000 的硫酸铜溶液或 2.5 毫克/千克的血防 67 对锥实螺进行浸杀或喷杀。

(3) 最后要加强卫生和饲养管理 在放牧地区，尽可能选择高燥地区放牧；饮水最好用自来水、井水或流动的河水，保持水源清洁；从流行区运来的牧草须经处理后，再喂给牛。

【临床用药指南】 治疗肝片吸虫病时，不仅要进行驱虫，而且应注意对症治疗，尤其对体弱的重症牛。

(1) 西药治疗

1）三氯苯唑（肝蛭净）。牛按每千克体重 6~15 毫克，1 次口服，对成虫和幼虫均有效。对急性肝片吸虫病的治疗，5 周后应重复用药 1 次。本药品不得用于牛的泌乳期；禁用于 1 周内将要产犊的奶牛。牛的休药期为 28 天。为了扩大抗虫谱，可与左旋咪唑、甲噻吩嘧啶（莫仑太尔）联合应用。

2）阿苯达唑（丙硫苯咪唑、丙硫咪唑、抗蠕敏）。牛按每千克体重 10~20 毫克，1 次口服。该药为广谱驱虫药，也可用于驱除胃肠道线虫和胎生网尾线虫及绦虫，剂型一般有片剂、混悬液、瘤胃控释剂和大丸剂等。本药品有致畸作用，妊娠牛慎用；牛屠宰前的休药期不少于 14 天，用药后 3 天内的牛乳不得供人食用。

3）氯氰碘柳胺。牛按每千克体重 5 毫克，1 次口服。或按每千克体重 2.5~5 毫克，皮下或肌内注射。注射液对局部组织有一定的刺激性，应深层肌内注射；为防止中毒，不得同时使用其他含氯化合物；休药期为 28 天。

4）溴酚磷（蛭得净）。按每千克体重 12 毫克，1 次口服。本品对成虫、幼虫有效，可用于治疗急性病例。妊娠牛应按实际体重减 10% 计算用量，预产期前 2 周内不要给药；对重症和瘦弱牛切不可过量应用本品；有中毒症状时，可用阿托品解救；本品溶于水后静置时有微量沉淀，要充分摇匀后投药；休药期为 21 天；用药 5 天内，所产牛乳不得供人食用。

5）硝氯酚（拜耳 9015）。按每千克体重 3~4 毫克，1 次口服；针剂为每千克体重 0.5~1.0 毫克，皮下注射或深部肌内注射。成虫有效。用药 8 天内，所产牛乳不得供人食用。

6）硝碘酚腈（硝羟碘苄腈、虫克清、肝 2 号）。按每千克体重 20 毫克，1 次口服。按每千克体重 10~15 毫克，皮下注射。内服不如注射有效，本品的注射液对组织有刺激性；重复用药应间隔 4 周以上；休药期为 30 天。本品对幼虫作用不佳。

(2) 中药治疗

1）苏木、茯苓、龙胆草、槟榔各 30 克，贯众 45 克，肉豆蔻、木通、厚朴、泽泻、甘草各 20 克，共为细末，开水冲调，候温，1 次灌服，每天 1 剂，连用 3 剂。

2）贯众 30 克、槟榔 40 克、龙胆草 40 克，研末，灌服。

3）烟叶或烟杆 30 克，煎服。

4）贯众 150 克，槟榔、榧子、苍术、陈皮、厚朴、龙胆草、藿香各 50 克，水煎灌服。

5）贯众、苏木、槟榔各 30 克，研末用水浸后煎汁灌服，2 天 1 次，连用 3 次。

6）茵陈 250 克，栀子 60 克，大黄、黄芩、黄柏、连翘各 45 克，木通 30 克，甘草 20 克，水煎候温灌服。

7）贯众研末，成年牛 90~150 克，青年牛 15~24 克，犊牛 1.5~2 克，灌服。

8）苏木 15 克、贯众 9 克、槟榔 12 克，煎汁后加白酒 60 毫升，灌服。

9）苦楝树二层白皮 90~120 克，炒后加水煎服。

八、胃肠炎

胃肠炎是指胃肠道表层黏膜及其深层组织的炎症。临床上以体温升高，食欲减退或废绝，腹泻和脱水为特征。按发病部位可分为胃炎、肠炎和胃肠炎。按发病原因分为原发性胃肠炎和继发性胃肠炎。

【发病原因】 原发性胃肠炎主要是由于饲养管理不当引起的。如草料的突然变换，过饥，过饱，饲喂不定时、不定量。饮水不洁，饲喂品质不良的饲草饲料（图 3-62），以及灌服刺激性药物等都能引起胃肠炎。另一方面，过食或长期滥用抗生素也可引起本病。或在营养不良、长途驱赶、车船运输、感冒等情况下，机体抵抗力下降，造成胃肠道内条件性致病菌异常繁殖而感染。继发性胃肠炎，常并发于牛瘟、恶性卡他热、沙门菌病、大肠杆菌病、钩端螺旋体病、炭疽及副结核等传染病或肠道寄生的绦虫、蛔虫、弓形虫和球虫等。

图 3-62 饲喂品质不良的青贮饲草

【临床症状】 病牛精神沉郁，食欲减退或废绝，反刍停止，渴欲增加或废绝，眼结膜先潮红后黄染，舌苔重，口干臭，四肢、鼻端等末梢冷凉。腹泻是胃肠炎的重要症状之一。排泄软粪，含水较多并混有血液、黏液和黏膜组织（图 3-63~图 3-66）。有的混有脓液，恶臭。病的后期，肠音减弱或停止；肛门松弛，排粪失禁。腹泻时间较长的病牛，肠音消失，尽管有痛苦的努责，并无粪便排出，呈现里急后重的现象（图 3-67）。全身症状较重。瘤胃蠕动减弱或消失，有轻度臌气。有的伴有程度不同的腹痛症状。眼球下陷（图 3-68），皮肤弹性减退，脉搏快而弱，往往感觉不到脉搏，体温常升高 1~2℃，呼吸急促，尿量减少，病变部位不同，症状也有差异。若口臭显著，食欲废绝，主要病变可能在胃；若黄染及腹痛明显，初期便秘并伴发轻度腹痛，腹泻出现较晚，主要病变可能在小肠；若脱水迅速，腹泻出现早并有里急后重症状，主要病变在大肠。

图 3-63 病牛排出含水较多的粪便

图 3-64 病牛排出混有黏液和血丝的粪便

图 3-65　病牛粪便稀软如稀粥，含有血液

图 3-66　病牛排出带血、混有黏液的粪便

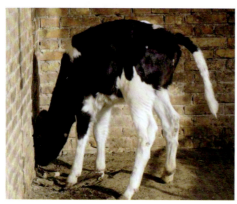

图 3-67　胃肠炎腹泻时间较长的病牛
　　　　　呈现里急后重的现象

图 3-68　病牛眼球下陷

【预防】　搞好饲养管理工作，不用霉败饲料喂牛，不让牛采食有毒物质和有刺激、腐蚀的化学物质；防止各种应激因素的刺激；保持圈舍卫生，定期消毒；搞好定期的预防接种和驱虫工作，积极治疗原发病。怀疑患有传染性疾病的牛，应尽早隔离、消毒或淘汰。

【临床用药指南】　治疗原则是除去病因，抗菌消炎，清肠止酵，强心补液，解除中毒，恢复胃肠机能。

（1）**除去病因**　病初要禁食，但应让病牛少量多次饮水，最好让其自由饮用口服补液盐，病情好转时需给予无刺激性易消化的食物。

（2）**抗菌消炎**　一般可灌服 0.1%~0.2% 高锰酸钾溶液 2000~3000 毫升，每天 1~2 次，连用 2 天。或者用磺胺脒 20~40 克（首次量加倍）、次硝酸铋（碱式硝酸铋）20~30 克、常水适量，1 次内服，每天 2~3 次，连用 3~5 天。或内服诺氟沙星，每千克体重 10 毫克，或者肌内注射庆大霉素（每千克体重 1500~3000 单位），或肌内注射庆大-小诺霉素（每千克体重 1~2 毫克）、环丙沙星（每千克体重 2~5 毫克）等抗菌药物。也可用黄连素、痢菌净等。

（3）**清理胃肠**　在肠音弱，粪干、色暗或排粪迟缓，有大量黏液，气味腥臭者，为促进胃肠内容物排出，减轻自体中毒，应采用缓泻药。常用液状石蜡（或植物油）500~1000 毫升、鱼石脂 10~30 克、酒精 50 毫升，内服。也可以用硫酸钠 100~300 克（或人工盐 150~400 克）、鱼石脂 10~30 克、酒精 50 毫升、常水适量，内服。在用泻剂时，要注意防止剧泻。当病牛粪稀如水，频泻不止，腥臭味不大，不带黏液时，应止泻。可用药用炭

200~300克，加适量常水，内服；或用鞣酸蛋白20克、碳酸氢钠40克，加适量水，内服。还可灌服炒面0.5~1.0千克、浓茶水1000~2000毫升。

（4）**强心补液，解除中毒** 根据临床脱水情况，选用复方生理盐水、葡萄糖溶液、碳酸氢钠注射液等进行补液和纠正酸中毒。强心可用安钠咖、樟脑磺酸钠等。

（5）**驱虫** 病因为寄生虫时，应选用有效驱虫药进行治疗。

（6）**中药治疗**

1）郁金36克，大黄50克，栀子、诃子、黄连、白芍、黄柏各18克，黄芩15克，共为末（即为郁金散），开水冲，候温灌服。

2）白头翁72克，黄连、秦皮、黄柏各36克，水煎取汁（即为白头翁汤），1次灌服。

3）枳壳、槐花、黄柏、桑白皮、白芨、桃仁各30克，百部、厚朴各25克，桔梗20克，鱼腥草45克，甘草15克，共为末（即为宽肠止痢散），百草霜为引，开水冲调，候温灌服。

4）地榆、槐花、乌梅、诃子、猪苓、泽泻、苍术、金银花、连翘各30克，甘草15克，水煎服（即为地榆槐花汤）。腹泻严重者，加车前子、茯苓各30克；粪干带血者，减猪苓、泽泻，加火麻仁、厚朴、枳壳各30克；拉血水而粪少者，加蒲黄、棕榈炭、侧柏子各30克。

5）大蒜300克，捣成碎泥，加水1500毫升，导服。

6）白头翁120克，研末，灌服。

7）石莲子250克、甘草30克，研末，灌服。

8）五倍子（研细）、大蒜各100克，花椒（研末）25克，鸡蛋5个，菜油或猪油250克，灌服。

9）地椒100克，茯苓200克，生姜、红糖各100克，煎汁灌服，连用2~3天。

10）醋炒槐花60克、伏龙肝60克，煎汁，加白醋100克、炒蒲黄60克，混合后，灌服。

11）茵陈150克、红枣120克、白糖250克，茵陈、红枣煎汁后加入白糖，分2次灌服，间隔4~6小时1次。

12）白头翁60克，秦皮、苦参、黄柏、滑石、赤芍各30克，木香、郁金、木通各25克，水煎灌服。

13）在辣蓼、地锦草、凤尾草、马齿苋、穿心莲中任选2种，每种250~500克，水煎灌服。

九、黄曲霉毒素中毒

黄曲霉毒素中毒是指牛采食了被黄曲霉毒素污染的饲草或饲料，引起以全身出血、消化功能紊乱、腹腔积液、神经症状等为临床特征的一种中毒性疾病。各种牛均可发生本病，犊牛比成年牛易感，公牛比母牛（妊娠期除外）易感，高蛋白质饲料可降低动物对黄曲霉毒素的敏感性。

【**发病原因**】黄曲霉菌广泛存在于自然界中，在多雨季节、温度在25~30℃时最为活跃，易感染花生、棉籽、黄豆、玉米等植物种子（图3-69和图3-70），其代谢产物为黄曲霉毒素，具有很强的毒性和致癌作用。若牛采食或饲喂了被黄曲霉毒素污染的上述种子及其副产品时，则会引起中毒。本病一年四季均可发生，但在多雨季节、温度和湿度又比较适宜时发病率增加。

图3-69 被黄曲霉菌污染的棉籽

图3-70 被黄曲霉菌污染的玉米

【临床症状】 成年牛多为慢性经过,表现为厌食,消瘦,精神委顿,一侧或两侧角膜混浊(图3-71)。腹腔积液,间歇性腹泻。奶牛产奶量减少或停止,间或发生流产。妊娠母牛所产犊牛体重轻,抗病力弱。少数病例呈现中枢神经兴奋症状,如惊恐、突发转圈运动等。犊牛容易死亡,特别是3~6月龄犊牛,表现精神沉郁,食欲不振或废绝,生长发育缓慢,营养不良,被毛粗乱而无光泽,鼻镜干裂。磨牙,呻吟,无目的徘徊,不安。角膜混浊,重者一侧或两侧眼睛失明。间歇性腹泻,粪中带有凝血块和黏液,里急后重,重者脱肛(图3-72)。最终昏迷、死亡。

图3-71 一侧眼角膜混浊

图3-72 病牛脱肛

【病理剖检变化】 病牛死后剖检呈现肝脏硬化、纤维化、肝细胞瘤、苍白变硬,表面有灰白色区,呈退行性变性(图3-73)。胆管上皮增生,胆囊扩张(图3-74)。腹腔积液,肠系膜、皱胃和结肠水肿。

【类症鉴别】

病 名	与黄曲霉毒素中毒的相似点	与黄曲霉毒素中毒的不同点
单纯性消化不良	吃草、反刍减少或废绝,瘤胃蠕动弱,磨牙	不出现间歇性腹泻、里急后重、脱肛现象,没有采食含有黄曲霉毒素的饲料
牛球虫病	体温不高,消瘦,下痢,里急后重	发病时体温不高,1周后即升至40~41℃,粪中有血液呈黑色,慢性病例在病后3~5天逐渐好转,但下痢、贫血仍继续存在,直肠黏膜刮取物可检出虫卵

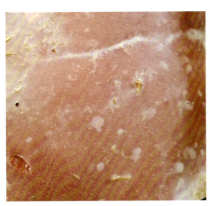

图 3-73　肝脏表面有灰白色区，呈退行性变性

图 3-74　胆囊扩张

【预防】　本病关键在于预防，做好饲料的防霉和有毒饲料的去毒工作。防霉主要是选育抗黄曲霉毒素的农作物品种；采用适合当地的种植技术和收获方法，如花生种植不重茬，收获前灌水，收获时尽量防止破损；玉米、小麦等农作物收割后要及时晾晒，使含水量符合要求；采用适当的贮藏方法和化学防霉剂，如对氨基苯甲酸、丙酸、醋酸钠、亚硫酸钠等都能阻止黄曲霉菌的生长；对已含有黄曲霉毒素的饲料，可应用物理、化学和生物学方法去除其中的毒素，这些方法需要一定的设备和技术，不够简便，且去毒处理后，产品营养价值下降；定期检查贮存的饲料，对污染重度的饲料应以全部舍弃为宜。

【临床用药指南】　发现中毒时，应立即停喂霉败饲料，给予含碳水化合物丰富的青绿饲料和高蛋白质饲料，减少或不喂含脂肪多的饲料。本病目前尚无特效疗法，主要根据病情采取对症治疗。

（1）对症治疗　排除胃肠内有毒物质，用人工盐、硫酸钠或硫酸镁 200~300 克，加水灌服。解毒保肝，防止出血，可用 25%~50% 葡萄糖溶液 500~1000 毫升、复方氯化钠注射液 1000~2000 毫升、维生素 C 注射液 0.5~1 克，静脉注射；或用 10% 葡萄糖酸钙注射液或 5%~10% 氯化钙溶液 500~1000 毫升，1 次静脉注射。强心，用 20% 安钠咖注射液 10~20 毫升，肌内注射。此外，用土霉素每千克体重 10 毫克，肌内注射，每天 1~2 次，连用 5 天，有很好的治疗作用。

（2）中药治疗　防风 20 克、甘草 30 克，水煎取汁，加生绿豆粉 500 克、白糖 100 克、水 1000 毫升，混合，灌服，每天 1 次，连用 3~5 天。

十、蛔虫病

牛蛔虫病是由弓首科弓首属的牛弓首蛔虫（图 3-75）寄生于犊牛小肠内，引起的以下痢为主要特征的疾病。多见于我国南方各省犊牛，初生犊牛大量感染可致死亡，对发展养牛业危害甚大。

【流行特点】　本病主要发生于 5 月龄以内的犊牛。成虫在犊牛小肠中可寄生 2~5 个月，以后逐渐从宿主体内排出。成年牛，只在内部器官组织中寄生有移行阶段的幼虫，尚未见有成虫寄生的报道。虫卵（图 3-76）对干燥及高温的耐受能力较差，土壤表面的虫卵，在阳光直接照射下，经 4 小时全部死亡；在干燥的环境里，虫卵经 48~72 小时死亡；感染期的虫卵，需有 80% 的相对湿度才能够生存。但虫卵对消毒药物的抵抗力较强，虫卵在

2%福尔马林中仍能正常发育；在29℃时，虫卵在2%克辽林或2%来苏儿溶液中可存活约20小时。

图3-75　牛弓首蛔虫

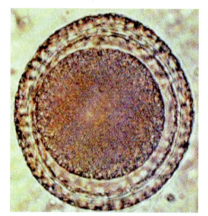

图3-76　牛弓首蛔虫虫卵

【临床症状】本病受害最严重的时期是犊牛出生2周后。犊牛被毛粗乱（图3-77），体温正常，眼结膜苍白（图3-78）。食欲不振，腹部膨胀，排灰白色稀粪（图3-79），有时混有血，有特殊臭味。消瘦，臀部肌肉松弛，后肢无力，站立不稳。若虫体过多形成肠梗阻，有疝痛，或肠穿孔，死亡率较高。若犊牛出生后感染，幼虫移行至肺部、支气管时，引起咳嗽。若幼虫在肺部成长，还因肺炎而呼吸困难，口腔有特殊臭味。

图3-77　牛蛔虫病的犊牛被毛粗乱

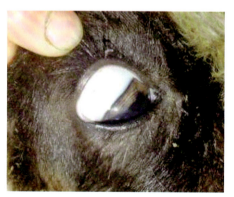

图3-78　病牛的眼结膜苍白

图3-79　病牛排的灰白色稀粪

【病理剖检变化】剖检可见小肠黏膜受损、出血或溃疡，肠道内有大量成虫寄生。出生后的犊牛受感染时，可看到幼虫移行可致肠壁、肺脏、肝脏、肾脏等组织损伤，点状出血、发炎，血液和组织中嗜酸性细胞明显增多。

【类症鉴别】

病　　名	与蛔虫病的相似点	与蛔虫病的不同点
犊牛消化不良	体温不高，拉稀，食欲不振	多发生于1~7日龄犊牛，粪中有奶瓣。年龄稍大（15日龄以上），眼结膜充血，不排灰白色粪
犊牛肠炎	食欲不振，拉稀、混有血、有腥臭味	体温高（40℃），眼结膜充血，粪不呈灰白色，粪检无虫卵
犊牛大肠杆菌病（肠型）	食欲减退，下痢后体温正常，拉稀，排灰白水样粪，有腹痛，有肺炎	体温高（40℃），多发生在10日龄以内，日龄稍大者少见，粪中常含有凝乳块、凝血块

【预防】 应对15~30日龄的犊牛进行驱虫，许多犊牛尽管不表现临床症状，但可能带虫，而且此时成虫数量正达到高峰。早期治疗不仅对保护犊牛健康有益，并可减少虫卵对环境的污染。还要注意保持牛舍的干燥与清洁，每天定时清理粪便并堆积发酵，以杀死虫卵。将母牛和犊牛隔离饲养，减少母牛受感染的机会。对怀孕后期的母牛，应用左旋咪唑进行驱虫，切断感染途径。

【临床用药指南】

1) 左咪唑（左旋咪唑）。口服剂量按照每千克体重8毫克，1次内服；或肌内注射每千克体重4~6毫克。中毒可用阿托品解除；左旋咪唑还可引起肝功能变化，患严重肝病的牛禁用；肌内注射或皮下注射时，对组织有较强的刺激性，尤其是盐酸左旋咪唑；泌乳期牛禁用；休药期：口服给药为3天，注射给药为28天。

2) 阿苯达唑（丙硫咪唑）。内服剂量为每千克体重5~20毫克，1次内服。屠宰前14天停药。

3) 阿维菌素（或伊维菌素）类药物。口服（片剂或粉剂）或皮下注射（针剂），1次量为每千克体重0.2~0.3毫克；用药后28天内所产牛乳，人不得食用；牛屠宰前21天停用药物。

4) 哌嗪（也叫哌哔嗪、驱蛔灵）。1次口服剂量为每千克体重250毫克。

5) 精制敌百虫。剂量为每千克体重100毫克，总量不超过10克，溶解后均匀拌入饲料中，1次喂服。出现副作用时，用阿托品解救。

6) 中药疗法。使君子、苦楝皮各48克，神曲、贯众各30克，槟榔、雷丸各24克，前5味药共煎汁，再放入雷丸，分2次灌服。或用苦楝树两层白皮90~120克，炒后加水煎服。

十一、牛消化道绦虫病

牛消化道绦虫病由裸头科的莫尼茨属、曲子宫属及无卵黄腺属的数种绦虫寄生于牛小肠中引起，其中以莫尼茨绦虫[主要有扩展莫尼茨绦虫（图3-80）和贝氏莫尼茨绦虫（图3-81）2种]危害最严重，在我国分布很广，常呈地方性流行，对犊牛危害严重，不仅影响它们的生长发育，而且可引起死亡。

【流行特点】 牛绦虫为全球性分布。在我国的东北、西北和内蒙古的牧区流行广泛，几乎每年都有不少的黄牛死于本病；在华北、华东、中南及西南各地也经常发生；农区虽不如牧区严重，但也有局部流行。本病的流行与地螨生态特性密切相关。地螨在适当的温度、高湿度和阴暗而富有腐殖质的土壤中极易滋生，反之在日照强或干燥的环境则不能生存。我国各地感染季节不同，在南方，4~6月为感染高峰，北方多于5月开始感染，9~10月达到感染高峰。本病主要危害犊牛，随年龄增加，牛的感染率和感染强度逐渐下降。

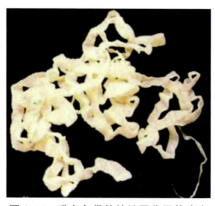
图 3-80　乳白色带状的扩展莫尼茨绦虫

图 3-81　黄白色带状的贝氏莫尼茨绦虫

【临床症状】　牛感染后症状表现的程度取决于感染的强度。轻度感染时则不表现明显的症状，感染强度增高则症状明显。病牛表现消化不良，便秘，慢性肠臌气，贫血、消瘦。常腹泻，粪便中可见有白色长方形孕节片（图3-82），有时一泡粪中有几个或十几个孕节片，肉眼可见其蠕动。当大量虫体聚集成团，可引起肠阻塞、肠套叠、肠扭转，甚至肠破裂。有的出现抽搐、痉挛或回旋等神经症状。到末期，病牛常卧地不起，头向后仰，常做咀嚼样运动，口角周围有许多白沫，最后衰竭而死。

【病理剖检变化】　在胸腔、腹腔、心囊有不甚透明或混浊的液体。小肠内可发现数量不等的长1米以上的带状虫体（图3-83），其寄生处有卡他性炎症。肠系膜、肠黏膜、淋巴结和肾脏发生增生性变性过程。脑内有时可见出血性浸润和出血，并可见肠黏膜和心内膜出血及心肌变性。

图 3-82　粪中的白色长方形孕节片

图 3-83　小肠内发现带状虫体

【类症鉴别】

病　名	与牛消化道绦虫病的相似点	与牛消化道绦虫病的不同点
犊牛蛔虫病	体温不高，食欲不振，眼结膜苍白，拉稀，虫体多时便秘，有疝痛	粪呈灰白色，无孕节片
犊牛肠炎	拉稀	体温高（40℃），眼结膜充血，粪中有黏液、血液、腥臭，不见孕节片和虫卵
犊牛球虫病	多发生于1月龄以上的犊牛，毛粗乱，体温正常，消瘦，贫血	易感犊牛由1月龄至2岁，稀粪常带血液及纤维素薄膜，有恶臭

急性病例在发病一周后体温可升至40~41℃，直肠黏膜刮取物可检出卵囊。

【预防】 由于牛在早春放牧时感染，所以应在放牧后4~5周进行"成虫期前驱虫"，第一次驱虫后2~3周，最好再进行第二次驱虫；驱虫后的粪便应集中发酵处理，以免污染草场，同时经过驱虫的牛也要及时地转移到干净的牧场；感染的牧地空闲两年后可以净化；放牧的草地或饲草地3年左右翻耕1次，以杀灭地螨；在感染季节尽可能避免在低洼湿润草地放牧，并尽可能地避免在清晨、黄昏和雨后放牧，以减少感染机会；及时清除圈舍粪便，堆积发酵处理，杀灭虫卵，防止传染。

【临床用药指南】

1）吡喹酮，剂量按每千克体重10~15毫克，1次口服，疗效较好。

2）阿苯达唑（丙硫咪唑），剂量按每千克体重10~20毫克，配成1%水悬液灌服。

3）氯硝柳胺（灭绦灵），剂量按每千克体重60~70毫克，配成10%水悬液灌服；给药前应隔夜禁食12小时，休药期为28天。

4）甲苯达唑，剂量按每千克体重10毫克，1次口服。

5）中药治疗。南瓜子750克，槟榔125克，白矾、鹤虱、川椒各25克，水煎取汁，1次灌服，每天1剂，连用3剂。

十二、牛球虫病

牛球虫病是由艾美耳科的艾美耳属或等孢子属球虫寄生于牛肠道上皮细胞内所引起的一种常见的寄生性原虫病。以出血性肠炎为特征，主要发生于犊牛，常呈地方性流行。临床上表现为渐进性贫血、消瘦及血痢。

【流行特点】

（1）**易感动物** 各个品种的牛对艾美耳球虫都有易感性。不同月龄的小牛感染情况不同，2岁以内的犊牛发病率高，死亡率也高；老牛常呈隐性感染。

（2）**传染源** 感染源主要是成年带虫牛及临床治愈的牛，它们不断地向外界排泄卵囊而使病原广泛存在。

（3）**传播途径** 本病主要经消化道感染。舍饲牛主要由饲料、垫草、母牛的乳房被粪污染，使犊牛在采食、吸吮和饮水时经口感染。自然条件下，一般都是几种球虫混合感染，且各种球虫的感染率也不完全相同。

（4）**流行季节** 本病一般发生于春、夏、秋3季，尤其是温暖多雨季节，在低洼潮湿的牧场放牧，易发生。不良环境条件及患某种传染病（如口蹄疫等）、患寄生虫病（如消化道线虫等）时，容易诱发本病。牛群拥挤和卫生条件差会增加发生球虫病的危险性。

【临床症状】 牛的球虫主要寄生于小肠下段和整个大肠的上皮细胞内，可引起肠壁炎症、细胞崩解、出血；产生的有毒物质蓄积在肠道中，被宿主吸收后会引起全身中毒。本病症状轻重主要取决于吃进卵囊的数量。实验感染证明，感染少量牛艾美尔球虫的感染性卵囊时，不会引起发病，反而能激发一定的免疫力；感染10万个以上，产生明显的症状；感染25万个以上，可致犊牛死亡。潜伏期2~3周，有时达1个月。根据病程可分为急性型和慢性型2种类型。

（1）**急性型** 多见于犊牛，是最常见的一种类型。病程通常为10~15天，也有个别情况发生，发病后1~2天犊牛死亡。病牛发病初期精神沉郁，被毛松乱，体温略高或正常，粪便稀薄含血（图3-84）。约经1周后，症状加重，病牛食欲废绝，消瘦，喜卧，体温升至40~41℃。瘤胃蠕动和反刍停止，肠蠕动增强，排带血的稀粪，其中混有纤维素性薄膜，有恶臭（图3-85）。后肢、尾部及肛门被粪便污染。后期粪便呈黑色，几乎全为血便，体温下降，贫血、虚弱，呈恶病质而死亡。

图3-84 病牛的粪便稀薄含血　　图3-85 排出的恶臭、带血、混有纤维素性薄膜的稀粪

（2）**慢性型**　病程缠绵，多由急性转变而来，或感染虫卵较少而呈慢性过程。病牛在发病后3~5天逐渐好转，但下痢和贫血症状仍持续存在，病程可持续数月，也可因高度贫血和消瘦而死亡。病牛有时伴发神经症状，其发病率占患球虫病牛的20%~50%，表现为肌肉震颤、痉挛、角弓反张（图3-86），眼球震颤且偶有失明。具有神经症状的病牛，死亡率高达50%~80%。

【病理剖检变化】尸体极度消瘦，可视黏膜苍白。主要病变在盲肠、结肠和回肠后段处。肛门敞开外翻，后肢和肛门周围被血粪污染。肠黏膜充血、水肿，有出血斑和弥漫性出血点，肠腔中含大量血液（图3-87和图3-88）。直肠黏膜肥厚，有出血性炎症变化（图3-89），淋巴滤泡肿大凸出，有白色和灰色的小病灶，同时这些部位有直径4~15毫米的小溃疡，其表面覆有凝乳样薄膜。直肠内容物呈褐色，带恶臭，有纤维素性薄膜和黏膜碎片。肠系膜淋巴结肿大、发炎（图3-90）。

图3-86 患球虫病犊牛后期发生角弓反张

【类症鉴别】

病　　名	与牛球虫病的相似点	与牛球虫病的不同点
犊牛大肠杆菌病	体温高（40℃），拉稀，粪中含血，喜卧，尾有粪污	多发生于10日龄以内的幼犊牛（球虫病发生于1月龄以上、2岁以内），粪多呈粥样（黄色）、水样（灰白色），混有凝乳块、凝血块和泡沫，有酸败味。常有腹痛（踢腹）和并发脐炎、关节炎
犊牛沙门菌病	有传染性，体温高（40~41℃），粪中混有血液，有恶臭，消瘦快	犊牛多在病后3~5天死亡。病期延长时，腕、跗关节可能肿大，有的还有支气管炎、肺炎。成年牛下痢后体温略高或正常，黏膜充血、发黄，腹剧痛，从流产胎儿中可发现病原菌，粪中无卵囊

(续)

病　　名	与牛球虫病的相似点	与牛球虫病的不同点
犊牛肠炎	体温高（40℃左右），拉稀，粪中含有血液，绝食，肛门尾根有粪污，沉郁喜卧	无流行性。粪中含有黏液、血液、腥臭，结膜充血
牛副结核性肠炎	消瘦，贫血，拉稀，粪中有黏膜碎片，有恶臭，尾部有粪污	体温不高，3~6岁母牛发病，食欲良好，排粪不吃力，后期排粪频繁。颌下、垂皮有水肿，粪中含有黏膜片。采黏膜片或直肠刮取物镜检，有鲜红杆菌成丛排列，用禽结核菌素做变态反应呈阳性

图 3-87　肠黏膜充血、水肿，有出血斑和弥漫性出血点

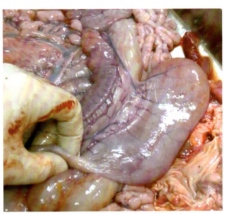

图 3-88　回肠后段和盲肠内含有大量血液

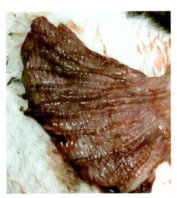

图 3-89　直肠黏膜肥厚，有出血性炎症变化

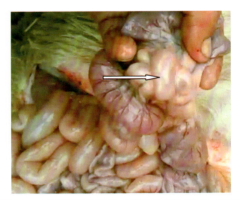

图 3-90　肠系膜淋巴结（箭头所指）肿大、发炎

【预防】

（1）**在本病流行地区，应当采取隔离、治疗、消毒等综合性措施**　成年牛多为带虫者，应与犊牛分开饲养与放牧。发现病牛后应及时隔离治疗。哺乳母牛的乳房要经常擦洗。牛场定期用开水、热的3%~5%氢氧化钠溶液或0.5%过氧乙酸溶液消毒地面、牛栏、饲槽、饮水槽等，一般每周1次。注意饲料和饮水卫生，圈舍保持干燥。粪便每天清扫，并集中进行生物热发酵处理。

（2）**药物预防**　可用氨丙啉，以每千克体重5毫克混入饲料，连用21天；或莫能菌素，以每千克体重1毫克混入饲料，连用33天；或林可霉素，每头牛每天1克，混入饮水中给药，连喂21天，都可抑制牛球虫病的发生。磺胺类药物和金霉素的混合物对牛球虫病也有预防作用。

【临床用药指南】 对病牛选用下列药物治疗。

（1）西药治疗

1）磺胺类药物。如磺胺二甲嘧啶、磺胺六甲氧嘧啶等，可减轻症状，抑制病情发展，剂量为每千克体重140毫克，口服，每天2次，连服3天。磺胺类药物轻度毒性反应，一般停药后即可自行恢复，用药过程中可适当增加给水量；肝肾功能不良者及脱水、少尿、酸中毒和休克病牛使用应慎重。如发生严重中毒反应时，除立即停药外，可静脉注射补液剂和碳酸氢钠，并采取其他综合治疗措施。

2）氨丙啉。剂量按每天每千克体重25~50毫克，口服，每天1次，连用5~6天。可抑制球虫的繁殖和发育，并有促进增重和饲料转化的效果。大剂量可引起多发性神经炎，维生素B_1可预防毒性反应。

3）莫能菌素。推荐剂量按每吨饲料中加入16~33克。屠宰前3天停药。莫能霉素也是一种良好的抗球虫药，同时也是生长促进剂。

4）癸氧喹酯，也叫乙羟喹啉。每千克体重0.5~0.8毫克，口服，对卵囊产生有抑制作用。注意球虫易对该药产生耐药性。

5）盐霉素。每天按每千克体重20~30毫克混饲，连用7~10天。

6）磺胺脒1份、次硝酸铋（碱式硝酸铋）1份、矽炭银5份，混合，200千克的牛，1次内服140克左右，每天1次，连服数天即可。

（2）中药治疗

1）白头翁45克，黄连、广木香各25克，黄芩、秦皮、炒槐米、地榆炭、仙鹤草、炒枳壳各30克，水煎灌服，每天1剂，连用3剂。

2）白头翁、秦皮、黄柏、柴胡各30克，常山60克，木香、龙胆草各15克，水煎灌服，每天1剂，连用3剂。

3）新鲜青蒿1~2千克，第一次喂0.5~1千克，第二天将余量压碎取汁，灌服，连用3天。

4）炒槐花、炒侧柏叶、炒荆芥炭、炒枳壳各30克，共研为末，沸水冲调，候温灌服，每天1剂，连用3剂。

5）地榆炭、诃子、五倍子各80克，槐花、马齿苋、白头翁各70克，磺胺脒片50片，研末用温水调匀，供中等大小的牛1次灌服，每天1剂，连用3剂。

6）鸦胆子45克，地榆40克，白头翁35克，黄连、侧柏炭各30克，研末，沸水冲调，候温灌服，每天1剂，连用3剂。

（3）**其他措施** 在给予抗球虫药的同时，应注意对症治疗，如止血、止泻、强心和补液等。对有临床症状的病牛应进行隔离，并降低牛群的密度，因为拥挤是球虫病流行病学上一个重要的因素。注射磺胺类药还可以防止继发细菌性肠炎和肺炎。

第四章　呼吸系统疾病的鉴别诊断与防治

第一节　呼吸系统疾病概述及发生的因素

一、概述

呼吸系统疾病最常见的症状有咳嗽和呼吸困难。

（1）**咳嗽**　咳嗽是由于呼吸道分泌物、病灶及外来因素刺激呼吸道和胸膜，通过神经反射，使咳嗽中枢发生兴奋而产生的一种强烈的呼气运动，以将呼吸道中的异物和分泌物（痰）咳出。

咳嗽是由于延髓咳嗽中枢受刺激引起的。来自耳、鼻、咽、喉、气管、支气管、胸膜等感受区的刺激传入延髓咳嗽中枢，咳嗽中枢将激动传向运动神经，分别引起咽肌、膈肌和其他呼吸肌的运动来完成咳嗽动作，表现为深吸气后声门关闭，继以突然剧烈的呼气，冲出狭窄的声门裂隙产生咳嗽动作和发出声音。咳嗽作为一种生理反射，其反射弧包括感受器、传入神经、中枢、传出神经和效应器。咳嗽中枢位于延髓弧束核附近，呈弥散性分布，咳嗽中枢不等同于延髓呼吸中枢。咳嗽反射弧的传出神经是脊髓神经、3~5 颈神经（膈神经）、胸神经（肋间神经）、迷走神经（气道）、喉返神经（喉、声门）。咳嗽反射的效应器是气道平滑肌、呼气肌（主要是肋间内肌）、膈肌和声门等。咳嗽也为病理状态，当分布在呼吸道黏膜和胸膜的迷走神经受到炎症、温热、机械和化学因素刺激时，通过延髓呼吸中枢反射性引起咳嗽，可使呼吸道内的感染扩散。从流行病学看，咳嗽可使含有致病原的分泌物散播，引起疾病传播。

（2）**呼吸困难**　呼吸困难，又称为呼吸窘迫综合征，是一种复杂的病理性呼吸障碍。表现为呼吸费力，辅助呼吸肌参与呼吸运动，并常伴有呼吸频率、类型、深度和节律的改变。高度的呼吸困难，称为气喘。

机体的呼吸进程可分为机体与周围环境之间的气体交流，称为外呼吸；血液与组织之间的气体交流，称为内呼吸或组织呼吸。外呼吸与内呼吸之间具有极亲密的相互因果关系。呼吸体系是受神经体系调节的。在延髓有呼吸中枢，并与脊髓两侧的呼吸活动神经元接洽，在脑桥还有呼吸调节中枢，同时，呼吸中枢的运动又直接收到来自机体各方面神经传入激动的影响。来自肺迷走神经的传入激动对保持呼吸中枢节律性运动具有重要的意义。其他，如血液成分的转变、体温的转变，以及血液循环的转变也都能直接和间接地刺激呼吸中枢，引起呼吸机能运动的变化。

二、疾病发生的因素

(1) 咳嗽发生的病因 可分为以下几种类型。

1) 炎性咳嗽。由呼吸系统炎性疾病引起的，见于上呼吸道疾病，如咽炎、喉炎、感冒、流行性感冒及支气管炎等；支气管、肺及胸膜疾病，如支气管炎、肺炎、肺充血及水肿、肺气肿、胸膜炎等。

2) 感染性咳嗽。由传染病、寄生虫病引起的，见于牛传染性鼻气管炎、传染性胸膜炎、巴氏杆菌病、副流感、结核病等；肺丝虫病、蛔虫性肺炎、肺棘球蚴病、肉孢子虫病、弓浆虫病等。

3) 异物性咳嗽。饲料粉末、灰尘、呕吐物、烟雾、刺激性气体或药物，以及误咽、误投等因素使异物进入呼吸道，刺激呼吸道黏膜而引起的咳嗽。

4) 过敏性咳嗽。草花粉、树花粉、霉菌孢子、有机尘埃等变应原物质进入呼吸道，发生变态反应所致。如过敏性鼻炎等。

5) 压迫性咳嗽。如纵隔、支气管和肺门淋巴结肿大、肿瘤、心包积液、胸腔积液等均可压迫或牵引呼吸器官，而发生咳嗽。

(2) 呼吸困难的病因 可分为以下几种类型。

1) 气道性呼吸困难。是通气障碍所致的呼吸困难，临床上表现为吸气困难，为上呼吸道狭窄的特征，可见于鼻炎、鼻腔狭窄、喉水肿、气管炎、支气管炎、气管狭窄、上呼吸道肿瘤及呼吸道异物等。

2) 肺源性呼吸困难。是换气障碍所致的呼吸困难，包括非炎性肺病和炎性肺病所致的换气障碍性呼吸困难。肺源性呼吸困难除慢性肺泡气肿为呼气性呼吸困难外，其他疾病均表现为混合性呼吸困难。非炎性肺病，包括肺充血、肺水肿、肺出血、肺不张、急性肺泡气肿、慢性肺泡气肿、间质性肺气肿等；炎性肺病，包括支气管肺炎、纤维素性肺炎、化脓性肺炎、坏疽性肺炎、间质性肺炎及侵害肺的某些传染病及寄生虫病，如结核、牛出血性败血病、牛肺疫等。

3) 呼吸肌及胸腹活动障碍性呼吸困难。为呼吸运动障碍性呼吸困难，是胸壁、腹肌、膈肌疾病所致的呼吸运动障碍性呼吸困难，临床表现为混合性呼吸困难。胸壁运动障碍的疾病呈现腹式呼吸，见于胸膜炎、胸腔积液、胸腔积气、肋骨骨折等；腹肌、膈肌运动障碍的疾病呈现胸式呼吸，见于腹膜炎、腹壁创伤、腹腔积液、胃肠胀满、膈肌炎、膈破裂、膈麻痹等。

4) 血源性呼吸困难。为携氧障碍性呼吸困难，是由红细胞减少或血红蛋白变性所致的携氧性呼吸困难，临床表现为混合性呼吸困难，伴有黏膜和血液颜色的改变，见于贫血、亚硝酸盐中毒、一氧化碳（CO）中毒等。

5) 心源性呼吸困难。为肺循环淤滞性呼吸困难，是心力衰竭尤其左心衰竭时常见的一种症状，临床表现为混合性呼吸困难，恒有心力衰竭的体征，见于心肌炎、心内膜炎、创伤性心包炎等。

6) 中枢性呼吸困难。为呼吸中枢调节机能障碍性呼吸困难，主要是由中枢神经系统损伤或机能障碍所致的肺通气和换气障碍，临床表现为混合性呼吸困难，具有一般脑症状和局部脑症状，常表现为呼吸节律异常，见于脑震荡、脑肿瘤、脑出血、脑炎及高热、酸中毒、尿毒症、某些中毒病等。

7）细胞性呼吸困难。为内呼吸障碍性呼吸困难，是由于阻止了组织对氧的吸收利用所致，表现为混合性呼吸困难，见于氢氰酸中毒，其特点是静脉血鲜红。

第二节 呼吸系统疾病的症状临床分类及鉴别诊断思路

一、症状临床分类

（1）咳嗽的临床分类 临床上根据咳嗽的性质、次数、强度、持续时间及有无疼痛可分为以下几种类型。

1）干咳。咳嗽的声音清脆、干而短，无痰，指示呼吸道内无分泌物，或仅有少量的黏稠分泌物。常见于喉和气管异物、急性喉炎的初期、慢性支气管炎、胸膜炎、肺结核、牛巴氏杆菌病、肺棘球蚴病等。

2）湿咳。咳嗽的声音钝浊、湿而长，指示呼吸道内有大量稀薄渗出物。常见于咽喉炎、支气管炎、支气管肺炎、肺脓肿、异物性肺炎等。

3）稀咳。为单发性咳嗽，每次仅出现一两声咳嗽，常常反复发作而带有周期性。见于感冒、慢性支气管炎、肺结核等。

4）连咳。咳嗽频繁，连续不断，严重转为痉挛性咳嗽。见于急性喉炎、传染性上呼吸道卡他、支气管炎、支气管肺炎及牛出血性败血症等。

5）痉咳。即痉挛性咳嗽或发作性咳嗽，咳嗽剧烈，连续发作，指示呼吸道黏膜遭受强烈的刺激，或刺激因素不易排除。常见于牛肺疫、异物进入上呼吸道及异物性肺炎等。

6）痛咳。咳嗽带痛，咳嗽短而弱。常见于急性喉炎、喉水肿和胸膜炎等。

（2）呼吸困难的临床分类 呼吸困难在临床上有3种表现形式。

1）吸气性呼吸困难。其特征是，吸气用力，吸气时间延长，常伴有狭窄音，指示病变部位在上呼吸道，常见于上呼吸道狭窄性疾病，如鼻炎、鼻腔狭窄、鼻窦炎、喉炎、喉水肿、喉肿瘤、气管狭窄、咽部和颈部淋巴结肿胀等。此外，流感、牛恶性卡他热等疾病经过中，也可伴有吸气性呼吸困难。

2）呼气性呼吸困难。其特征是，呼气时间延长，呼气动作吃力，腹部有明显的起伏现象，有时出现"二重呼吸""喘线"或"息劳沟"。主要是肺泡弹性减退或细支气管狭窄，致使肺泡内气体排出发生障碍，见于慢性肺泡气肿、细支气管炎等。

3）混合性呼吸困难。即吸气和呼气均发生困难，并伴有呼吸次数的增加，是临床常见的一种呼吸困难。表现有混合性呼吸困难的疾病很多，涉及众多组织器官，可见于除慢性肺泡气肿以外的非炎性肺病和炎性肺病、障碍胸壁、腹壁、膈肌运动的疾病，红细胞减少或血红蛋白变性等血源性因素，心力衰竭所致的肺循环淤滞，中枢神经系统损伤或机能障碍等。

二、鉴别诊断思路

（1）咳嗽的鉴别诊断思路

1）对咳嗽重、流鼻液，伴有吸气性呼吸困难或无呼吸困难，而胸部听诊、叩诊变化不大的，应考虑是上呼吸道疾病，要进一步检查鼻腔、咽、喉、气管及鼻旁窦。

2）对咳嗽多、流鼻液，胸部听诊有啰音，叩诊无浊音的，应考虑是支气管疾病。

3）对有咳嗽、鼻液少、混合性呼吸困难或呼气性呼吸困难，胸部听诊、叩诊有变化的，应怀疑肺脏疾病。

4）对有短痛咳、无鼻液，腹式呼吸明显的，应怀疑胸膜疾病。

5）对持续性咳嗽，特别是在运动、采食、夜间或早晚气温较低时咳嗽加重的，应怀疑慢性支气管炎、支气管扩张、肺结核、慢性肺泡气肿等。

(2) 呼吸困难的鉴别诊断思路

1）吸气性呼吸困难的类症鉴别。吸气性呼吸困难，表明气体通过上呼吸道发生障碍，即通气障碍，可能是上呼吸道狭窄性疾病，应进一步检查鼻、咽、喉及气管，找出狭窄或阻塞部位。可造成上呼吸道狭窄而表现吸气困难的疾病较多，主要依据鼻液，包括鼻液有无和数量、鼻液的性质和单双侧性，进行定位。

① 单侧鼻孔流污秽不洁腐败性鼻液，且头颈低下时鼻液涌出。应注意鼻旁窦疾病，如鼻窦炎、额窦炎，然后依据具体位置检查的结果确定。

② 双侧鼻孔流黏液-脓性鼻液，并表现鼻塞、打喷嚏等鼻腔刺激症状，主要考虑各种鼻炎及鼻炎为主要症状的其他疾病。呈散发的，有流感、牛恶性卡他热（东北地区）等；呈大批流行的，有流感、牛变应性鼻炎（夏季鼻塞）、传染性上呼吸道卡他、牛恶性卡他热等。

③ 不流鼻液或只流少量浆液性鼻液，应注意造成鼻腔、喉气管等上呼吸道狭窄的其他疾病。可轮流堵上单侧鼻孔，观察气喘的变化，以了解上呼吸道狭窄的部位。堵住单侧鼻孔后气喘加剧，指示鼻腔狭窄，见于鼻腔肿瘤、息肉、鼻腔异物等。堵住单侧鼻孔后气喘有所增重，指示喉气管狭窄，急性见于喉炎、喉水肿、气管水肿、甲状腺肿、食管憩室、纵隔肿瘤等造成的喉气管受压；慢性见于喉肿瘤和气管塌陷等。

2）呼气性呼吸困难的类症鉴别。表明肺内气体排出障碍，病变可能在细支气管或肺，常见于细支气管管腔狭窄或肺泡弹性减退的疾病，应根据胸部听诊、叩诊等变化，加以鉴别。如果听诊肺泡呼吸音减弱，叩诊呈过清音，肺叩诊界扩大，可确诊为慢性肺泡气肿；如果听诊有广泛性干啰音和小水泡音，肺泡呼吸音增强，胸部叩诊音高朗，继发肺泡气肿时肺界扩大，可诊断为细支气管炎。

3）混合性呼吸困难的类症鉴别。

① 混合性呼吸困难伴有呼吸式改变的，指示呼吸肌及胸腹活动障碍性呼吸困难。伴有胸式呼吸的，见于腹肌、膈肌运动障碍的疾病；对于肚腹膨大的，要考虑胃肠膨胀（积食、积气、积液）、腹腔积液（腹水、弥漫性腹膜炎、膀胱破裂）；肚腹不膨大的，要考虑腹膜炎初期、腹部创伤、膈肌炎、膈破裂、膈麻痹等。其伴有腹式呼吸的，见于胸壁运动障碍的疾病；对左右呼吸不对称的，要考虑肋骨骨折、气胸等；对呈断续性呼吸的，要考虑胸膜炎初期；对于呼吸浅表、快速而用力的，要考虑胸腔积液、胸膜炎中后期。

② 混合性呼吸困难伴有呼吸节律明显改变的，常指示中枢性呼吸困难。对神经症状明显的，要考虑各种脑病，如脑炎、脑水肿、脑出血、脑肿瘤等；对呈现全身症状重剧的，要考虑全身性疾病的危重期及濒死期。

③ 混合性呼吸困难伴有心功能不全体征的，常指示心源性呼吸困难。左心衰竭性呼吸困难可见有肺循环瘀血的表现，如肺瘀血、肺水肿；右心衰竭性呼吸困难可见有体循环淤滞的表现，如浮肿、腹水、胸水等。心源性呼吸困难主要见于心内膜疾病、心肌疾病和

心包疾病。

④ 混合性呼吸困难伴有黏膜和血液颜色改变的，常指示血源性呼吸困难。其可视黏膜潮红、静脉血鲜红、极度呼吸困难、病程短急的，要考虑氢氰酸中毒和一氧化碳中毒；其可视黏膜苍白的，常提示贫血性呼吸困难；其可视黏膜发绀和血液呈暗褐色的，除见于各种原因引起的缺氧外，还可考虑亚硝酸盐中毒。

⑤ 混合性呼吸困难伴有流鼻液、咳嗽的，常提示肺源性呼吸困难。对频发咳嗽、胸部听诊有啰音，肺泡呼吸音增强，叩诊无变化，且全身症状较轻微的，可能是支气管疾病；对胸部听诊、叩诊有变化，且全身症状较重剧的，则多是肺的疾病。如果听诊有湿啰音和捻发音，肺泡呼吸音有强有弱，叩诊呈小片浊音区，可能是细支气管和肺都有病变，如支气管肺炎；如果听诊局部肺泡呼吸音消失，并有支气管呼吸音，叩诊出现大片浊音区，多是肺实质的疾病，如纤维素性肺炎的肝变期等；如听诊有啰音或捻发音，肺泡呼吸音有强有弱，叩诊出现浊鼓音，多是肺泡内同时存在液体和气体，兼有肺泡弹性减退的疾病，如肺水肿、纤维素性肺炎的充血水肿期和溶解吸收期等；如果听诊有空翁性呼吸音，叩诊出现破壶音，无疑是肺有大空洞，可见于肺脓肿、肺坏疽、肺结核等。

第三节　常见疾病的鉴别诊断与防治

一、炭疽

炭疽是由炭疽杆菌引起的多种家畜、野生动物和人的一种急性、热性、败血性传染病。发病动物以急性死亡为主，脾脏高度肿大、皮下和浆膜下有出血性胶冻样浸润、血液凝固不良呈煤焦油样、尸体极易腐败等；若通过破损的皮肤伤口感染则可能形成炭疽痈。

【流行特点】

（1）**易感动物**　草食动物对炭疽杆菌最易感，其次是肉食动物，其中绵羊和牛最易感。

（2）**传染源**　本病的主要传染源是患病动物，其排泄物、分泌物及尸体中的病原体一旦形成芽孢，污染周围环境、动物圈舍、运动场、河流、牧场、草场后，可在土壤中长期存活而成为长久的疫源地，随时可传播给易感动物。炭疽杆菌芽孢形成的疫源地一般难以根除。

（3）**传播途径**　本病主要经消化道感染，常因采食污染的饲料、饲草及饮水或饲喂含有病原体的肉类而感染。也可通过多种昆虫吸血而经皮肤感染。此外，附着在尘埃中的炭疽芽孢可以通过呼吸道感染易感动物。

（4）**流行季节**　本病一年四季均可发生，其中以夏季多雨、洪水泛滥、吸血昆虫多时更为常见。常呈散发或地方性流行。

【临床症状】　潜伏期一般为1~5天。根据病程可分为最急性型、急性型和亚急性型3种类型。

（1）**最急性型**　病牛突然倒地死亡。有的表现为突然昏迷，倒卧，呼吸困难，可视黏膜发绀，全身战栗，心悸亢进。濒死期天然孔出血，且凝固不良（图4-1）。病程数分钟到数小时。

(2) 急性型　此型常见。体温升高到42℃，食欲减退或废绝，兴奋不安，哞叫，顶撞人、畜或物体，有的精神不振，反刍停止，战栗，呼吸困难（图4-2），可视黏膜发绀。眼结膜、口腔、鼻腔、肛门和阴道黏膜有出血点或出血斑（图4-3）。病初便秘，后腹泻带血（图4-4）。瘤胃臌气，腹痛。尿暗红，有时混有血液。泌乳减少或停止，妊娠牛流产。濒死期体温下降，气喘，天然孔流血，痉挛，死亡。病程1~2天。

图4-1　口、鼻流血，凝固不良

图4-2　精神不振，反刍停止，呼吸困难

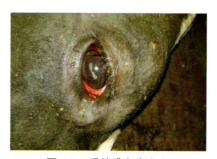

图4-3　眼结膜有出血斑

图4-4　带血的粪便

(3) 亚急性型　病情较缓和，常在喉部、颈部、胸部、腹下、肩胛或乳房等处皮肤，直肠或口腔黏膜等处出现局限性炎性水肿，局部肿痛，触诊坚硬或呈面团状，有时可形成溃疡，称"炭疽痈"。颈部水肿并常伴有咽炎和喉头水肿，使呼吸更加困难。若为肛门水肿，则排便困难，粪便带血。经数日至数周可能痊愈，也可能恶化死亡。

【病理剖检变化】　怀疑为炭疽的病牛尸体一般禁止解剖。必须解剖时，要严格执行各项消毒卫生措施。死于急性炭疽的病变主要为败血症变化。尸体膨胀明显（图4-5），尸僵不全，天然孔有黑色血液流出，黏膜发绀，血液呈煤焦油样（图4-6）。全身多发性出血，皮下、肌间、浆膜下胶冻性水肿。脾脏肿大2~5倍，脾脏软化如糊状，切面呈樱桃红色，有出血（图4-7）。全身淋巴结肿大，出血，切面呈黑红色。肺充血、水肿。肝脏、肾脏出血和变性。胃肠道出血性坏死。脑及脑膜充血，并有小出血点。有的在皮肤、肠、肺、咽喉等部位有炭疽痈。

图4-5　尸体膨胀明显

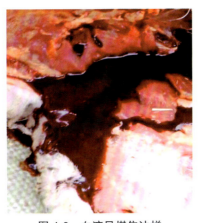

图 4-6 血液呈煤焦油样

图 4-7 脾脏肿大、瘀血和出血

【类症鉴别】

病　　名	与炭疽的相似点	与炭疽的不同点
牛巴氏杆菌病	有传染性，体温高（41~42℃），废食，呼吸困难，震颤，先便秘后腹泻	败血型的有时咳嗽、呻吟、粪稀、有恶臭。拉稀后体温下降，迅速死亡。肺炎型的流鼻液，胸部叩诊疼痛，咳嗽。咽喉型的咽喉部肿胀、有热痛，流涎。病料涂片镜检可见两极被浓染的杆菌
牛传染性胸膜肺炎	有传染性，体温高（40~42℃），呼吸困难，初便秘	有频繁干咳，胸部叩诊有痛感，听诊有摩擦音，鼻流浆液性、脓性鼻液
恶性水肿	有传染性，体温高（40℃左右），颈胸肿胀，先有热痛后无热痛，呼吸困难，眼结膜发绀，食欲、反刍废绝	由伤口感染，按压肿胀部有捻发音，针刺流浅黄色或红褐色含气泡腥臭液，涂片镜检有长丝状菌体

【预防】

（1）平时预防措施

1）对炭疽疫区内的牛，每年秋季应进行炭疽预防接种，春季给新牛补种。常用的疫苗有无毒炭疽芽孢苗或炭疽二号芽孢苗，接种后 14 天产生免疫力，免疫期为 1 年。为了安全，在注射前先测一次体温，凡体温升高的都不可注射芽孢苗，等体温恢复正常后，再给予补种。即将分娩的母牛，等产后两周再进行注射。

2）严禁到受污染的牧场或水源放牧，不得从疫区购买饲料或生物制品。

（2）发病时的预防措施　牛群中突然出现急性发热的病牛，并发生迅速倒毙，天然孔出血的现象，首先应怀疑是炭疽。应采取如下措施。

1）立即采取病料送检。此时先从尸体的末梢血管（一般在倒地的一侧的耳根部）采取血液，制成血涂片，连同一小块耳组织（3~5 克），密封在小瓶内，派专人送往兽医检验部门进行检验。在未确诊之前万万不可剖检尸体。

2）炭疽确诊后，应迅速查清疫情并报告疫情，划定疫区，实行综合防控方法。

① 对同群或与患病牛接触过的假定健康牛应紧急注射炭疽疫苗。

② 对患病牛要在采取严格防护措施的情况下进行扑杀并做无害化处理。病死牛的尸体严禁解剖，必须销毁。尸体（用棉花或破布塞住死亡牛的口、鼻、肛门、阴门等天然孔）及可能被污染的地面土壤（掘 10~15 厘米深），一并运至高燥的地方，挖一个长 2.5 米、宽

1.5 米、深 2 米的坑，在坑底撒上一层 5 厘米厚的新鲜石灰，将尸体及被其污染的土壤扔进坑内，在尸体表面盖上一层石灰，然后掩埋、夯实，要严防狗或狼盗尸。

③ 可疑牛可用药物防治，在严格隔离的基础上，可选用的药物有抗炭疽血清、青霉素、土霉素、链霉素及磺胺类药等。

④ 全场进行彻底消毒，污染的地面连同 15~20 厘米厚的表层土一起取下，加入 20% 漂白粉溶液混合后深埋。牛舍、场地、用具等，用 10% 热氢氧化钠溶液或 20% 漂白粉，或 0.2% 升汞消毒。牛舍以 1 小时间隔共消毒 3 次。患病牛吃剩的草料和排泄物，要深埋或焚烧。

⑤ 工作人员必须做好防护，有外伤的人员不得接触上述工作。

⑥ 解除封锁。在最后 1 头牛死亡或痊愈 14 天后，若无新病例出现，请有关部门批准，并经终末消毒后可解除封锁。

【临床用药指南】 对有治疗价值的病牛，必须在隔离的情况下采用抗炭疽高免血清和抗菌药物。

(1) **高免血清治疗** 疾病早期用抗炭疽高免血清，成年牛 100~300 毫升、犊牛 30~60 毫升，皮下或静脉注射，必要时可在 12 小时后重复使用 1 次。同时，配合青霉素钠按每千克体重 4 万~6 万单位，注射用水 20~30 毫升，肌内注射，每 8 小时注射 1 次，连用 3~5 天。

(2) **抗菌药物治疗** 青霉素按每千克体重 2.5 万~5 万单位、链霉素按每千克体重 10~15 毫克，肌内注射，每天 2 次，连用 3~5 天。或磺胺嘧啶钠注射液，按每千克体重 100~200 毫克，静脉注射，每天 2 次，连用 5 天，首次量加倍。

(3) **中药治疗**

1）水牛角、生地黄、玄参、金银花各 60 克，连翘、黄连、麦门冬各 45 克，竹叶心、黄连各 30 克，水煎灌服。

2）水牛角 180 克、生地黄 150 克、白芍 60 克、牡丹皮 45 克，水煎灌服。

3）石膏 120 克，水牛角 60 克（研细末用药液冲服），生地黄、赤芍、栀子、牡丹皮、黄芩、玄参、知母、竹叶各 30 克，连翘、桔梗各 25 克，黄连 20 克，甘草 10 克，水煎灌服。

二、牛巴氏杆菌病

牛巴氏杆菌病，又称为"牛出血性败血症"，简称"出败"，是由多杀性巴氏杆菌特定血清亚型引起牛和水牛的一种高度致死性传染病。临床上以高热、肺炎、急性胃肠炎及内脏器官广泛出血为特征。本病多见于犊牛。

【流行特点】

(1) **易感动物** 多种动物可感染，家畜中以牛（黄牛、水牛、牦牛）、猪发病较多，禽、兔也易感，马、鹿感染较少见。

(2) **传染源** 病牛和带菌牛（包括健康带菌和病愈后带菌牛）为传染源。

(3) **传播途径** 主要经过呼吸道、消化道传染，也可经皮肤、黏膜的损伤和吸血昆虫叮咬感染。带菌的牛在受寒、饥饿、拥挤、圈舍通风不良、过度疲劳、长途运输、寄生虫侵袭、饲养管理不当等使抵抗力降低时可发生内源性传染。

(4) **流行季节** 本病一年四季均可发生，但以冷热交替、气候剧变、闷热、潮湿、多雨时期发生较多，呈地方性流行或散发。

【临床症状】 本病潜伏期 2~5 天。根据临床症状可分为急性败血型、肺炎型和水肿型 3 种类型。

（1）**急性败血型** 表现为体温突然升高到 41~42℃，精神沉郁，鼻镜干燥，反刍停止，食欲废绝，呼吸困难（图 4-8），黏膜发绀，鼻流带血泡沫，腹泻，粪便带血，一般于 24 小时内因虚脱而死亡，甚至突然死亡。

（2）**肺炎型** 此型最为常见。病牛呼吸困难，有痛性干咳，鼻流无色或带血泡沫（图 4-9）。叩诊胸部，一侧或两侧有浊音区；听诊有支气管呼吸音和啰音，或胸膜摩擦音。严重时，呼吸高度困难，头颈前伸，张口伸舌（图 4-10），病牛迅速窒息死亡。

图 4-8 精神沉郁，食欲废绝，呼吸困难

图 4-9 病牛呼吸困难，鼻流无色泡沫

（3）**水肿型** 多见于牛、牦牛，病牛胸前和头颈部水肿，严重者波及腹下，肿胀硬固热痛。舌、咽高度肿胀，呼吸困难，皮肤和黏膜发绀，眼红肿、流泪。病牛常窒息而死（图 4-11）。

图 4-10 呼吸高度困难，头颈前伸，张口伸舌

图 4-11 病牛头颈、前胸水肿，窒息死亡

【病理剖检变化】

（1）**急性败血型** 剖检时往往没有特征性病变，只见黏膜和内脏表面有广泛性的点状出血。

（2）**肺炎型** 剖检主要病变为纤维素性胸膜肺炎，胸腔内有大量蛋花样液体，肺与胸膜、心包粘连（图 4-12），肺组织肝变，切面呈红色或灰黄色、灰白色，有散在小坏死灶，小叶间质稍增宽（图4-13和图4-14）。

图4-12　肺与胸膜粘连

图4-13　肺组织大面积的肝变，有散在小坏死灶

（3）水肿型　剖检可见肿胀部位呈出血性胶冻样浸润（图4-15）。

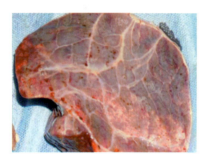

图4-14　肺小叶间质增宽，表面有出血点

图4-15　皮下及肌肉组织呈出血性胶冻样浸润

【类症鉴别】

病　　名	与牛巴氏杆菌病的相似点	与牛巴氏杆菌病的不同点
炭疽	有传染性，体温高（42℃），呼吸困难，腹痛，下痢，粪中混血，濒死时体温下降	可视黏膜呈蓝紫色，血片镜检可见有荚膜的炭疽杆菌，死后天然孔流血，迅速膨胀，尸僵不全
牛传染性胸膜肺炎	有传染性，体温高（40~42℃），呼吸快、困难，胸部叩诊有浊音区和疼痛，流鼻液	鼻液先稀后脓性，不流泡沫样鼻液，肺部听诊有摩擦音，垂皮、胸前有浮肿。病料涂片镜检可见极为细小的多形性丝状支原体
牛网尾线虫病	呼吸急促、困难，咳嗽，流鼻液，听诊有啰音	体温不高，消瘦，贫血。鼻液、粪便检验有幼虫
大叶性肺炎	体温高（40~41℃），呼吸急促、困难，咳嗽，叩诊胸部有浊音区，叩诊有疼感	无传染性，流锈色或黄红色鼻液，全病程分4期
支气管肺炎	体温高（39.5~41℃），初干咳后湿咳，流鼻液，呼吸急促、困难	无传染性，叩诊有浊音区，无痛感，末期鼻液增多，但不出现泡沫样鼻液。排粪无恶臭
喉炎	喉部肿胀、有热痛、咳嗽、呼吸困难	体温不升高，皮肤、舌不发绀

【预防】

(1) **平时的预防措施** 包括加强饲养管理，注意通风换气和防暑防寒，避免过度拥挤，减少或消除降低机体抗病能力的因素，并定期进行牛舍及运动场消毒，杀灭环境中可能存在的病原体；坚持全进全出饲养制度；在经常发生本病的疫区，可以定期接种牛出血性败血症疫苗。

(2) **发病时的预防措施**

1) 发生本病时，对病牛在隔离治疗的同时，对于同群假定健康牛应仔细观察、测温，用磺胺类药物或抗生素做紧急药物预防，隔离观察一周后如无新病例出现，可再注射疫苗。

2) 用疫苗进行紧急接种预防，但应注意疫苗紧急接种预防时，被接种的牛应在接种前后至少1周内不得使用抗菌药物，同时还应做好潜伏期患病牛发病的紧急抢救准备。

3) 发病后，牛舍可用5%漂白粉或10%石灰乳等彻底消毒。

4) 必要时牛群可用高免血清进行紧急免疫接种。

【临床用药指南】 发生本病时，应立即隔离患病牛并严格消毒其污染场所，在严格隔离的条件下对患病牛进行治疗。

(1) **血清治疗** 可用巴氏杆菌病的抗血清，成年牛80毫升、犊牛20~40毫升，皮下、肌内或静脉注射，每天1次，连用2~3天。

(2) **全血治疗** 初发病牛可用痊愈牛全血500毫升、5%葡萄糖注射液1000~2000毫升，加入盐酸四环素或土霉素8~15克，分别静脉注射，每天2次。

(3) **抗生素治疗** 普鲁卡因青霉素300万~600万单位、双氢链霉素5~10克，肌内注射，每天1~2次，连用3~5天；或硫酸庆大霉素注射液80万单位，肌内注射，每天2次，连用3~5天；或头孢噻呋，每千克体重2.2毫克，1次肌内注射，每天2次，连用3~5天；或土霉素2~4克、5%糖盐水500毫升，1次静脉注射，每天1~2次，连用3天；或10%磺胺嘧啶钠注射液100~150毫升、5%糖盐水500毫升、40%乌洛托品注射液40~80毫升，每天1~2次，用至体温下降为止。肺炎型病牛，可用新砷凡纳明2~3克、5%葡萄糖500毫升，静脉注射；或用磺胺二甲基嘧啶钠按每千克体重0.07克，肌内注射，每天2次，连用3天；或用增效磺胺-5-甲氧嘧啶按每千克体重0.015~0.02克，肌内注射，每天1次，连用2~3天。

(4) **对症治疗** 强心，可用10%樟脑磺酸钠注射液20~30毫升或20%安钠咖注射液20毫升，肌内注射，每天2次；或用50%葡萄糖注射液500~800毫升，1次静脉注射。腹泻，用次硝酸铋（碱式硝酸铋）、磺胺脒各30克，灌服，每天3次。解热，可用阿司匹林15.5~31克，每天2次，灌服；或保泰松1~2克，1次灌服，每天2次。控制肺水肿，可用氢化可的松0.2~0.5克或地塞米松磷酸钠注射液5~20毫克，25%葡萄糖注射液500毫升，静脉注射。

(5) **中药治疗**

1) 大黄、薄荷、玄参、柴胡、桔梗、连翘、荆芥、板蓝根各15克，酒黄芩、甘草、马勃、牛蒡子、青黛、陈皮各10克，滑石30克，酒黄连6克，升麻5克，水煎候温灌服。

2) 玄参、大青叶、鸡血藤、鱼腥草、麦门冬各100~200克，水煎，灌服。

3) 玄参、麦门冬、桔梗、大黄各40克，山豆根50克，射干、黄柏、牛蒡子、金银花各35克，连翘、淡竹叶各30克，甘草20克，水煎灌服。

4）金银花、黄连、黄芩、马勃、茵陈、栀子各50克，山豆根、连翘、天花粉、射干、桔梗各60克，牛蒡子30克，水煎取汁，候温灌服，每天1剂，连用3~5天。

5）石膏120克，水牛角60克，生地黄、栀子、牡丹皮、黄芩、赤芍、玄参、知母、知母、竹叶各30克，连翘、桔梗各30克，黄连20克，甘草10克，水煎灌服。

6）鳖甲90克，生地黄、牡丹皮各60克，青蒿、知母各45克，水煎灌服。

三、牛副流感

牛副流感即"牛副流行性感冒"，是由副流感病毒Ⅲ型引起牛的急性接触性呼吸道传染病。其特征是呼吸器官的肺脏或胸腔形成出血性败血症，高热、呼吸困难和咳嗽。因本病多发生于运输后的牛，故又称"运输热"或"运输性肺炎"。

【流行特点】

（1）**易感动物** 本病主要感染牛。

（2）**传染源** 病牛和带毒牛是主要的传染源。

（3）**传播途径** 传播途径主要通过接触和飞沫传播。主要的感染部位在呼吸道。常常由于饲养密度大或应激等因素诱发本病，且单独发病较少，常与其他的呼吸系统疾病混合感染。本病一旦发生，其病毒可在牛群中长期保存，不易清除。

（4）**流行季节** 本病常于晚秋和冬季多发，发病率为春季和夏季的2倍。多发生于舍饲育肥牛，放牧牛较少发生。

【临床症状】 本病潜伏期为2~5天。病牛体温升高到41℃以上，精神沉郁，厌食，咳嗽，流黏液性鼻液（图4-16），流泪，有脓性结膜炎。呼吸困难，发出呼噜音，听诊可见湿啰音，肺脏实变时则肺泡音消失，有时听到胸膜摩擦音，有的病牛出现黏液性腹泻（图4-17），妊娠牛可能流产。牛群中发病率在60%~90%之间。单独感染的病程不长，为3~4天，但与其他疾病混合感染则病情复杂，常预后不良。

图4-16 病牛精神沉郁，厌食，流黏液性鼻液

图4-17 病牛出现黏液性腹泻

【病理剖检变化】 主要病变在呼吸道。在肺的尖叶、心叶、膈叶的下侧部可见严重的损害，肺炎病灶呈灰色和深红色，叶间结缔组织增生（图4-18）。切面呈特有的斑状，气管和支气管内充满浆液（图4-19），肺门淋巴结肿大，部分坏死。肺泡和细支气管上皮细胞肥大、增生，形成合胞体，胞质内出现嗜碱性包涵体。胸腔积聚浆液性纤维素性渗出液，胸膜有纤维素附着，心内外膜、胸腺、胃肠黏膜有出血斑点（图4-20~图4-23）。有的大骨骼肌可在两侧对称地发生数厘米大小的灰黄色病灶。

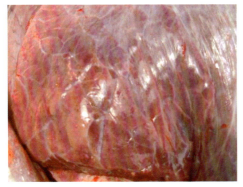
图 4-18 肺脏病灶呈深红色，叶间结缔组织增生

图 4-19 气管和支气管内充满浆液

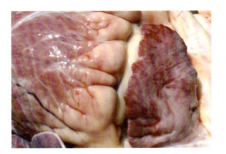
图 4-20 心外膜有出血斑点

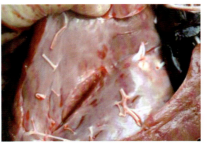
图 4-21 心内膜有出血斑点

图 4-22 皱胃黏膜有出血斑点

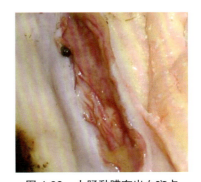
图 4-23 小肠黏膜有出血斑点

【类症鉴别】

病　名	与牛副流感的相似点	与牛副流感的不同点
牛巴氏杆菌病（肺炎型）	有传染性，体温高（41℃），呼吸急促、困难，咳嗽，流鼻液，听诊有啰音、摩擦音，有时腹泻	多散发，啰音、摩擦音仅限于肺的前下部，下痢粪恶臭，无脓性结膜炎和流泪。病料镜检有两极浓染杆菌
牛传染性胸膜肺炎	有传染性，体温高（40~42℃），呼吸困难，咳嗽，胸部听诊有摩擦音、啰音，流脓性鼻液	新区可暴发流行，老疫区多为散发，垂皮、胸前、腹下水肿、病料涂片镜检可见丝状支原体
支气管肺炎	体温高（39.9~41℃），咳嗽，听诊有啰音，流鼻液，呼吸困难	无传染性，流浆液性鼻液，不出现脓性结膜炎和大量流泪，听诊肺部不出现摩擦音
大叶性肺炎	体温高（40~41℃），咳嗽，流鼻液，肺部听诊有啰音，叩诊有浊音	无传染性，病程分为4期，鼻液呈黄红色或铁锈色

(续)

病　　名	与牛副流感的相似点	与牛副流感的不同点
恶性卡他热	有传染性，体温高（40~41℃），鼻镜干，消瘦，结膜炎，有脓性分泌物，呼吸困难，有下痢	角膜混浊甚至穿孔，鼻有溃疡、出血，鼻镜坏死，口腔黏膜、颊部、齿龈发生灰白丘疹和糜烂，上覆黄色伪膜，流涎，口有恶臭，吞咽困难
牛肺丝线虫病	呼吸急促，咳嗽，流鼻液，消瘦	体温不高，不发生脓性结膜炎和大量流泪，不拉稀，粪便和鼻液可检出幼虫

【预防】 主要是加强饲养管理，尽量减少发病因素，一旦发病，隔离病牛并消毒。在大群牛需长途运输时，不要太拥挤，并保证途中不挨饿、不受冻，同时给予充足多种维生素和电解质等，以保持牛机体抗病能力。疫苗有减毒疫苗和灭活苗2种，均较安全有效。

【临床用药指南】 单纯发生本病时无特异疗法，可采取一些病因疗法、对症疗法、支持疗法和中药疗法等非特异性疗法来增强牛只的抵抗力。若继发细菌感染，应及早用药，可采用抗生素或磺胺类药等以控制发病，直接投入呼吸道内效果明显。

（1）**抗菌消炎治疗** 青霉素按每千克体重1万~2万单位、链霉素按每千克体重10毫克、注射用水30毫升，肌内注射，每天1~2次，连用2~3天；或卡那霉素注射液，按每千克体重10~15毫克，肌内注射，每天2次，连用3~5天；或磺胺二甲嘧啶，按每千克体重0.07克，静脉或肌内注射，每天2次，连用3~4天。如加用维生素A，效果更好。

（2）**对症治疗** 气喘严重时，可用麻黄碱注射液0.05~0.5克，皮下注射。抗过敏，可用氢化可的松注射液250~750毫克，每天2次，肌内注射；或用盐酸扑敏宁，按每千克体重1毫克，每天2次，肌内注射。退热，可用30%安乃近注射液20~30毫升或安痛定（阿尼利定）注射液30~40毫升，肌内注射，每天2次，连用2~3天。强心、补液，可用5%糖盐水1000~2000毫升、20%葡萄糖注射液300~500毫升、10%安钠咖注射液20~30毫升，静脉注射。

四、牛传染性胸膜肺炎

牛传染性胸膜肺炎，又称"牛肺疫"，是由丝状支原体引起的牛的一种急性或慢性、高度接触性传染病。临床上以出现纤维素性肺炎和胸膜肺炎为特征。世界动物卫生组织（OIE）将此病列为A类传染病。我国于1996年宣布消灭了本病。

【流行特点】

（1）**易感动物** 本病易感动物主要是牦牛、奶牛、黄牛、水牛、犏牛、驯鹿及羚羊，其中以奶牛最易感，任何年龄的牛均易感。

（2）**传染源** 传染源主要是病牛及带菌牛，病牛康复后15个月甚至2~3年，还具有感染性。

（3）**传播途径** 主要通过飞沫由呼吸道感染，也可经消化道和生殖道感染。

（4）**流行季节** 一年四季均有发生，但以冬、春季节发病较多。带菌牛进入易感牛群，常引起本病的急性暴发，以后转为地方流行性。饲养管理不当，牛舍拥挤等因素可促进本病的发生与流行。发病率一般为60%~70%，病死率为30%~50%。

【临床症状】 潜伏期一般为2~4周，短的8天，长的可达4个月。按其经过可分为急性型和慢性型2种。

(1) **急性型** 多发生于流行初期。病牛体温升高到40~42℃，呈稽留热、干咳、呼吸急促，常发"吭、吭"声，鼻孔扩张，呼吸极度困难（图4-24），呈腹式呼吸，可视黏膜发绀。喜站立，前肢外展，不愿躺卧。咳嗽逐渐频繁，有时流出浆液性（图4-25）或脓性鼻液。叩诊胸部有实音、疼痛。听诊肺泡呼吸音减弱或消失。当肺部病变面积较大并有大量胸水时，叩诊有浊音或水平浊音。病牛食欲废绝，泌乳停止，尿量减少，便秘与腹泻交替出现。病后期高度呼吸困难，极度衰弱，体温下降，常因窒息而死。犊牛可见典型的呼吸道症状（图4-26）和关节炎（图4-27），也可观察到心内膜炎和心肌炎等并发症。在非洲，牛出现典型症状时，死亡率达到10%~70%。

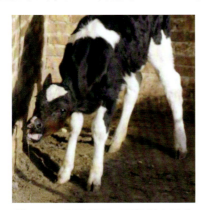

图4-24 鼻孔扩张，呼吸极度困难

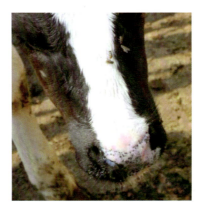

图4-25 流出浆液性鼻液

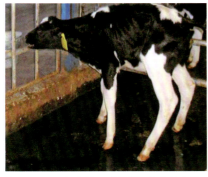

图4-26 患病犊牛典型的呼吸道症状

图4-27 患病犊牛典型的关节炎

(2) **慢性型** 慢性病牛可能局限于轻微的咳嗽，或仅在受冷空气、冷饮刺激或运动时，发生短干咳嗽，以后咳嗽次数逐渐增多，食欲减退，反刍迟缓，泌乳减少。颈、胸和腹下水肿（图4-28），叩诊胸部有实音区，按压胸廓敏感。

【**病理剖检变化**】 不同阶段病变不一。初期以小叶性肺炎为特征，肺炎灶充血、水肿，呈鲜红色或紫红色（图4-29）。中期为本病典型病变，表现浆液性纤维素性胸膜肺炎，多为一侧性，以右侧居多。肺肿大、变硬，呈紫红色、红色、灰白色、黄色或灰色等不同时期的肝变（图4-30），肺切面呈大理石状，肺间质变宽（图4-31），淋巴管高度扩张呈蜂窝状。胸膜增厚，表面有纤维素性附着物，与肺部粘连（图4-32）。胸腔内积有数量不等浅黄色杂有纤维素凝块的渗出物。肺门淋巴结和纵隔淋巴结肿大、出血。心包液增多且混浊（图4-33）。后期肺部病灶坏死、液化，并形成脓腔、空洞或瘢痕化（图4-34），直径达1~10厘米。另外，犊牛可发生渗出性腹膜炎、关节黏液囊炎、腕骨的蛋白性关节炎（图4-35）。

有时可观察到颈下淋巴结肿大。

图4-28 慢性病例胸下水肿

图4-29 肺脏病灶充血、水肿，呈紫红色

图4-30 肺肿大、变硬，呈不同时期的肝变

图4-31 肺切面呈大理石状，肺间质变宽

图4-32 胸膜增厚，表面有纤维素性附着物与肺部粘连

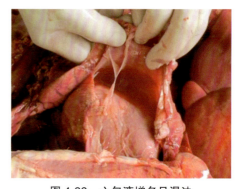
图4-33 心包液增多且混浊

图4-34 肺部病灶坏死、液化，并形成脓腔

图4-35 腕骨的蛋白性关节炎

【类症鉴别】

病　名	与牛传染性胸膜肺炎的相似点	与牛传染性胸膜肺炎的不同点
牛巴氏杆菌病（肺炎型）	有传染性、体温高（40~41℃）、呼吸困难、咳嗽、流鼻液、胸部听诊有啰音、摩擦音，叩诊有浊音区、疼痛	叩诊胸部无水平浊音区，垂皮、胸前、腹下无水肿。镜检可见两极浓染的杆菌
大叶性肺炎	体温高（40~41℃）、呼吸快、困难、咳嗽、流鼻液，叩诊肺部有浊音	无传染性，充血期眼结膜充血、黄染，胸部叩诊呈清音；红色和灰色肝变期叩诊有浊音，流铁锈色或黄红色鼻液；溶解期听诊呈湿啰音、捻发音
牛副流感	有传染性、体温高（41℃）、流脓性鼻液、呼吸快、困难、咳嗽、有时腹泻	有脓性结膜炎、大量流泪、消瘦、肌肉衰弱无力。用双份血清做副流感的中和试验或血凝抑制试验，若抗体滴度增加4倍或以上即为阳性
胸膜炎	体温高（39~40.5℃）、咳嗽、胸部叩诊疼痛、有水平浊音，听诊有摩擦音	无传染性，胸廓下部水平浊音随体位移动而变更，上部则呈鼓音
牛肺丝线虫病	呼吸困难、咳嗽、流鼻液，听诊有啰音	体温不高，听诊无摩擦音。叩诊不疼、无水平浊音，鼻液、粪便可检出幼虫

【预防】 在我国，采取的控制措施包括：检疫、隔离、扑杀病牛和对血清学阴性牛进行免疫接种。由于我国已经消灭了本病，因此，预防重点是防止病原从国外疫区传入。从国外引种时，需按照《中华人民共和国进出境动植物检疫法》进行检疫并使用牛传染性胸膜肺炎活疫苗（兔化弱毒或兔化绵羊化弱毒）接种。出现病牛时，将病牛隔离扑杀，病死牛尸体深埋，并用2%来苏儿溶液或10%~20%石灰乳对污染场地进行消毒。加强饲养管理，防止发生牛流行性感冒而继发本病。

【临床用药指南】 当暴发本病时，国际上通常采取的策略有两种：第一种即屠宰所有病牛及与病牛相接处的牛，是最有效和最简单的办法，但是成本较高；第二种策略是屠宰病牛并给受威胁的牛或假定健康的牛接种疫苗。目前，OIE推荐使用的疫苗是T1-44，其疫苗毒株是利用分离自坦桑尼亚的中等毒力菌株经鸡胚传44代后而获得。对于没有确诊前的病牛，可采取如下方法治疗。

1）酒石酸泰乐菌素粉针，按每千克体重10毫克、注射用水20~30毫升，肌内注射，每天2次，连用5~7天。本品禁止与莫能菌素、盐霉素等同时使用。

2）左旋氧氟沙星注射液，按每千克体重5毫克，肌内注射，每天2次，连用5~7天。

3）替米考星注射液10~20毫升，静脉注射。或注射用盐酸四环素或土霉素2~4克、5%葡萄糖生理盐水1000毫升，1次静脉注射，每天2次，连用2~3天。

4）卡那霉素，按每千克体重10~15毫克，配合地塞米松磷酸钠注射液20毫克，维生素C 4克，分点肌内注射，每天2次，3天为1个疗程，根据病情可使用1~3个疗程。

5）氟苯尼考，按每千克体重15~20毫克，肌内注射，每天1次，5天为1个疗程。

6）新砷凡纳明，按每千克体重10毫克，用500毫升葡萄糖注射液溶解，静脉注射，5天后重复用药1次。

7）中药治疗。

① 北沙参、麦门冬、桔梗各45克，黄芪、党参、白及各30克，合欢皮、冬瓜子、连翘各60克，金银花90克，水煎取汁，灌服。

② 黄连、黄芪、知母、白芍、白术、厚朴、白薇各24克，五味子、川贝母、阿胶、

泽泻、茯苓各 15 克，大麻仁 9 克，研末，沸水冲调，候温灌服，每天 1 剂，连用 2~3 天。

③ 生石膏 180 克，板蓝根 60 克，川贝母、杏仁、甜葶苈子、黄芩各 45 克，桔梗、桑白皮、牛蒡子、甘草各 24 克，麻黄 15 克，水煎 2 次，混合 2 次煎液，候温灌服。

④ 沙参、麦门冬、玉竹、山药、山楂各 60 克，天花粉 50 克，桑白皮、地骨皮、茯苓各 45 克，半夏 30 克，陈皮、甘草各 24 克，水煎灌服。

⑤ 紫花地丁 90 克，黄芩、苦参、生石膏各 60 克，甘草 18 克，研末，沸水冲调，候温 1 次灌服，每天 2 次，连用 3~5 次。

五、牛传染性鼻气管炎

牛传染性鼻气管炎，又称"红鼻病""坏死性鼻炎""牛疱疫"，是由牛传染性鼻气管炎病毒引起的牛的一种急性、热性、接触性呼吸道传染病，临床表现为上呼吸道及气管黏膜发炎、呼吸困难、流鼻液等，还可引起生殖道感染、结膜炎、脑膜炎、流产、乳腺炎等多种病型。因此，本病是一种由同一病原引起多病征的传染病。本病只发生于牛，目前，本病广泛分布于美国、澳大利亚、新西兰及日本等国，已成为全球性疾病。本病于 1980 年传入我国。

【流行特点】

（1）**易感动物**　本病主要感染牛，尤以肉牛较为多见，其次是奶牛，各种年龄及不同品种的牛均能感染发病。肉用牛群发病率可高达 75%。其中以 20~60 日龄犊牛最易感，病死率较高。

（2）**传染源**　病牛和带毒牛为主要传染源，特别是隐性经过的种公牛危害性最大。

（3）**传播途径**　常通过空气、飞沫、精液和接触性传播，病毒也可通过胎盘侵入胎儿引起流产。本病毒可导致持续性感染，隐性带毒牛往往是最危险的传染源。

（4）**流行季节**　本病秋、冬寒冷季节较易流行，特别是舍饲的大群牛，因过分拥挤、密切接触而更易迅速传播。一般发病率为 20%~100%，死亡率为 1%~12%。

【临床症状】　自然感染潜伏期一般为 4~6 天，《OIE 陆生动物卫生法典》规定为 21 天。临床分为呼吸道型、生殖道感染型、脑膜脑炎型、眼炎型和流产型 5 种。

（1）**呼吸道型**　表现为鼻气管炎，病情轻重不等，为本病最常见的一种类型。常见于较冷季节，常发生于长途运输或从牧地转入舍饲以后。急性病例整个呼吸道受害，其次是消化道。病初高热达 39.5~42℃，沉郁，拒食，有大量黏脓性鼻漏（图 4-36），鼻黏膜高度充血，有浅溃疡，鼻窦及鼻镜因组织高度发炎而称为"红鼻病"（图 4-37），或重者鼻黏膜坏死，称为"坏死性鼻炎"（图 4-38）。呼吸困难，呼气中常有臭味。呼吸急促，咳嗽。有结膜炎及流泪。有时可见带血腹泻。奶牛产奶量减少。多数病程达 10 天以上。发病率可达 75% 以上，病死率在 10% 以下。症状轻微的病例仅见水样鼻液和流泪。

图 4-36　病牛大量黏脓性鼻漏

（2）**生殖道感染型**　又称"牛传染性脓疱性外阴-阴道炎""交合疹""牛疱疫"。可发生于母牛及公牛。母牛发病初期表现发热，沉郁，无食欲，尿频且有痛感。阴道发炎、

图4-37 病牛的鼻镜高度发炎而成"红鼻病"

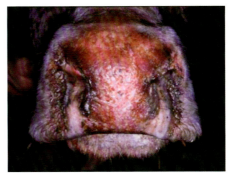
图4-38 严重的出现鼻黏膜坏死,称为"坏死性鼻炎"

充血,有黏稠无臭的黏液性分泌物,黏膜出现白色病灶、脓疱(图4-39)或灰色坏死膜。公牛感染后生殖道黏膜充血,严重的病例发热,包皮肿胀及水肿,阴茎上发生脓疱,病程10~14天。精液带毒。

(3) 脑膜脑炎型 主要发生于4~6月龄犊牛。体温40℃以上,共济失调,沉郁,随后兴奋、惊厥,口吐白沫(图4-40),角弓反张,磨牙,四肢划动,病程短促,常于第5~7天死亡。发病率低,病死率高,可达50%以上。

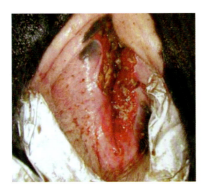
图4-39 阴道黏膜上白色病灶、脓疱

图4-40 病牛惊厥,口吐白沫

(4) 眼炎型 一般无明显全身反应,有时也可伴随呼吸型一同出现。主要临床症状是结膜角膜炎,表现结膜充血、水肿或坏死(图4-41)。角膜轻度混浊,眼、鼻流浆液脓性分泌物,很少引起死亡。重症病例可在结膜形成灰黄色针头大的小脓疱。

(5) 流产型 一般多见于初产青年母牛妊娠期的任何阶段,也可发生于经产母牛。妊娠母牛感染后,可能于3~6周潜伏期后流产。流产常发生于妊娠的第5~8个月。本型多数是由于病毒

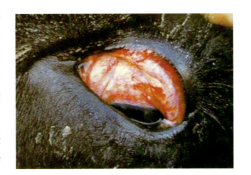
图4-41 结膜充血、水肿

在呼吸道黏膜增殖后形成了病毒血症,病毒经血液循环进入胎膜、胎儿所致,胎儿感染后7~10天死亡,再经一至数天排出体外。多无前驱症状,胎衣常不滞留。

【病理剖检变化】呼吸道型病变是呼吸道黏膜的炎症，常见黏膜中有浅表白色烂斑和溃疡（图4-42），并覆以灰色腐臭黏脓性渗出物，主要见于鼻、喉、气管和支气管。部分病例，肺可见局限性化脓性炎症（图4-43）。皱胃黏膜发炎或形成溃疡（图4-44），结肠、小肠可见卡他性肠炎（图4-45）。生殖道感染型表现为外阴、阴道、宫颈黏膜、包皮、阴茎黏膜的炎症，黏膜出现白色颗粒病灶、脓疱或灰色坏死膜。脑膜脑炎型表现为非化脓性感觉神经炎和脑脊髓炎的变化。眼炎型表现为结膜角膜炎。流产型表现为流产胎儿的肝脏、脾脏、肾脏和淋巴结有灰白色坏死灶（图4-46和图4-47），有时皮肤有水肿。

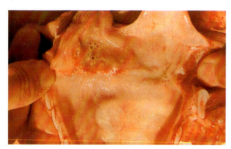

图4-42　喉头黏膜白色烂斑和溃疡

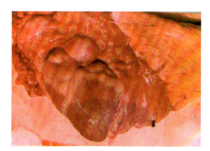

图4-43　肺的化脓性炎症

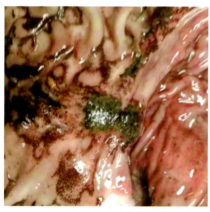

图4-44　皱胃黏膜发炎或形成溃疡

图4-45　小肠卡他性肠炎

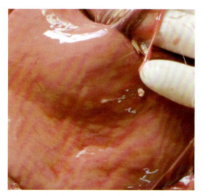

图4-46　流产胎儿肝脏上的灰白色坏死灶

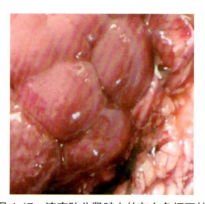

图4-47　流产胎儿肾脏上的灰白色坏死灶

【类症鉴别】

病　　名	与牛传染性鼻气管炎的相似点	与牛传染性鼻气管炎的不同点
恶性卡他热	有传染性、体温高（40~41℃），流鼻液，鼻有溃疡。呼吸困难，有下痢	有脓性结膜炎，角膜也发炎甚至穿孔，口腔、颊部、齿龈发生灰白丘疹和糜烂，上覆黄色伪膜，口有恶臭，鼻镜糜烂、坏死
肺坏疽	体温高（39~40℃），咳嗽，流鼻液，呼气臭	无传染性，病前有误咽或投药的情况，而后出现呼吸急促，肺听诊有啰音、水泡音，咳嗽或低头时即流出大量的鼻液，镜检鼻液（或咳出物）可见弹力纤维
鼻旁窦炎	流鼻液、有臭气，呼吸困难	无传染性，一般体温不高，不咳嗽，鼻旁窦叩诊有浊音，常为一侧流鼻液，鼻镜不红，鼻黏膜不出现浅溃疡

【预防】 最重要的预防措施是严格检疫，防止引入传染源和带入病毒；其次注意，抗体阳性牛实际上就是本病的带毒者，因此具有本病病毒抗体的任何动物都应视为危险的传染源，应采取措施对其严格管理；再次注意免疫，目前使用的疫苗有灭活疫苗和弱毒疫苗，可以起到预防临床发病的效果，但疫苗免疫不能阻止野毒感染，也不能阻止潜伏病毒的持续性感染；最后进行检测，采用敏感的检测方法（如PCR技术）检出阳性牛并扑杀应该是目前根除本病的有效途径。

【临床用药指南】 目前尚无有效治疗药物。我国发生本病时，应采取隔离、封锁、消毒等综合性措施，最好予以扑杀或根据具体情况逐渐将其淘汰。或者发病后，在隔离病牛的基础上，可针对病情采用抗菌消炎药物，防止继发感染，以及以强心补液等对症治疗措施。

（1）**支持疗法** 给病牛多饮5%~10%食盐水，多喂些营养丰富且易消化的饲料，保持病牛的鼻、眼、咽、口腔和生殖道清洁，防止继发感染。

（2）**抗菌消炎** 青霉素钠480万单位、链霉素500万单位、注射用水40毫升，混合后1次肌内注射，每天2次，连用3~5天。

（3）**补液强心，调节酸碱平衡** 5%葡萄糖生理盐水3000毫升、5%碳酸氢钠注射液500毫升、1%地塞米松注射液3毫升、10%安钠咖注射液30毫升，1次静脉注射（碳酸氢钠与安钠咖分开注射）。

（4）**对症治疗** 体温高者，可选用30%安乃近注射液50毫升、四环素7克、5%糖盐水溶液500~1000毫升，1次静脉注射。肠道出血者，加维生素K 300毫克或止血敏（酚磺乙胺）20毫升。腹泻者，静脉注射20%安钠咖注射液50毫升和复方氯化钠注射液1000毫升。并发肺炎、呼吸困难者，可给予地塞米松磷酸钠和气管扩张药物，或用病毒唑（利巴韦林）注射液滴鼻，每侧鼻孔6滴，每天2次。

（5）**中药治疗** 基础方剂：板蓝根120克，生地黄、玄参各60克，牛蒡子、连翘、黄芩各45克，柴胡、黄连、黄柏、甘草各30克，升麻、马勃、桔梗各24克，将诸药混合，加水1500毫升，煎煮浓缩至500毫升，候温灌服，每天早、晚各1次，连续应用至病愈为止。呼吸道型，加荆芥穗30克、葛根20克、麻黄18克，适当提高马勃、牛蒡子、玄参的用量。眼炎型，加蒲公英120克、薏苡仁90克、决明子60克。生殖道感染型，去升麻、桔梗，加败酱草、地肤子各60克，土茯苓30克，扁蓄20克。流产型，去升麻、桔梗，加菟丝子45克，桑寄生、川断续、阿胶各30克。脑膜脑炎型，加生牡蛎240克，代赭石、生石膏各90克。

六、牛结核病

结核病是由结核分枝杆菌引起的人、兽和禽类共患的一种慢性传染病。其特征是病程缓慢、渐进性消瘦、咳嗽、衰竭,并在多种组织器官中形成结核肉芽肿(结核结节)和干酪样、钙化的结节性坏死病灶。世界范围内约有10%的结核病人是因感染了牛型结核分枝杆菌而发病。近年来,结核病的发病率不断增高,已成为影响人类及养殖业的主要疾病之一。

【流行特点】

(1) **易感动物** 病原主要是牛型结核分枝杆菌,也可由人型结核分枝杆菌感染。牛型结核分枝杆菌除感染牛外,还可引起人、猪、马、猫等致病。

(2) **传染源** 传染源为患结核病的牛和人,尤其是患开放性结核病的牛和人。

(3) **传播途径** 结核分枝杆菌随呼出的气体、鼻汁、唾液、痰液、粪、尿、乳汁和生殖器官分泌物排出体外,污染饲料、饮水、空气和周围环境。通过呼吸道、消化道和生殖道传播,其中经呼吸道传染的威胁最大。本病可侵害人和多种动物,家畜中牛最易感。人感染牛型结核分枝杆菌主要是食入未经检疫的畜产品,尤其是饮用未经巴氏消毒或煮沸的患有结核病牛的牛乳而经消化道感染,特别是幼儿感染牛型结核分枝杆菌者最多。另外,经常与患结核病的牛相接触的人员(畜牧兽医工作者、挤乳人员、饲养人员等)也易感染。犊牛则以消化道感染为主。

(4) **流行季节** 本病一年四季均可发生,牛舍阴暗潮湿、光线不足、通风不良、牛群拥挤、病牛与健康牛同栏饲养、饲料配比不当及饲料中某些营养成分匮乏等因素,均可促进本病的发生和传播。本病多为散发或地方性流行。

【临床症状】 潜伏期长短不一,一般为3~6周,有的可达几个月至数年。临床通常呈慢性经过,以肺结核、淋巴结核、乳房结核和肠结核最为常见,生殖器官结核、神经结核也时有发生。

(1) **肺结核** 病牛病初有短促干咳,清晨时症状最为明显;随着病程的发展变为湿咳、咳嗽加重、频繁,并有浅黄色黏液或脓性鼻液流出。呼吸次数增多,甚至呼吸困难(图4-48)。病牛食欲下降、消瘦、贫血、产奶量减少、体表淋巴

图4-48 病牛呼吸次数增多,呼吸困难

结肿大,体温一般正常或稍升高,最后因心力衰竭而死亡。部分病牛常伴发浆膜粟粒性结核,又称"珍珠病",此时按压肋间有痛感,听诊肺区有啰音,胸膜结核时可听到胸膜摩擦音。

(2) **淋巴结核** 不是一个独立病型,各种结核病的附近淋巴结都可能发生病变。常见于肩前、股前、腹股沟、颌下、咽及颈淋巴结等体表部位,可见局部硬肿、变形、无热痛(图4-49),有时有破溃,形成不易愈合的溃疡。如果纵隔淋巴结肿大压迫食道,则出现慢性臌气症状,咽喉淋巴结核可引起吞咽和嗳气困难。

(3) **乳房结核** 病牛乳房淋巴结肿大,常在后方乳腺区出现局限性或弥漫性硬结。乳房表面凹凸不平,硬结无热、无痛,乳房硬肿、乳量减少、乳汁稀薄,有时混有脓块,严

重者泌乳停止。由于缺乳和乳腺萎缩,形成两侧乳房不对称。

(4) **肠结核** 多见于犊牛,表现食欲不振,消化不良,下痢与便秘交替,继而发展为顽固性下痢,粪便呈粥样,混有脓汁和黏液。当波及肝脏、肠系膜淋巴结等腹腔器官组织时,直肠检查可以辨认。

(5) **生殖器官结核** 可见性机能紊乱。母牛发情频繁、性欲亢进,流产、不孕,从阴道、子宫内流出脓性分泌物。公牛附睾、睾丸肿大,阴茎前部出现结节,发生糜烂等。

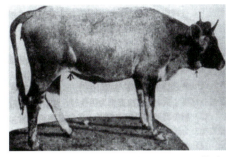

图4-49 颌下淋巴结硬肿、变形,无热痛

(6) **神经结核** 中枢神经系统侵害时,在脑和脑膜等可发生粟粒状或干酪样结核,常引起神经症状,如癫痫样发作、运动障碍等。

【**病理剖检变化**】 病牛尸体消瘦,黏膜苍白。在侵害的组织器官形成肉芽肿或粟粒样结节,最常见的部位是肺部(图4-50)及所属淋巴结,其次为肠系膜淋巴结(图4-51)和头颈部淋巴结。切面呈干酪样坏死(图4-52和图4-53),有的钙化,切时有沙砾感。有的坏死组织溶解和软化,排出后形成空洞(图4-54)。胸膜和腹膜有粟粒大至豌豆大的半透明或不透明灰白色坚硬的结节,形似珠状,即"珍珠病"(图4-55和图4-56)。多数病例肺与胸膜发生广泛而牢固的粘连。胃肠道黏膜可能有大小不等的结核结节或溃疡。乳房结核多发生于进行性病例,切开乳房可见大小不等的病灶,内含干酪样物质(图4-57)。

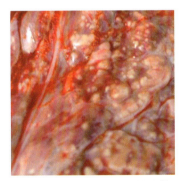

图4-50 肺脏上形成结核结节

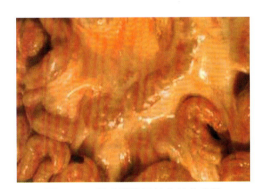

图4-51 肠系膜淋巴结有结节病灶

图4-52 肺结核干酪样坏死
(已固定的标本)

图4-53 支气管淋巴结核,干酪样坏死,
边缘黑色为尘埃沉积(固定标本)

图 4-54　牛肺结核及空洞形成（固定标本）

图 4-55　胸膜（肺膜）结核（固定标本）

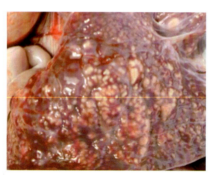

图 4-56　肺脏上形成的珍珠状结节

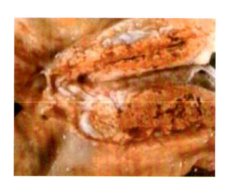

图 4-57　内含干酪样物质的乳房内结节病灶

【类症鉴别】

病　名	与牛结核病的相似点	与牛结核病的不同点
牛传染性鼻气管炎	有传染性，呼吸急促、困难，病程短	寒冷冬季发病，鼻镜高度充血（红鼻子），鼻黏膜糜烂、坏死、出气臭，流行时常出现生殖道感染的症状
牛巴氏杆菌病（浮肿型）	有传染性，呼吸急促、困难，病程短	体温高（40~41℃），咽喉、颈部、胸前肿胀，并有热痛，口流涎，皮肤黏膜发绀。血或水肿液镜检可见两极浓染的杆菌
黑斑病红薯中毒	突发气喘，呼吸困难，头颈伸直，心跳快，体温不高	因吃了有黑斑病的红薯、秧苗及其加工副产品而发病，胸围扩大，有时皮下气肿，无传染性

【预防】　由于疫苗的免疫效果不甚理想，对牛结核病不采取免疫预防。对病牛也不治疗，采取检疫后淘汰阳性牛的策略，同时采取综合措施，从牛群中净化本病。

（1）**检疫检测牛群**　对于临床健康的牛群，每年春、秋各进行 1 次变态反应检疫，淘汰阳性牛；引进牛时，在产地检疫呈阴性方可引进；运回隔离观察 1 个月以上再行检疫，阴性者才能合群；结核病人不得从事养牛工作。

（2）**净化感染牛群**　淘汰有临床表现的阳性牛及检疫后的阳性牛。对污染牛群，每年进行 3 次以上检疫，检出的阳性牛及可疑牛立即分群隔离，对阳性牛应及时扑杀，进行无害化处理；同时及时对污染的养牛场所及用具严格消毒。对可疑病牛在隔离饲养期间生产的乳汁进行无害化处理；假定健康群向健康群过渡的牛群，应在第一年每隔 3 个月进行 1 次检疫，直到无阳性牛出现为止。然后在 1~1.5 年的时间内连续 3 次检疫，全为阴性时，即认为是健康群。

（3）**加强消毒**　每年进行2~4次预防性消毒，每当牛群出现阳性病牛后，都要进行1次大消毒。常用消毒药为5%来苏儿或克辽林、10%漂白粉、3%福尔马林或3%苛性钠溶液。

七、牛肺丝虫病

牛肺丝虫病，也称"牛肺丝线虫病"，主要由网尾科的胎生网尾线虫（图4-58）寄生于牛肺部的支气管和气管所引起。

【流行特点】胎生网尾线虫耐低温，在4~5℃环境下就可发育。第3期幼虫在积雪覆盖下仍能生存。我国西南地区的黄牛和西藏的牦牛多有此病。此病是牦牛春季死亡的重要原因。

【临床症状】病牛病初主要表现为咳嗽，初为干咳后为湿咳，运动时或夜间和清晨出圈时更为显著。此时呼吸音明显粗厉，如拉风箱。阵发性咳嗽时，常咯出含有幼虫及虫卵的黏液团块，鼻孔中排出黏稠分泌物。严重时，呼吸困难，体温有时升高可达到39.5~40℃，精神不振，食欲减退或废绝，逐渐消瘦，贫血，最终卧地不起乃至死亡。

【病理剖检变化】主要表现在肺部，可见有不同程度的肺膨胀不全和肺气肿（图4-59），肺表面隆起，呈灰白色，触摸时有坚硬感；支气管中有黏性或脓性混有血丝的分泌团块和胎生网尾线虫（图4-60）。气管及支气管内分泌物增多，见有数量不等的胎生网尾线虫（图4-61）。

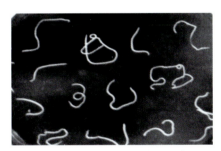

图4-58　胎生网尾线虫的形态

图4-59　肺气肿

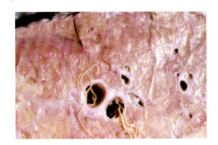

图4-60　支气管中寄生的胎生网尾线虫

图4-61　气管中的胎生网尾线虫

【类症鉴别】

病　　名	与牛肺丝虫病的相似点	与牛肺丝虫病的不同点
支气管炎	初干咳后湿咳，逐渐频繁，肺部听诊呈啰音，咳出物带黄色黏液，由鼻孔流出。食欲减退、精神不振。体温不高	呼吸不显困难。慢性时，早晚出圈舍或气温骤降、运动、采食时咳嗽加剧。取鼻液、粪便检验无幼虫

(续)

病　　名	与牛肺丝虫病的相似点	与牛肺丝虫病的不同点
气管炎	咳嗽、听诊有啰音、手捏气管即现咳嗽反应	食欲不减，不消瘦，不贫血，鼻液、粪便检验无幼虫
支气管肺炎	咳嗽、有鼻液、听诊有啰音、食欲减退	体温较高（40~41℃），呈弛张热，肺呼吸音较粗厉。不消瘦、不贫血，鼻液、粪便中检验无幼虫
牛流行热	喘气、流鼻液、听诊有啰音	有传染性，传播迅速，眼结膜充血、肿胀，四肢关节疼痛，有跛行，体温高（40℃以上）
牛巴氏杆菌病	呼吸急促、困难、咳嗽、流鼻液、听诊有啰音。食欲废绝	有传染性，体温高（41℃），流涎、流泪，咽喉部肿胀，黏膜发绀，血液检查可见两端浓染的小杆菌
牛副流感	呼吸急促，咳嗽，听诊有啰音	有传染性，体温升高（41℃），有脓性结膜炎，流泪多，有的有腹泻，有的腿软弱。鼻液、粪便检验无幼虫
牛传染性胸膜肺炎	呼吸困难、咳嗽、流鼻液、听诊有啰音。食欲减退或废绝	有传染性，体温较高（40~42℃），呈稽留热，痛性短咳。叩诊肋部有疼痛。听诊有摩擦音。取肺组织、胸腔渗出液培养3~5天后，取菌落镜检可见革兰氏阴性、呈极为细小的多形性菌体（呈球形、双球形、链球形、染色不均匀的线状、螺旋状、环状、半月状等）牛肺疫丝状支原体

【预防】 应改善饲养管理水平，提高牛的健康水平和抵抗力，可缩短虫体寄生时间；在本病流行区，每年春、秋两季（春季在2月，秋季在11月为宜）进行2次以上定期驱虫，驱虫治疗期应将粪便进行生物热处理；圈舍和运动场应保持清洁干燥，及时清扫粪便并堆积发酵；应尽量避免到潮湿和中间宿主多的地方放牧；牛的人工免疫目前广泛应用的是X-射线40000伦琴辐射剂量照射的幼虫疫苗，免疫2次，第一次1000条，第二次4000条。据试验，攻毒后，既未见寄生虫性支气管炎升温症状，剖检也未发现虫体。

【临床用药指南】 可选用以下药品：氰乙酰肼（网尾素），对牛羊网尾属线虫及部分原圆科线虫成虫均有效，但对幼虫及缪勒线虫无效。剂量按每千克体重17.5毫克，1次内服；或按每千克体重15毫克，皮下或肌内注射。本品安全范围小，应慎用，牛体重300千克以上，总量不超过5克。或阿苯达唑（丙硫咪唑），剂量为每千克体重5~20毫克，1次口服。或乙胺嗪，其枸橼酸盐也叫枸橼酸乙胺嗪或海群生，剂量按每千克体重22毫克，每天1次口服，连服5天，适合对感染早期幼虫（感染后14~25天的虫体）的治疗。或左咪唑，剂量按每千克体重8毫克，1次口服；或按每千克体重7.5毫克，1次肌内或皮下注射。或伊维菌素或阿维菌素，剂量按每千克体重0.2~0.3毫克，1次口服或皮下注射。对注射部位局部有刺激作用；泌乳期牛、临产1个月内的牛及小于3月龄的犊牛禁用；牛羊内服给药后的屠宰前休药期不少于14天。

八、鼻炎

鼻炎是鼻黏膜发生充血、肿胀（图4-62）而引起的以流鼻液和打喷嚏（图4-63）为特征的急性或慢性炎症。鼻液根据性质不同分为浆液性（图4-64）、黏液性（图4-65）和脓性（图4-66）。

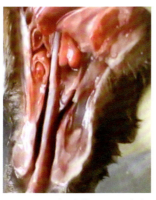
图 4-62 鼻黏膜充血、肿胀

图 4-63 病牛流鼻液，打喷嚏

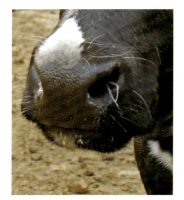
图 4-64 浆液性鼻液

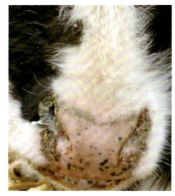
图 4-65 黏液性鼻液

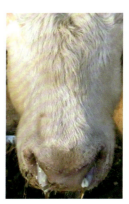
图 4-66 脓性鼻液

【发病原因】物理性因素（如寒冷的刺激，粗暴的鼻腔检查，经鼻投药使用胃管不当，吸入环境中的粉尘、植物纤维、花粉及霉菌孢子等异物的刺激，吸入饲草料、麦芒或异物卡塞于鼻道对鼻黏膜的机械性直接刺激等），化学性因素（如氨气、硫化氢、盐酸、农药、化肥等不良气体直接刺激鼻黏膜），生物学因素（如流感病毒、牛恶性卡他性热病毒、巴氏杆菌等引起），其他因素（如咽炎、坏死性喉炎、鼻旁窦炎、支气管炎和肺炎等邻近器官炎症及某些过敏性疾病所引起）。

【临床症状】发病初期流水样、透明鼻液（图4-67），有时打喷嚏。以后发展为先流浆液性鼻液，后流脓性鼻液，有时混有血液，打喷嚏，呼吸困难，有时张嘴呼吸（图4-68）。病牛不安，摇头，低头奔跑以鼻端靠近地面或蹭地，或将头藏在其他牛体腹下。

图 4-67 病牛流出水样、透明鼻液

图 4-68 病牛张嘴呼吸

【类症鉴别】

病　　名	与鼻炎的相似点	与鼻炎的不同点
流行性感冒	鼻黏膜充血、肿胀、打喷嚏、流鼻液	传染性极强，发病率很高，体温升高，眼结膜水肿，黏膜卡他性炎症症状明显。鼻液或咽喉拭子在鸡胚内分离获得血凝性流感病毒
鼻旁窦炎	鼻黏膜充血、肿胀、打喷嚏、流鼻液	多为一侧性鼻液，特别在低头时大量流出

【预防】　预防本病发生的关键是防止受寒感冒和其他致病因素的刺激。

【临床用药指南】

（1）**局部治疗为主**　先用2%~4%硼酸溶液或1%明矾溶液冲洗鼻腔，然后涂抹磺胺软膏或红霉素软膏；或用丁胺卡那霉素（阿米卡星）注射液4毫升、麻黄素注射液2毫升、生理盐水4毫升，配成滴鼻液，每次2~3滴，每天3~4次；当鼻黏膜肿胀严重时，用丁卡因0.1克、0.1%肾上腺素注射液1毫升、蒸馏水20毫升，配成滴鼻液，每天2~3次。

（2）**其他疗法**　对于有全身症状的病牛，可全身应用抗生素或磺胺类药物进行治疗。对寄生虫性鼻炎要进行驱虫治疗。对于慢性鼻炎、过敏性鼻炎，可口服或肌内注射地塞米松注射液，按每千克体重0.125~1毫克用药，每天1次，连用3~5天。

九、支气管炎

支气管炎是各种原因引起牛支气管黏膜表层或深层的炎症，临床上以咳嗽，流鼻液与不定热型为特征。各种牛均可发生，但幼龄和老龄牛常见。寒冷季节或气候突变时容易发病。

【发病原因】

（1）**急性支气管炎的病因**　发生的主要原因是受寒感冒。当机体受寒时，其抵抗力降低，特别是支气管黏膜防卫机能减弱（图4-69），内外源非特异性细菌如肺炎球菌、巴氏杆菌、链球菌、葡萄球菌、化脓杆菌、霉菌孢子等得以发育繁殖或乘虚而入呈现致病作用。吸入刺激性的氨气、二氧化硫、烟及有毒的气体而引起；吸入花粉、霉菌孢子、有机尘埃等引起气管-支气管的过敏性炎症；液体或饲料的误咽或灌药误入气管，

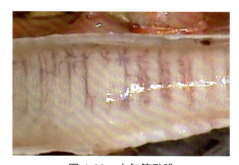

图4-69　支气管黏膜

都是原发性支气管炎的原因；也可继发于喉、气管、肺的疾病或某些传染病（口蹄疫、流行性感冒等）、细菌（巴氏杆菌、肺炎球菌、链球菌等）与寄生虫病（肺丝虫病、蛔虫病等）。

（2）**慢性支气管炎的病因**　通常由急性转变而来，由于致病因素未能及时消除，长期反复作用，或未能及时治疗，饲养管理不当及役使不当，均可使急性转变为慢性。老龄牛的呼吸道防御功能下降，喉头反射减弱，单核-巨噬细胞系统功能减弱，慢性支气管炎的发病率较高。维生素C、维生素A缺乏也易发生本病。也可由心脏瓣膜病、慢性肺脏疾病（如结核、肺丝虫病、肺气肿等）或肾炎等继发引起。

【临床症状】　根据病程可分为急性支气管炎和慢性支气管炎。

（1）**急性支气管炎**　主要症状是咳嗽。病初呈干、短并带疼痛的咳嗽，3~4天后变为

湿性长咳，痛感减轻。严重时为痉挛性咳嗽，在早晨尤为严重。有时咳出较多的黏液或黏液脓性的痰液，呈灰白色或黄色。同时鼻孔流浆液性鼻液，以后流黏液性或黏液脓性鼻液（图4-70）。胸部听诊，肺泡呼吸音增强，可听到干、湿性啰音。强而大的啰音是浅在性支气管炎，弱而远的啰音是深在性支气管炎，捻发音是毛细支气管炎。肺部叩诊没有明显变化。通过气管人工诱咳，可出现声音高朗的持续性咳嗽。体温一般正常，有时升高0.5~1℃，一般持续2~3天后下降，全身症状较轻。吸入异物引起的支气管炎，后期可发展为腐败性炎症，除上述症状外，呼出的气体带恶臭味，两侧鼻孔流污秽不洁和带臭味的鼻液（图4-71），听诊肺部还可出现支气管呼吸音或空瓮音。全身症状更为严重。

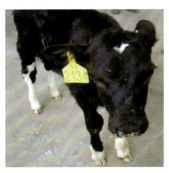 

图 4-70 病牛流出黏液脓性鼻液　　图 4-71 病牛鼻孔流出污秽不洁和带臭味的鼻液

（2）慢性支气管炎　主要症状为持续性咳嗽，咳嗽可拖延数月甚至数年，尤其在运动、采食及早晚气温降低时更为明显，而且多为剧烈的干咳。人工诱咳阳性。鼻液少而黏稠。胸部听诊，可长期听到干啰音，胸部叩诊一般无变化。病程长久，时轻时重，当气温骤变或剧烈运动时，症状加重。病牛长期食欲不振，日渐消瘦和贫血，严重的可衰竭而死亡。

【类症鉴别】

病　　名	与支气管炎的相似点	与支气管炎的不同点
喉炎	体温高（40℃），有时剧烈咳嗽、干咳、痛咳、有鼻液	急性病例，喉部有肿胀、热痛，捏喉部即咳
气管炎	咳嗽，听诊有啰音	手捏气管即现咳嗽反应，肺部听到的啰音在气管部也听到
支气管肺炎	体温高（40~41℃），咳嗽，有鼻液，听诊有啰音	体温较高，呈弛张热，肺音稍粗厉，病程延长、鼻分泌物较多时叩诊有浊音区，听不到呼吸音
牛肺丝线虫病	初干咳后湿咳，逐渐频繁，听诊肺有啰音，有鼻液	贫血，消瘦，从鼻液、粪便可检查出幼虫

【预防】　预防本病主要以防寒、防贼风，保持圈舍干燥清洁卫生，避免理化因素刺激为主。及时治疗感冒等疾病，提高黏膜防卫机能。

【临床用药指南】　以抗菌消炎、止咳祛痰和抗过敏为治则。

（1）首先要改善饲养水平，增强护理　将病牛置于温暖通风的圈舍内，饲以柔软易消化的草料，供给充足的清洁饮水，防止各种理化因素刺激，保护呼吸道防御机能，及时治疗。

（2）祛痰镇咳　当病牛频发咳嗽，分泌物黏稠不易咳出时，应用溶解性祛痰剂，如氯化铵 15~20 克、杏仁水 35 毫升、远志酊 30 毫升，加温水 500 毫升，1 次内服。病牛频发痛咳，分泌物不多时，可选用镇痛止咳剂，如复方樟脑酊 30~50 毫升，1 次内服，每天 1~2 次。当病牛呼吸困难时，可用氨茶碱 1~2 克，1 次肌内注射，每天 2 次。

（3）**消除炎症和控制感染** 可用抗生素或磺胺类药物。如用青霉素、链霉素，肌内注射，每天 2 次，连用 2~3 天；也可用 10%磺胺嘧啶钠溶液 100~150 毫升，肌内或静脉注射。或者用青霉素 100 万单位、链霉素 100 万单位，溶于 1%普鲁卡因溶液 15~20 毫升，直接向气管内注射，每天 1 次，连用 3~5 次，有良好效果。病情严重者可用四环素，剂量为每千克体重 5~10 毫克，溶于 5%葡萄糖溶液或生理盐水中静脉注射，每天 2 次，连用 2~3 天。还可用红霉素、氧氟沙星、环丙沙星、卡那霉素、丁胺卡那霉素（阿米卡星）、氟苯尼考、先锋霉素等抗生素。

（4）**抗过敏** 在使用祛痰止咳药的同时，可以少量使用地塞米松，每次 5~10 毫克，每天 1 次，以抑制变态反应；还可选用扑尔敏（氯苯那敏）、苯海拉明等药物。

（5）**补液强心** 补液时可选用 5%葡萄糖溶液或复方氯化钠注射液，强心时可用 15%苯甲酸钠咖啡因（安钠咖）注射液。

（6）**中药治疗**

1）外感风寒者（咳嗽，怕冷，无汗，鼻流清涕，口色青白，舌苔薄白，脉浮紧）可用紫苏散（紫苏、荆芥、防风、陈皮、茯苓、桔梗各 25 克，姜半夏 20 克，麻黄、甘草各 15 克，共为末），生姜 30 克，大枣 10 枚为引，1 次开水冲调，候温灌服。

2）外感风热者（咳嗽，鼻流黄涕，咽喉肿痛，耳鼻温热，身热，口干贪饮，口色偏红，舌苔薄白或黄白相间，脉浮数）可用桑菊银翘散（桑叶、杏仁、桔梗、薄荷各 25 克，菊花、银花、连翘各 30 克，生姜 20 克，甘草 15 克，共为末），1 次开水冲调，候温灌服。

3）咳嗽严重者（干咳无痰，咳而不爽，被毛焦枯，唇焦鼻燥，口色红而干，苔薄黄少津，脉浮细而数）可用杷叶散（枇杷叶、贝母各 15 克，知母、沙参、杏仁、冬花、远志各 30 克，瓜蒌 1 个，桔梗 60 克，百部、桑白皮各 25 克，黄药子、白药子各 20 克共为末），开水冲，加蜂蜜 120 毫升，候温灌服。

4）白毛夏枯草、一枝黄花各 200 克，水煎灌服（适用于急性、慢性支气管炎）。

5）鼠耳草 200 克，苏子、莱菔子各 75 克，水煎灌服（适用于慢性支气管炎）。

十、肺炎

肺炎是指肺组织发生炎症的总称，其中包括小叶性肺炎（又称支气管肺炎或卡他性肺炎）、大叶性肺炎（又称格鲁布性肺炎或纤维素性肺炎）、真菌性肺炎、吸入性肺炎（又称异物性肺炎或坏疽性肺炎）。临床上主要以小叶性肺炎多发。小叶性肺炎是支气管与肺小叶或肺小叶群同时发生的炎症，通常于肺泡内充满由上皮细胞、血浆与白细胞组成的卡他性炎症渗出物，临床上以出现弛张热型，呼吸次数增多，叩诊有散在的局限性浊音区和听诊有捻发音为特征。

【发病原因】 引起肺炎的原因比较复杂，且也是多因素的。主要是感冒受寒，饲养管理失调，物理化学因素的刺激，过劳等因素，使动物机体生理防御功能降低，致使侵入呼吸道的微生物，如链球菌、肺炎球菌等表现出致病作用而发病。但大多数情况下，支气管肺炎是一种继发性疾病，如继发于巴氏杆菌病、肺丝虫病、衣原体病等。另外，还可继发于一些化脓性疾病，如子宫内膜炎、乳腺炎等，其病原菌可以通过血源性途径进入肺脏而致病。本病全年均可发生，以冬末春初、气候多变的季节比较多发。

【临床症状】 初期呈支气管炎的症状，但全身症状重剧，精神沉郁，食欲减退或废绝，口渴增剧，瘤胃蠕动减弱呈现前胃弛缓，泌乳减少。体温高达 39.5~41℃，弛张热型，脉搏随着体温变化而改变。两侧鼻孔流出浆液性、黏液脓性分泌物，咳嗽，呼吸困难（图 4-72），发炎的小叶数目越多，则呼吸越浅速，也越困难，呼吸频率可增至 40~100 次 / 分钟。胸部听诊，病灶部位初期肺泡音减弱，可听到捻发音，以后可听到干性或湿性啰音。胸部叩诊，肺炎灶浅在时可发现小片浊音区，多在肺脏的前下方三角区内，深在而被覆有健康肺组织时，可能无变化，或出现鼓音；若肺炎灶互相融合，则可能出现大片浊音区。若一侧肺脏发炎，则对侧叩诊音高朗。血液变化较明显，白细胞总数和中性白细胞增多，并伴有核左移现象。X 射线检查，先是肺纹理增重，伴有小片状模糊阴影。

【病理剖检变化】 小叶性肺炎主要发生于尖叶、心叶和膈叶前下部，病变为一侧性或两侧性（图 4-73）。发炎的肺小叶肿大、呈灰红色或灰黄色，切面出现许多散在的实质病灶，大小不一，多数直径在 1 厘米左右，形状不规则（图 4-74），支气管内能挤压出黏液性或黏液脓性渗出物，支气管黏膜充血、肿胀。严重者病灶互相融合，可波及整个大叶，形成融合性小叶性肺炎（图 4-75）。

图 4-72 病牛呼吸困难

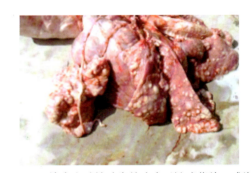

图 4-73 犊牛小叶性肺炎的病变（链球菌单一感染）

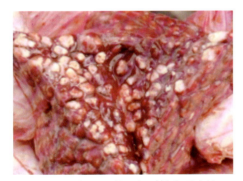

图 4-74 切面形状不规则的实质病灶

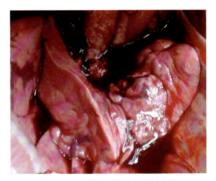

图 4-75 融合性小叶性肺炎

【类症鉴别】

病　　名	与肺炎的相似点	与肺炎的不同点
支气管炎	体温高（39.5~41℃），咳嗽，流鼻液，肺部听诊有干啰音、湿啰音，呼吸急促	不发高热，有剧烈咳嗽，鼻液呈灰白色或带黄色，咳嗽时流出量增多，X 射线检查肺纹理较粗但无炎性病灶

(续)

病　名	与肺炎的相似点	与肺炎的不同点
胸膜肺炎	体温高（40~42℃），咳嗽、呼吸急促、困难。肺部听诊有啰音	有传染性，肋部可听到摩擦音，叩诊有大面积浊音区，且叩诊有疼痛
牛流行热	体温高（40℃以上），呼吸急促，听诊肺音粗厉，流鼻液	有传染性，发现1头很快传染全群。眼结膜充血、肿胀，四肢关节疼痛、跛行
牛肺疫（牛传染性胸膜肺炎）	体温高（40~42℃）而稽留，流鼻液，咳嗽	有传染性，呼吸有吭声，胸部叩诊有疼痛，不愿卧下，垂皮、胸前浮肿，胸部听诊有摩擦音，便秘与下痢交替进行
牛巴氏杆菌病	体温高（40~42℃），呼吸急促、困难、咳嗽，流鼻液	有传染性，叩诊胸部有疼痛和浊音，不愿卧下，咽喉型喉部肿胀、热痛，流涎，流泪，皮肤黏膜发绀，舌伸于口外，头颈伸直
牛副流感	体温高（41℃），呼吸急促，咳嗽，肺部（尤其是前下部）听诊有啰音	有传染性，有脓性结膜炎，流泪多，有的腹泻，有的腿软弱
牛肺丝虫病	咳嗽，流鼻液，听诊有啰音	体温不高，贫血，消瘦。从鼻液、粪便可检查出幼虫

【预防】应加强饲养管理，避免淋雨受寒、过度劳役等诱发因素。供给全价的日粮，健全免疫接种制度，减少应激因素的刺激，增强机体的抗病能力。

【临床用药指南】治疗原则是抑菌消炎，祛痰止咳，制止渗出，对症治疗，同时清除病因，加强护理。

（1）**抑菌消炎**　临床上主要应用抗生素和磺胺类制剂，治疗最好采取鼻液做细菌药敏试验，若为肺炎链球菌、链球菌感染，青霉素和链霉素联合应用最好；若为肺炎球菌感染，可用链霉素、卡那霉素、土霉素；若为绿脓杆菌感染，可使用庆大霉素和多黏菌素。

（2）**祛痰止咳**　常用氯化铵、碳酸氢钠，混合后灌服。频发痛咳、分泌物不多时，可内服复方樟脑酊镇痛止咳；还可用复方甘草合剂或远志酊等。以上药物按照说明书的要求使用。

（3）**制止渗出**　静脉注射10%氯化钙溶液或10%葡萄糖酸钙具有较好的效果。

（4）**对症治疗**　体温升高时，可肌内注射安乃近注射液等；体质衰弱时，可静脉注射25%葡萄糖溶液等；心脏衰弱时，可肌内注射10%安钠咖溶液等。

（5）**中药治疗**　①至③，治疗小叶性肺炎；④至⑧，治疗大叶性肺炎。

① 麻黄15克，金银花、连翘各30克，知母、麦门冬、玄参、天花粉、黄芩、生地黄各25克，桔梗20克，杏仁8克，生石膏90克研末，蜂蜜适量为引，水煎灌服，每天1剂，连用3~5天。

② 生石膏180克，麻黄、杏仁、金银花、黄芩、板蓝根各60克，连翘、甘草各45克，水煎2次，混合煎液分2次灌服。可配合青霉素400万~640万单位、链霉素4克，肌内注射，每天2次，连用5~10天。

③ 石膏120克，大枣、麻黄、杏仁各60克，葶苈子45克，甘草40克，水煎2次，混合煎液后分2次灌服。

④ 金银花、大青叶、前胡、芦根各60克，连翘、薄荷、杏仁、桑白皮、玄参、甘草各45克，桔梗30克，共研为细末，沸水冲调，候温灌服。

⑤ 石膏150克，杏仁、黄芩、桑白皮、紫苏叶各50克，麻黄、甘草、桔梗、麦门冬、沙参、五味子各30克，共研为末，沸水冲调，候温1次灌服。

⑥ 生石膏180克，淡竹叶、水牛角各60克，连翘、生地黄、玄参、牡丹皮各45克，桔梗40克，栀子、黄芩、赤芍、知母各30克，黄连、甘草各24克，水煎，1次灌服。

⑦ 石膏120克，淡竹叶90克，地骨皮、石斛、川贝母、瓜蒌各45克，太子参30克，麦门冬、桑白皮各12克，共研为细末，沸水冲调，候温1次灌服。

⑧ 麻黄、甘草、木通各24克，杏仁、大青叶、金银花、瓜蒌仁各30克，石膏90克，芦根、白茅根各60克，黄芩45克，水煎取汁，候温灌服。

十一、牛弓形虫病

弓形虫病，又称"弓形体病""弓浆虫病"，是由龚地弓形虫引起的人和多种温血脊椎动物共患寄生虫病，呈世界性分布。虫体寄生于宿主的多种有核细胞中，对不同宿主造成不同形式和不同程度的危害，可引发感染动物的急性发病甚至死亡，或导致流产、弱胎、死胎等繁殖障碍，或成为无症状的病原携带者；弓形虫感染人不仅会引起生殖障碍，还可引起脑炎和眼炎。牛弓形虫病多呈隐性感染，显性感染的临床特征是高热、呼吸困难、中枢神经机能障碍、早产和流产。

【流行特点】 弓形虫的全部发育过程需要2个宿主，在终末宿主肠上皮细胞内进行球虫型发育，在各种中间宿主的有核细胞内进行肠外期发育。猫及猫科动物是弓形虫的终末宿主，其他脊椎动物（家养动物、野生动物和海洋哺乳动物）和人均为中间宿主。本病主要危害中间宿主。

（1）**传染源** 各种动物感染弓形虫后都是弓形虫病重要的传染源，病畜和带虫动物的血液、肉、乳汁、内脏、分泌液，以及流产胎儿、胎盘及羊水中均有大量弓形虫存在，如果外界条件有利则成为其他动物和人的传播来源；猫粪便中的卵囊污染饲料、饮水或食具，是人、畜感染的另一重要来源。

（2）**传播途径** 一般情况下经口感染。滋养体还可通过黏膜、皮肤侵入中间宿主体内。妊娠动物和人体内的弓形虫可以通过胎盘将其体内虫体传给胎儿。输血和脏器移植也可传播本病。食粪甲虫、蟑螂、蝇和蚯蚓可能机械性地传播卵囊。吸血昆虫和蜱等有可能传播本病。

（3）**易感动物** 已经发现200多种温血动物和人能够感染弓形虫，包括猫、猪、牛、羊、马、犬、兔、骆驼、鸡等畜禽和猩猩、狼、狐狸、野猪、熊等野生动物，是弓形虫的中间宿主；猫科动物是其终末宿主。

（4）**流行现状** 弓形虫病呈世界性分布，温暖潮湿地区人群感染率较寒冷干燥地区高。弓形虫病严重影响畜牧业发展，对猪和羊的危害最大。我国猪弓形虫病发病率可高达60%以上；羊血清抗体阳性率在5%~30%；其他多种动物（牛、犬、猫及多种野生动物等）都有不同程度的感染。

【临床症状】 病牛多呈急性发作，体温升高到40℃以上，呼吸困难，结膜充血，运动失调，精神极度兴奋，然后转入昏迷状态，常便血（图4-76）。妊娠牛流产，多为死胎（图4-77），有的生下后很快死亡，有的呈现发热、呼吸困难、咳嗽、流鼻涕（图4-78），以及阵发性痉挛、磨牙、头颈震颤等神经症状，常在2~6天内死亡。

【病理剖检变化】 病死牛皮下血管怒张，颈部皮下水肿，结膜发绀；鼻腔、气管黏膜点状出血（图4-79）；肺水肿，有灰白色坏死灶，肺间质增宽（图4-80），切面流出大量带泡沫的液体（图4-81）；肝脏、脾脏肿大，淋巴结肿大，切面有坏死灶；皱胃和小肠黏膜出血（图4-82和图4-83），淋巴滤泡肿大、坏死。

图 4-76　病牛粪便带血

图 4-77　妊娠牛流产出的死胎

图 4-78　病牛咳嗽、流鼻涕

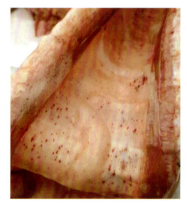
图 4-79　气管黏膜点状出血

图 4-80　肺水肿，有灰白色坏死灶，肺间质增宽

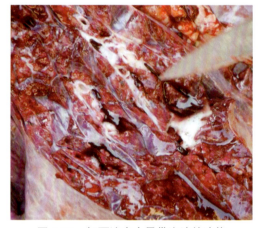
图 4-81　切面流出大量带泡沫的液体

【类症鉴别】

病　名	与牛弓形虫病的相似点	与牛弓形虫病的不同点
犊牛肺炎	体温高（40~41℃），呼吸急促，咳嗽（病久），流鼻液	无传染性，多发生于1~15日龄，胸部听诊有啰音，头不震颤
支气管炎	体温升高，咳嗽，流鼻液	无传染性，急性初干咳后湿咳，慢性吸入冷空气时咳嗽加剧，头不震颤

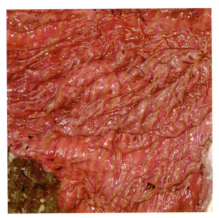
图 4-82　皱胃黏膜出血

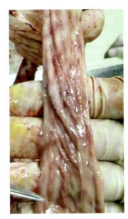
图 4-83　小肠黏膜出血

【预防】 预防重于治疗。具体措施如下：①牛舍应保持清洁，定期消毒；②严格控制猫及其排泄物对牛舍、饲料和饮水等的污染；③扑灭牛舍内外的鼠类；④对死于本病或可疑的牛尸，要进行严格处理，防止污染环境或被猫及其他动物吞食；⑤动物流产的胎儿及其一切排泄物，包括流产现场均须严格处置，不准用上述物品饲喂猫及其他肉食动物；⑥已发生弓形虫病的牛场，可在饲料中添加 0.01% 磺胺间甲氧嘧啶和 0.05% 磺胺嘧啶进行全群预防，每天饲喂 1 次，连续 7 天；⑦已发生过弓形虫病的牛场，应定期进行血清学检查，及时检出隐性感染牛，并进行严格防控，隔离饲养，积极治疗。

【临床用药指南】 治疗本病普遍采用磺胺类药物。磺胺类药物对急性弓形虫病有很好的治疗效果，与抗菌增效剂（甲氧苄啶）联合使用的疗效更好。但应注意在发病初期及时用药，如用药晚，虽可使临床症状消失，但不能抑制虫体进入组织形成的包囊，磺胺类药物也不能杀死包囊内的慢殖子。使用磺胺类药物时首次剂量加倍，与抗菌增效剂（甲氧苄啶）联合使用效果更好，一般需要连用 3~4 天。

(1) **可选用下列磺胺类药物**

1) 磺胺嘧啶 + 甲氧苄啶或二甲氧苄啶。磺胺嘧啶按每千克体重 70 毫克，甲氧苄啶或二甲氧苄啶按每千克体重 14 毫克，每天 2 次，口服，连用 3~4 天。

2) 磺胺嘧啶也可与乙胺嘧啶（剂量为每千克体重 6 毫克）合用。

3) 12% 复方磺胺甲氧吡嗪注射液 + 甲氧苄胺嘧啶，按 5∶1 比例配合，按每千克体重 50~60 毫克，每天肌内注射 1 次，连用 4 天。

4) 磺胺甲氧吡嗪 + 甲氧苄胺嘧啶。磺胺甲氧吡嗪按每千克体重 30 毫克，甲氧苄胺嘧啶按每千克体重 10 毫克，混合后 1 次口服，每天 1 次，连用 3 天。

5) 磺胺六甲氧嘧啶，每千克体重 60~100 毫克，口服，或配合甲氧苄胺嘧啶（剂量为每千克体重 14 毫克）口服，每天 1 次，连用 4 天。

(2) **其他药物**　氯苯胍，按每千克体重 10~15 毫克，1 次口服，每天 2 次，连用 3~5 天。也可使用氯林可霉素（克林霉素）或螺旋霉素等。

(3) **中药**　常山 30 克、槟榔 35 克、柴胡 40 克、麻黄 25 克、桔梗 45 克、甘草 30 克，水煎取汁，1 次灌服，每天 1 剂，连用 3 剂。

第五章　黄疸疾病的鉴别诊断与防治

第一节　黄疸疾病概述及发生的因素

一、概述

黄疸是由血清胆红素含量升高所致皮肤、黏膜发黄的一种临床症状。胆红素代谢包括胆红素生成，肝细胞摄取、结合和排泌，以及肠肝循环和由粪尿排出几个环节。正常情况下，进入血中的胆红素量和胆红素从血中清除的量处于动态平衡状态。当胆红素代谢的某一个或某几个环节发生障碍时，可因生成过多，清除障碍或反流入血而形成高胆红素血症，以致出现黄疸。临床上表现为巩膜、黏膜、皮肤及其他组织被染成黄色。因巩膜含有较多的弹性蛋白，与胆红素有较强的亲和力，故黄疸病患部动物巩膜黄染先于黏膜、皮肤而首先被察觉。

二、疾病发生的因素

通常将黄疸分为以下3类。

（1）溶血性黄疸　因红细胞被大量破坏，网状内皮系统产生的胆红素过多，超过肝细胞的处理能力，引起血中未结合胆红素浓度异常增高，称为溶血性黄疸或肝前性黄疸。常见于溶血性链球菌病、溶血性梭菌病、A型产气荚膜杆菌病、钩端螺旋体病、附红细胞体病等病原体感染，血孢子虫病、牛巴贝斯虫病等寄生虫感染，新生仔畜溶血病、不相合血输注等同族免疫性抗原抗体反应，吩噻嗪类、美蓝、醋氨酚（对乙酰氨基酚）、铅、铜、萘、皂素等化学毒；牛产后血红蛋白尿病。

（2）肝细胞性黄疸　因肝细胞功能障碍，对胆红素的摄取、结合及排泄能力下降所引起的高胆红素血症，称为肝细胞性黄疸或肝原性黄疸。见于中毒性肝病，如磷、砷、锑、硒、铜、钼、四氯化碳、六氯乙烷、棉酚、煤酚、氯仿等化学毒素中毒，千里光、猪屎豆、羽扇豆、杂三叶、天芥菜等有毒植物中毒，黄曲霉、红青霉、杂色曲霉、构巢曲霉、黑团孢霉等真菌毒素中毒；感染性肝病，如沙门菌病、钩端螺旋体病等；寄生虫性肝病，如肝片吸虫病、血吸虫病、血孢子虫病、弓形虫病等；肝脏肿瘤、肝脏变性性疾病、充血性肝病等。

（3）阻塞性黄疸　由于输胆管内胆汁外流受阻（肝内或肝外），胆红素返流入血，使胆红素含量增加而发生的黄疸，称为阻塞性黄疸或肝后性黄疸。可见于胆管结石、胆管受压或狭窄，如肝脏肿瘤、十二指肠炎；胆管寄生虫，如肝片吸虫、蛔虫等；胰腺疾病，如胰腺炎、胰腺肿瘤等。

第二节 黄疸疾病的症状临床特征及鉴别诊断思路

一、症状临床特征

(1) **溶血性黄疸的临床特征** 起病快速或缓慢，可视黏膜苍白、黄染，出现血红蛋白尿症或血红蛋白血症，体温正常或升高，病程较急或缓长。血浆或血清中间胆红素大量增加，尿中没有胆红素，粪、尿中尿胆原增加。

(2) **肝细胞性黄疸的临床特征** 消化障碍，肝区触痛，肝功能异常，神经症状，光敏感性皮炎。血浆或血清中直接胆红素和间接胆红素含量增加，血、尿中尿胆原含量增加，粪中尿胆原含量减少。

(3) **阻塞性黄疸的临床特征** 常有腹痛表现，或见皮肤瘙痒、心动徐缓。血浆或血清直接胆红素含量增加，尿中胆红素阳性反应，粪中无尿胆原，尿中尿胆原也减少，粪便呈灰黄色或白陶土色。

二、鉴别诊断思路

临床上主要应检查眼结膜和巩膜，在确定黄疸的基础上根据各类黄疸的临床特征，结合血液生化、尿液检查等辅助检查，确定黄疸的病因和性质，确定原发病。3 种黄疸的实验室检查区别见表 5-1。

表 5-1 3 种黄疸的实验室检查区别

项目	溶血性黄疸	肝细胞性黄疸	阻塞性黄疸
总胆红素	增加	增加	增加
结合胆红素	正常	增加	明显增加
尿胆红素	−	+	++
尿胆原	增加	轻度增加	减少或消失
ALT、AST	正常	明显增高	可增加
ALT	正常	增高	明显增高
γ-GT	正常	增高	明显增高
胆固醇	正常	轻度增加或降低	明显增加
血清白蛋白	正常	降低	正常
血清球蛋白	正常	升高	正常

(1) **溶血性黄疸的鉴别诊断思路** 对起病快速，可视黏膜苍白黄染，且排血红蛋白尿或溶血性蛋白血症的，应考虑急性溶血性黄疸；其体温正常的，要怀疑某些能引起急剧溶血的传染病和血液寄生虫病；其体温低下或正常的，可怀疑溶血性毒物、同族免疫抗原抗体反应或物理因素所致。对病程长，可视黏膜逐渐苍白的黄染，但不显血红蛋白尿症或血红蛋白血症的，应怀疑慢性溶血性疾病，如自体免疫性溶血性贫血、附红细胞体病等。

（2）肝细胞性黄疸的鉴别诊断思路　对伴有充血性心力衰竭体征的，应怀疑充血性肝病引起的黄疸；对体温升高的，应怀疑感染性和寄生虫性肝病引起的黄疸；对体温正常或低下的，应考虑中毒性肝病引起的黄疸。

（3）阻塞性黄疸的鉴别诊断思路　患有阻塞性黄疸的，应进一步弄清是胆结石、蛔虫等所致的胆管内阻塞，或者胆管炎、胆管癌、胆管狭窄、先天性胆管闭锁等所致的胆管壁阻塞，还是胰头癌、肝癌、慢性胰腺炎、胆总管周围有粘连物等邻近器官疾病所致的胆管外阻塞。

第三节　常见疾病的鉴别诊断与防治

一、钩端螺旋体病

钩端螺旋体病，简称"钩体病"，是由致病性钩端螺旋体（简称"钩体"）（图 5-1 和图 5-2）引起的一种人兽共患和自然疫源性传染病，动物多为隐性感染，有时可表现复杂多样的临床症状，如发热、黄疸、血红蛋白尿、出血性素质、皮肤黏膜坏死、水肿及妊娠动物流产等。

图 5-1　钩端螺旋体的形态（负染，×19200）

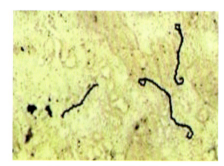

图 5-2　钩端螺旋体的形状

【流行特点】

（1）**易感动物**　几乎所有恒温动物都可感染钩端螺旋体，以幼龄动物发病为多。畜禽以牛、猪和鸭的感染率较高，鼠类是最重要的贮存宿主。

（2）**传染源**　患病动物和带毒动物为传染源，其中牛、猪及鼠类等动物是主要传染源。

（3）**传播途径**　病原通过各种途径特别是尿液排出，污染水源、土壤、圈舍、饲料及用具等，使人和家畜感染。本病通过直接或间接接触方式传播，主要通过损伤的皮肤、黏膜和消化道感染，也可通过交配、人工授精和菌血症期间吸血昆虫的叮咬而传播。此外，还可经胎盘感染。

（4）**流行季节**　本病主要分布于气候温暖、多雨的热带和亚热带地区。发病有明显季节性，我国南方多见于 6~10 月，北方多见于 7~10 月。本病的发生与流行与饲养管理有直接关系，饥饿、饲养不合理或其他疾病使机体衰弱时，原为隐性感染的牛则表现出临床症状，甚至死亡。管理不善，牛舍、运动场的粪尿、污水未及时清理等常常成为本病暴发的重要因素。

【临床症状】　潜伏期 2~20 天。牛感染本病后一般呈隐性经过。少数病例可表现出急性或亚急性症状。急性型多见于犊牛，通常呈流行性或散发性发生。病牛突然高热稽留，达40℃以上，精神沉郁，有黄疸，排蛋白尿甚至血尿和贫血，并常见有皮肤干裂、坏死和溃疡的变化（图5-3）。采食、反刍停止，红细胞骤减100万~200万/厘米^3，常于1天内窒息死亡。有的病牛出现呼吸困难、腹泻、结膜炎及脑膜炎，后期表现为嗜睡与尿毒症，常于3~7天内死亡，死亡率为5%~15%。妊娠母牛感染出现流产或"弱犊综合征"（图5-4），尤其是青年母牛多发。某些牛群发生本病的唯一症状就是流产。亚急性型感染常见于奶牛，主要表现为体温升高，食欲减退，黏膜黄染，产奶量迅速下降或停止，乳汁黏稠呈初乳状、色黄并且含有血凝块，病牛很少死亡，有的出现神经症状，经6~8周产奶量可能逐渐恢复。某些牛群感染时，主要表现为"产奶下降综合征"，有时则表现为繁殖失败或不育。

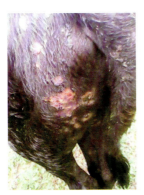

图5-3　病牛皮肤干裂、坏死和溃疡　　图5-4　新生早产犊牛表现"弱犊综合征"

【病理剖检变化】　病变以黄疸、出血、严重贫血为特征。唇、齿龈、舌面、鼻镜、耳颈部、腋下、外生殖器的黏膜和皮肤发生局灶性坏死与溃疡（图5-5）。可视黏膜、皮下组织及浆膜明显黄染（图5-6）。皮下、肌间、胸腹下、肾周围组织发生弥漫性胶冻样水肿与散在性点状出血（图5-7）。体腔及心包腔内有过量的黄色或含胆红素的液体（图5-8）。肺苍白、水肿、膨大。心肌柔软，呈浅红色，心外膜常见点状出血（图5-9），血液凝固不良。肝脏肿大、质脆，呈黄棕色（图5-10），被膜下偶见点状出血。肾脏肿大，被膜易剥离，质地柔软，表面有不均匀的充血与点状出血（图5-11）。膀胱积有深黄色或红色混浊的尿液（5-12）。全身淋巴结肿大、出血。

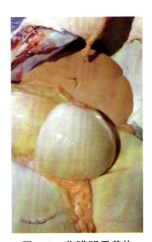

图5-5　皮肤发生局灶性坏死与溃疡　　图5-6　浆膜明显黄染

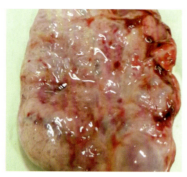

图 5-7 肾周围组织发生弥漫性胶冻样水肿与散在性点状出血

图 5-8 心包腔内有过量的黄色液体

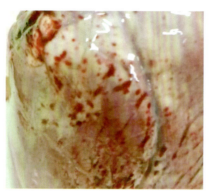

图 5-9 心外膜常见点状出血

图 5-10 肝脏肿大、质脆，呈黄棕色

图 5-11 肾脏肿大，被膜易剥离，质地柔软，表面有不均匀的充血与点状出血

图 5-12 膀胱积有深黄色混浊的尿液

【类症鉴别】

病　　名	与钩端螺旋体病的相似点	与钩端螺旋体病的不同点
牛焦虫病	有传染性，体温高（40℃以上），贫血、黄疸、下痢、血尿	没有皮肤干裂、坏死和溃疡的变化，血液涂片检出虫体
附红细胞体病	有传染性，体温高（40~42℃），贫血、黄疸、下痢、血尿	没有皮肤干裂、坏死和溃疡的变化，血液涂片或压片检出附红细胞体

【预防】 预防本病应搞好综合性防疫措施，包括及时消除传染源和防止环境污染、加强饲养管理、药物预防及免疫接种等。具体措施如下：

（1）及时消除传染源和防止环境污染　开展群众性捕鼠、灭鼠工作，防止饲料和水源被污染，及时清理淤泥，排除污水，被污染的水用漂白粉消毒（按每立方米加入含25%有效氯的漂白粉8克计算），污染的牛舍、用具和环境用5%漂白粉溶液、2%氢氧化钠溶液、3%来苏儿溶液等消毒，以防止传染和散播。

（2）**加强饲养管理** 提高牛的特异性和非特异性抵抗力。

（3）**药物预防** 可用链霉素、土霉素、四环素等抗生素。

（4）**免疫接种** 可用钩端螺旋体多价苗，用法：1岁以下3~5毫升，1岁以上10毫升，1次皮下注射，第一年注射2次，间隔7天，第二年注射1次。

【临床用药指南】

（1）**血清治疗** 可用钩端螺旋体高免血清，犊牛20~40毫升，成年牛80~120毫升，1次皮下注射。

（2）**抗生素治疗**

1）硫酸链霉素粉针，按每千克体重15毫克，用注射用水稀释，肌内注射，每天2次，连用3~5天。

2）注射用盐酸四环素3~4克、5%葡萄糖生理盐水2000毫升，1次静脉注射，每天1次，连用2~3天。

3）土霉素注射液，按每千克体重15~30毫克，肌内注射，每天1次，连用3~5天。

4）阿莫西林粉针，按每千克体重10~15毫克，用注射用水稀释，肌内注射，每天2次，连用3~5天。

（3）**对症治疗** 5%葡萄糖生理盐水500~1500毫升、10%维生素C注射液10~30毫升、10%安钠咖注射液10~30毫升，静脉注射，每天1~2次，连用3~5天。

二、附红细胞体病

附红细胞体病，简称"附红体病"，是由附红细胞体（图5-13）引起的一种人兽共患传染病。其临床特征是呈现急性黄疸性贫血、体温升高、下痢、消瘦。

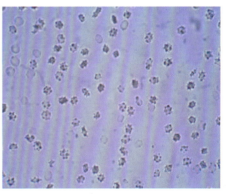

图5-13 附红细胞体附着于红细胞的表面

【流行特点】

（1）**易感动物** 牛附红细胞体可感染牛及瘤牛，对绵羊、山羊、鹿不感染。出生犊牛、年老牛都能感染，无年龄区别。

（2）**传染源** 患有附红细胞体病的牛。

（3）**传播途径** 目前认为有吸血动物传播（自然感染的媒介有蚊、蠓、蜱等）和子宫内感染（即垂直传播）2种。也可通过污染的针头、手术器械和交配传播。

（4）**流行季节** 发病以6~9月即夏、秋季流行，呈明显季节性。

（5）**诱因** 饲养管理粗放，牛舍卫生不良，运动场低洼而污水潴留，粪尿不及时清扫而存留，圈舍堆放杂物、牧草、粪池、积水坑、下水道等不封盖，杂草丛生，饲料品质低劣，营养缺乏，饮水不足，天气潮湿等，均是本病发生的诱因。

【临床症状】病初牛食欲不振，异食沙石、土块（图5-14），喜喝水，随之精神沉郁，食欲剧减至废绝，反刍减少至停止；体温升高达40~42℃，呼吸增数至60次/分钟，脉搏数增至100~120次/分钟；腹泻，粪便恶臭（图5-15）；四肢无力，走路摇摆，出汗；可视黏膜、乳房及阴户黏膜黄染（图5-16）；妊娠牛可流产；严重者卧地不起，排出红褐色尿，流涎，流泪，全身肌肉震颤，黄疸严重，热骤退后死亡。

【病理剖检变化】剖检变化主要是尸体消瘦，可视黏膜苍白（图5-17）；血液稀薄，凝固不良；在皮下、浆膜下、全身脏器有点状出血；胸腔积液，腹水增多；腹膜、网膜黄染（图5-18）；肝脏肿大、质软、呈黄色（图5-19）；胆囊肿大，胆汁浓稠呈胶冻样；脾脏肿大、质软；肾脏肿大，皮质出血，呈土黄色（图5-20）；心冠状沟脂肪黄染（图5-21），心内外膜有小点状出血（图5-22）；脑出血；肺炎和肺水肿。

图5-14 病初牛异食沙石、土块

图5-15 病牛腹泻，粪便恶臭

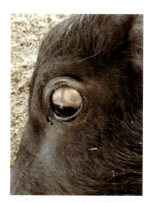

图5-16 病牛结膜黄染

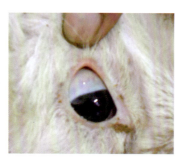

图5-17 眼结膜苍白

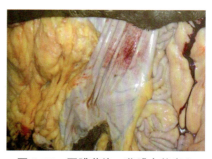

图5-18 网膜黄染，浆膜点状出血

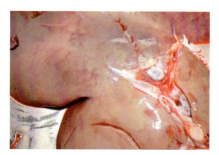

图5-19 肝脏肿大、质软、呈黄色

图5-20 肾脏肿大，皮质出血，呈土黄色

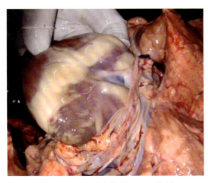
图 5-21　心冠状沟脂肪黄染

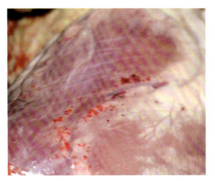
图 5-22　心外膜有小点状出血

【类症鉴别】

病　　名	与附红细胞体病的相似点	与附红细胞体病的不同点
钩端螺旋体病	有传染性，体温高（40~42℃），贫血，黄疸，下痢，血尿	皮肤有干裂、坏死和溃疡的变化，血液镜检可见钩端螺旋体
牛焦虫病	有传染性，体温高（40℃以上），贫血，黄疸，下痢，血尿	血液涂片检出虫体

【预防】

（1）**以杀灭媒介来预防**　根据蜱的生活习性进行杀灭，在发病季节，加强消灭蚊、蝇、蜱等吸血动物，阻断传播媒介。在夏初，牛场内可采用1%~2%敌百虫溶液、0.12%蝇毒磷、0.15%敌杀磷、0.5%马拉硫磷或0.5%毒杀芬等喷洒牛圈及牛体表。

（2）**药物预防**　发病牛场，每年在发病季节前（5月），用贝尼尔（三氮脒），按每千克体重3~7毫克，以生理盐水配成5%~7%的溶液，分点深部肌内注射，隔10~15天再注射1次，有较好的预防效果。或用新砷凡纳明（914）、四环素、土霉素等注射，可阻止病原体的感染。

【临床用药指南】　对病牛应隔离饲养、精心护理。治疗原则是阻止病原体在体内增殖和感染。可采用全身治疗和对症治疗。

（1）**全身治疗**

1）贝尼尔（三氮脒），按每千克体重3~7毫克，以生理盐水配成5%~7%的溶液，分点于深部肌内注射，每天1次，连用2次。

2）新砷凡纳明（914），剂量按每千克体重10毫克，直接溶于生理盐水或5%葡萄糖溶液中，制成5%~10%注射液，1次静脉注射，用药后15天，附红细胞体从血液中消失。

3）四环素，每天剂量按每千克体重7~15毫克，溶于5%葡萄糖生理盐水中制成0.5%以下的注射液，每天分1~2次静脉注射，连续注射3~5天。

4）另外，土霉素、磺胺类药物等对本病也有效。

（2）**对症治疗**　治疗中，应注意病牛全身状况，对病情重剧、体质衰弱者，应及时采用静脉注射葡萄糖液、维生素C、维生素K等支持疗法，以增强机体抗病力，促进病牛康复。

三、焦虫病

焦虫病，又被称作"梨形虫病"，是由巴贝斯科和泰勒科的多种梨形虫寄生在红细胞内所引起的一种血液原虫病。牛焦虫病病原在我国常见的有两种：一种是巴贝斯虫，引起牛巴贝斯虫病，我国牛的巴贝斯虫病多见；另一种是泰勒虫，引起牛泰勒虫病。

【流行特点】

（1）**易感动物** 巴贝斯虫病呈世界性分布。牛双芽巴贝斯虫病在我国分布较广，已有14个省区报道，主要流行于南方各省及四川、青海、西藏等地；牛巴贝斯虫感染发现于贵州、安徽、湖北、湖南、河南及陕西等省；卵形巴贝斯虫曾见于河南等地。环形泰勒虫病在世界上许多国家都有分布，在我国内蒙古、山西、河北、宁夏、陕西、甘肃、新疆、河南、山东、黑龙江、吉林、辽宁、广东、湖北、重庆、西藏都曾有过本病的报道。

（2）**传染源** 患焦虫病的病牛。

（3）**传播途径** 微小牛蜱为我国双芽巴贝斯虫和牛巴贝斯虫的传播者，两种虫体常混合感染。卵形巴贝斯虫的传播媒介为长角血蜱，故该虫常与牛瑟氏泰勒虫混合感染。巴贝斯虫病多发生在放牧时期。一般2岁以内的犊牛发病率高，但症状轻微，死亡率低；成年牛发病率低，但症状较重，死亡率高。当地牛对本病有抵抗力，良种牛和由外地引入的牛易感性较高。环形泰勒虫病在我国的传播者主要是残缘璃眼蜱，另一种是小亚璃眼蜱，报道仅见于新疆南部。环形泰勒虫病主要在舍饲条件下发生传播。1~3岁的牛易发病；外地牛、土种牛易感且发病严重。

（4）**流行季节** 环形泰勒虫病在我国内蒙古地区的流行季节是6月开始，7月达高峰，8月逐渐平息。耐过的牛成为带虫者，带虫免疫可达2.5~6年，但在抵抗力下降（饲养管理不良、使役过度、感染其他疾病）时，仍可复发。

【临床症状】

（1）**两种焦虫病相同的临床表现** 体温升高到40℃以上，呈稽留热；精神不振，喜卧地，食欲减退或废绝；反刍无力或停止；眼结膜苍白（图5-23）；贫血，黄疸；便秘或下痢，粪便呈黑褐色，有恶性臭味；脉搏加快，呼吸急促，病牛迅速消瘦，行动迟缓或摇摆。

（2）**两种焦虫病不同的临床表现** 巴贝斯虫病有血尿，尿由浅红色变为棕红色或黑红色（图5-24）。泰勒虫病无血尿，尿呈浅黄色或深黄色，体表淋巴结肿大，特别是肩前淋巴结肿大明显；眼睑下有溢血点，严重者皮肤上还有出血斑块。

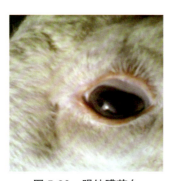

图5-23 眼结膜苍白

图5-24 巴贝斯虫病病牛的血尿

【病理剖检变化】

（1）**牛巴贝斯虫病特征病变** 尸体消瘦，贫血，血稀如水。皮下组织及脂肪均呈黄色胶冻样水肿状（图5-25）。各内脏器官被膜均黄染。皱胃和肠黏膜潮红并有点状出血。肝脏、脾脏肿大，胆囊扩张（图5-26）。肾脏肿大，呈浅红黄色，有点状出血（图5-27）。膀胱膨大（图 5-28），存有大量红色尿液（图 5-29），黏膜有出血点（图 5-30）。肺瘀血，水肿。心肌柔软，呈黄红色；心内外膜有出血点或斑点（图 5-31 和图 5-32）。

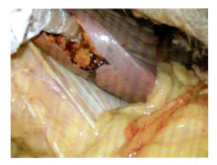
图 5-25　脂肪呈黄色胶冻样水肿状

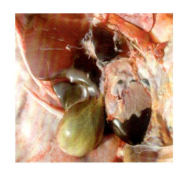
图 5-26　肝脏肿大，胆囊扩张

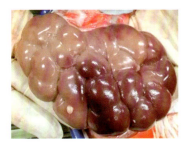
图 5-27　肾脏肿大，呈浅红黄色，有点状出血

图 5-28　膀胱膨大

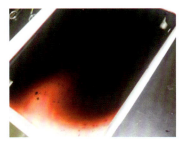
图 5-29　膀胱内的红色尿液

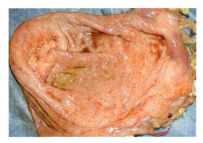
图 5-30　膀胱黏膜有出血点

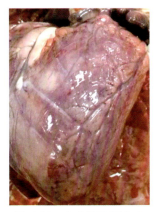
图 5-31　心外膜有出血点

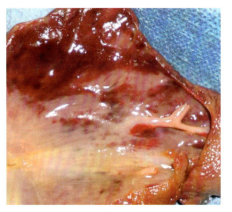
图 5-32　心内膜有出血点或斑点

(2) 牛泰勒虫病特征病变 全身皮下、肌间、黏膜和浆膜上均有大量的出血点和出血斑（图 5-33~图 5-35）；全身淋巴结肿大，以颈浅淋巴结、腹股沟淋巴结、肝脏、脾脏、肾脏、胃淋巴结表现最为明显；在皱胃黏膜上，可见到高粱米到蚕豆大的溃疡斑，其边缘隆起呈红色，中央凹陷呈灰色（图 5-36）。严重者病变面积可达整个黏膜的一半以上。

图 5-33　皮下有大量的出血点和出血斑

图 5-34　肌间有大量的出血点和出血斑

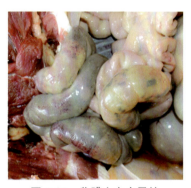

图 5-35　浆膜上有大量的出血点和出血斑

图 5-36　皱胃黏膜上大小不一的溃疡斑

【类症鉴别】

病　名	与焦虫病的相似点	与焦虫病的不同点
钩端螺旋体病	有传染性，体温高（40℃以上），贫血，黄疸，下痢，血尿	皮肤干裂、坏死和溃疡，血液镜检可见钩端螺旋体
附红细胞体病	有传染性，体温高（40℃以上），贫血，黄疸，下痢，血尿	血液涂片或压片检出附红细胞体

【预防】 关键在于消灭牛体表及周围环境中的蜱。通常采用以下措施。

(1) 杀灭牛身体上的蜱

1) 在蜱活动的季节，对寄生在牛体的垂肉、腿内侧、乳房等部位的各发育期的蜱，可用手摘除消灭。

2) 药物灭蜱效果也很好，可采用敌杀死（2.5% 溴氰菊酯乳剂）稀释 250 倍喷洒牛体，每隔 15 天喷 1 次，连续 10 次，可在 1 年内防止焦虫病的发生。

(2) 消灭圈舍内的蜱　从秋末初冬开始，注意观察圈舍内幼蜱的出现和活动，用 2% 敌百虫溶液进行喷洒，杀死隐藏的蜱，并在春季将圈舍周围的杂草铲除，防止蜱类躲藏和滋生。

（3）**避蜱放牧** 在蜱大量繁殖活动的季节，为避免牛受到蜱的叮咬侵害而得病，可改放牧为舍饲，但要搞好圈舍周围环境的灭蜱工作。

（4）**检疫观察** 由外地调入的牛，首先要采血检疫，如发现病牛，应立即隔离治疗，以免将病原传入，并选择无蜱活动季节进行调动。

（5）**药物预防注射**

1）流行地区的发病季节，对易感牛群用贝尼尔，按每千克体重3毫克，配成7%溶液，分点深部肌内注射，每20天注射1次，以预防本病发生。

2）咪唑苯脲的保护期可达2~10周，台盼蓝保护期约1个月，三氮脒或硫酸喹啉脲保护期约20天。

（6）**预防接种** 应用抗巴贝斯虫弱毒苗或分泌性抗原疫苗进行免疫接种；在环形泰勒虫流行地区，还可用"牛环形泰勒虫病裂殖体胶冻细胞苗"进行预防接种，接种后20天可产生免疫力，免疫持续期为1年以上。但此种虫苗对瑟氏泰勒虫病无交叉免疫保护作用。

【**临床用药指南**】 尽可能地早确诊、早治疗。在应用特效药物杀灭虫体的同时，应根据病牛机体状况，配合以强心、补液、止血、健胃、缓泻、疏肝利胆及抗生素类药物治疗，并加强护理。

（1）**特效药物治疗**

1）三氮脒（贝尼尔或血虫净）。临用时将粉剂用蒸馏水配成5%~7%溶液做深部肌内分点注射，黄牛剂量为每千克体重3~7毫克；水牛剂量为每千克体重1毫克；奶牛剂量为每千克体重2~5毫克。除水牛仅能用药1次外，其他家畜可根据情况连续使用3次，每次间隔24小时。出现副作用时，可灌服茶叶水或肌内注射阿托品解救。休药期为28~35天。

2）硫酸喹啉脲（阿卡普林、抗焦虫素）。剂量为每千克体重0.6~1毫克，配成5%溶液，皮下或肌内注射，48小时后再注射1次效果更好。如有代谢失调或心脏和血液循环疾病时，分2~3次注射，每次间隔数小时。治疗时可出现胆碱能神经兴奋的症状，如站立不稳、肌肉震颤、腹痛等，一般持续30~40分钟逐渐消失；严重的病牛频频起卧、呼吸困难、呼吸和心跳加快、频排粪尿，最后可窒息而死亡；可在用药前或用药同时皮下注射硫酸阿托品，按每千克体重0.1毫克。需要注意妊娠牛在使用此药后可能出现流产。

3）咪唑苯脲（双咪苯脲、咪唑啉卡普），剂量为每千克体重1~3毫克，将药物粉末配成10%水溶液，即为咪唑苯脲二盐酸盐注射液或咪唑苯脲二丙酸盐注射液，可肌内注射或皮下注射，每天1~2次，连用2~4次。本药安全性较好，仅有轻微副作用，表现为流涎、兴奋、轻微或中等程度的疝痛、胃肠蠕动加快等症状，应用小剂量阿托品能减轻。本药最好不要用于奶牛，休药期为28天。

4）台盼蓝（锥蓝素），剂量为每千克体重5毫克，用灭菌生理盐水或蒸馏水或注射用水配成1%溶液，加温溶解过滤后，在水浴锅内煮沸灭菌30分钟后静脉注射，勿使药液漏出血管外。注意药液要现用现配，注射时药液温度维持在30℃左右，注射速度要慢，有副作用时，可给予抗组胺类药物（如异丙嗪等），对体弱或重症牛可分次注射。用药后乳汁或组织可呈蓝色。

5）丫啶黄（黄色素、锥黄素），剂量为每千克体重3~4毫克，牛极限量为2克/头。用0.5%的安瓿制剂静脉注射；或药物粉末用生理盐水或蒸馏水或注射用水配成0.5%~1%的溶液，过滤后在水浴锅内灭菌30分钟，注射前加温到37℃使用，注射时严格防止药液漏入皮下，注射完后避免强光照射牛（光敏反应）。一般用药不超过2次，每次间隔1~2天，以免对肝脏、肾脏造成损害。应用该药时，可配合使用链霉素或乌洛托品，连用1周，然后再注射黄色素1次，效果很好。

6）磷酸伯氨喹啉，剂量为每千克体重0.75~1.5毫克，每天口服1次，连服3次。杀虫效果较好，给药后24小时，即发生作用；疗程结束后2~3天，染虫率可降到1%左右。被杀死的虫体表现为变形、变色、变小，1~2周内从红细胞内消失。

(2) **中药治疗**

1）新鲜青蒿2~3千克，捣碎，用冷水浸泡1~2小时，连渣灌服，每天2次，连用3~5天。

2）常山50克，青蒿粉200克，马鞭草、黄芩各60克，槟榔、使君子、黄柏、生山栀各40克，苦楝根皮40克，贯众30克，共研为细末，开水冲调，候温冲入青蒿粉，灌服。

3）水牛角、生地黄、玄参、金银花各60克，连翘、丹参、麦门冬各45克，竹叶心、黄连各30克，水煎灌服。

4）党参、当归、白术、炙黄芪、龙眼肉、酸枣仁各60克，熟地黄、白芍、川芎、茯苓各45克，远志30克，木香、生姜、红枣各20克，炙甘草15克，水煎灌服。

(3) **对症治疗** 为了促进临床症状缓解，还应根据症状配合给予强心、补液、健胃、缓泻、疏肝利胆及抗生素类药物，并加强护理。

第六章 神经系统疾病的鉴别诊断与防治

第一节 神经系统疾病发生的因素及鉴别诊断要点

一、概述

兴奋、狂躁或沉郁、昏睡、昏迷等精神状态的异常，盲目运动或共济失调的行为表现，痉挛与麻痹等运动机能障碍，是组成神经系统疾病综合征的基础。

诊断神经系统疾病时，应特别注意：第一，深入观察神经机能障碍的表现及其特点；第二，在进行系统的临床检查的基础上，配合进行必要的辅助检查法，如感觉、反射功能的检查，脊髓穿刺及脑脊髓液的检验，血、尿常规及其某些生物化学的分析等；第三，当有可疑传染病或中毒时，详细调查流行病学情况及引起中毒的可能机会与条件，并配合应用相应的特异性诊断方法。

二、疾病发生的因素

神经疾病发病的因素有中毒性、侵袭性（传染病或寄生虫病）、理化性或机械性、外伤性、营养代谢性等。

三、脑及脑膜疾病的综合征及鉴别诊断要点

（1）**脑病的综合征** 兴奋、狂躁、沉郁、昏迷及两者交替出现，伴有盲目运动或共济失调现象，多为脑病的综合征。

（2）**脑及脑膜疾病的鉴别诊断要点**

1）脑的循环紊乱，可表现为脑贫血、脑充血或脑出血。病畜突然发生站立不稳、走路摇摆、共济失调，并进而倒地、昏迷，伴有痉挛现象，可提示急性脑贫血。如可视黏膜迅速苍白、心动过速，第一心音亢进而第二心音微弱甚至消失，手感觉不到脉搏跳动，多为急性大失血。如无创伤出血的原因和创痕可查，尚应考虑内脏（肝脏、脾脏等）破裂的可能。宜注意有无致病条件（如跌落、摔倒等突然的外力作用），必要时做腹腔穿刺，依穿刺液的特性而判定。脑充血多为症候性表现而并非独立疾病。脑出血，如是弥漫性出血动物则迅速昏迷并可很快死亡；而局限性出血则常常依据出血部位的转移，可表现为单瘫、偏瘫等局灶性症状，并应查明致病原因或病史。以急性脑充血而致的兴奋、昏迷与共济失调，急性肺出血而致的呼吸困难，急性心力衰竭而致的心动过速等组成的综合征，兼有大量出汗、黏膜发绀、静脉充盈及高热等症状，宜注意日射病、热射病的可能。炎热的夏

季、日光的长期直晒或在闷热天气与环境中使役、运输、驱赶等是特定的致病条件。症状与条件具备，诊断易于明确。

2）以慢性经过为主、表现为某种盲目运动的反复出现或在长期的病程经过中有反复出现的癫痫样发作的病例，提示颅脑占位性病变（脑肿瘤、脑脓肿、脑血肿或脑脊髓寄生虫病等）。

3）脑与脑膜的炎症，多表现为兴奋、狂躁与昏迷的交替出现，并伴有某种盲目运动为主要症状；同时兼有体温变化、心动紊乱或心律不齐、呼吸活动与节律改变等附属症状。通常应明确病原或其原发病。应该特别注意主要侵害中枢神经系统的传染病与寄生虫病（如狂犬病、乙型脑炎、伪狂犬病、李氏杆菌病、多头蚴（脑包虫）症等）。详细流行病学情况并配合进行相应的特异性检查，以综合判定。

4）脑软化是脑的变性性疾病的总称。主要表现为中枢机能紊乱和运动障碍，常有中毒及某些营养物质（如铜、硒或维生素E）缺乏的病因可查。

四、脊髓疾病的综合征及鉴别诊断要点

（1）脊髓疾病的综合征 脊髓疾病一般以运动机能及感觉、反射机能的失常为主要临床特征。

（2）脊髓疾病的鉴别诊断要点

1）腰背敏感、脊柱僵硬、步态强拘，以至后肢的轻瘫，应考虑脊髓膜炎；如有腰荐部的挫伤、震荡等致病原因可查，应提示脊髓挫伤，这种情况下，后肢轻瘫甚至瘫痪，同时多伴有后躯的感觉、反射机能障碍及排尿、排粪功能的紊乱。

2）应注意某些营养缺乏与代谢紊乱性疾病，也可呈现类似后肢轻瘫的现象。如幼畜白肌病、骨软症或佝偻病等。脊髓疾病的临床综合征中，除后肢运动障碍以外，尚应具有作为各种疾病诊断根据的其他症状和条件（如白肌病时的心肌损害，骨软症时的骨骼形态学的变化等）。

五、外周神经疾病的综合征及鉴别诊断要点

外周神经疾病，依病变的神经而有不同的症候群：

1）三叉神经、面神经麻痹，以耳、上眼睑、鼻翼、口唇的单侧弛缓、下垂及头面部歪斜为特征。

2）舌神经麻痹，主要表现为咀嚼、吞咽机能的紊乱。

3）四肢的外周神经麻痹，则表现为肢体运动机能障碍的特有症状——跛行。详见第十章跛行疾病的鉴别诊断与防治。

第二节 常见疾病的鉴别诊断与防治

一、李氏杆菌病

李氏杆菌病是由单核细胞增多性李氏杆菌引起的一种食源性、散发性人兽共患传染病，本病致死率高。临床上主要表现为脑膜炎、败血症和妊娠母牛发生流产。

【流行特点】

（1）**易感动物**　本病易感动物非常广泛，已证明至少有42种哺乳动物和22种鸟类有易感性。自然发病家畜以绵羊、牛、猪及兔易感性较高，家禽以鸡、火鸡、鹅较多，野兽、野禽、啮齿动物均易感染，且常为本病的贮存宿主。人也能自然感染。

（2）**传染源**　患病动物和带菌动物是本病的主要传染源。

（3）**传播途径**　病菌随患病动物的分泌物和排泄物排到外界，污染饲料、饮水和外界环境。本病传播途径为消化道、呼吸道、眼结膜、皮肤创伤及交配。被污染的饲料和饮水可能是主要的传播媒介，吸血昆虫也能传播，腐败青贮饲料和碱性环境可以促进李氏杆菌的繁殖。

（4）**流行季节**　一般呈散发，发病率低，但病死率很高。各种年龄的牛、羊都可感染发病，以犊牛较易感，发病急，有些地区牛、羊发病多在冬季和早春。冬季缺乏青贮饲料，天气骤变，有内寄生虫或沙门菌感染时，均可为本病发生的诱因；土壤肥沃的地方发病多。

【临床症状】　本病潜伏期一般为2~3周，短可数日，长可达2个月。病初体温升高约1~2℃，不久降至常温。原发性败血症主要见于犊牛，表现精神沉郁，呆立，低头垂耳，轻热，流鼻液，流泪（图6-1），不随群运动，不听驱使。咀嚼吞咽迟缓，有时在口颊一侧积聚大量没有嚼烂的草料（图6-2）。下痢，迅速死亡。脑膜脑炎发生于成年牛，主要表现精神症状，头颈一侧性麻痹，弯向麻痹的对侧，麻痹侧耳下垂，唇下垂，眼半闭（图6-3），以至视力丧失。沿偏头方向旋转（回旋病）或做圆圈运动，遇障碍物则将头抵于其上。颈项强硬，有的呈现角弓反张，有的共济失调，有的吞咽肌麻痹而大量流涎，有的不能采食也不能饮水。最后卧地不起，呈昏迷状（图6-4），妊娠的母牛流产，强行翻身，又迅速反转过来，以至死亡。病程短的2~3天，长的1~3周或更长。水牛突然发生脑炎，临床症状相似，但其病程更短，死亡率更高。

图6-1　病犊牛流鼻液，流泪

图6-2　病牛口颊一侧积聚大量没有嚼烂的草料

图6-3　头颈弯向麻痹的对侧，麻痹侧耳下垂，眼半闭

图6-4　严重病牛颈项强硬地弯向健侧，卧地不起并呈昏迷状

【病理剖检变化】 有神经症状的病牛，脑膜和脑可能充血、发炎或水肿（图6-5），脑脊髓液增加，稍混浊，含有很多细胞，脑干变软，有小脓灶（图6-6）。败血症的犊牛，有败血症变化，肝脏、脾脏、心肌能见到小点状坏死或多发性脓肿及皮下组织黄染等。流产母牛的胎盘发炎、子叶水肿、子宫内膜充血、出血或坏死。脑和小脑组织学检查，在白质部可见多型核和单核细胞灶及由单核细胞组成的血管套。肝脏可能有炎症和小坏死灶。

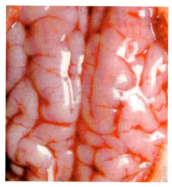

图6-5 脑膜充血、水肿

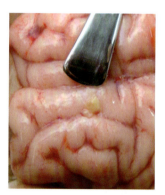

图6-6 脑的小脓灶

【类症鉴别】

病 名	与李氏杆菌病的相似点	与李氏杆菌病的不同点
脑膜脑炎	体温高（40~41℃），兴奋前进时不避障碍物，共济失调	无传染性，体温高不自动下降，不出现头颈一侧性麻痹弯向健侧
脑多头蚴病（脑包虫病）	头颈歪向一侧，头向上仰，视力障碍，做圆圈运动	无传染性，体温不升高，转圈执拗，即使缰绳绕柱至鼻仍要转圈

【预防】 做好卫生防疫和饲养管理工作。怀疑青贮饲料与发病有关须改用其他饲料。平时注意驱除鼠类和其他啮齿动物，驱除牛体内外寄生虫。严格检疫，禁止从疫区引进牛只。发病后，病牛应立即隔离治疗，对病牛尸体应深埋或化制处理，用漂白粉、5%来苏儿等消毒剂对牛舍、笼具、用具、环境和饲槽等进行消毒并采取综合防疫措施。由于本病可感染人，故畜牧兽医人员应注意保护。

【临床用药指南】

1）早期大剂量使用磺胺类药物并配合庆大霉素、四环素等都具有良好效果。10%磺胺-6-甲氧嘧啶注射液120毫升，肌内注射，每天2次，连用5~7天，首次用量加倍。同时配合庆大霉素注射液10万~40万单位，肌内注射，每天2次，连用5~7天。

2）土霉素按每千克体重2.5~5毫克、5%糖盐水500毫升，静脉注射，每天2次，连用5~7天。

3）注射用四环素300万~400万单位、5%糖盐水2000毫升，静脉注射，每天1次，连用5~7天。

4）注射用青霉素钠1200万~1600万单位、注射用硫酸链霉素6克、注射用水30毫升，1次肌内注射，每天2次，连用5~7天。

5）对有神经症状表现的病牛，可用丁胺卡那霉素（阿米卡星）300万单位、复方氯丙嗪注射液每千克体重0.6毫克，分别肌内注射。

大多数病牛需治疗 7~21 天，否则难以治愈。一般对于能行走的病牛，采用抗生素疗法、补液疗法和支持疗法预后良好；但对神经症状表现明显的病例，治疗都难以奏效。

二、脑多头蚴病

脑多头蚴病，又称"脑包虫病"，是带科多头属的多头绦虫的中绦期幼虫多头蚴（图6-7）寄生于牛、羊的脑部及脊髓所引起的一种绦虫蚴病。偶见于骆驼、猪、马及其他野生反刍动物，极少见于人；成虫寄生于犬、狼、狐狸的小肠中。

【流行特点】 本病为全球性分布，欧洲、亚洲及北美洲绵羊的脑多头蚴极为常见。呈地方性流行，其主要传播源是犬。我国牧区内蒙古、宁夏、甘肃、青海及新疆多发。其他省，如陕西、山西、河南、山东、江苏、福建、贵州、云南、四川等有羊脑多头蚴病的报道。此外，黄牛、山羊和牦牛的脑多头蚴病在山东、山西、西北各省常见。一年四季都可发病。

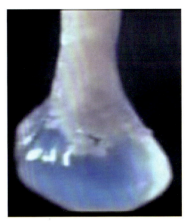

图 6-7　脑多头蚴

【临床症状】 牛感染后 1~3 周，呈现体温升高及类似脑炎或脑膜炎的症状，严重感染者常引起死亡，耐过牛的上述症状消失而呈健康状态。牛感染 2~7 个月后，出现典型的神经症状，即表现异常运动和异常姿势。虫体寄生于一侧大脑半球时（图6-8），常向患侧做转圈运动，因此又称"回旋病"，多数病例对侧视力减弱或全部消失；虫体寄生于大脑正前部时，头下垂抵于胸前，或向前直线运动或常把头抵在障碍物上呆立不动（图6-9）；虫体寄生于大脑后部时，头高举，后退，可能倒地不起，颈部肌肉强直性痉挛或角弓反张；虫体寄生于小脑时，表现知觉过敏，容易惊恐，行走急促或步样蹒跚，平衡失调，痉挛等；虫体寄生在腰部脊髓时，后躯及盆腔脏器麻痹，最后死于高度消瘦或重要神经中枢受害。前期有脑膜炎和脑炎病变，后期可见囊体在表面或嵌入脑组织中。寄生部位的头骨变薄、松软和皮肤隆起。如果寄生多个虫体而又位于不同部位时，则出现综合性症状。

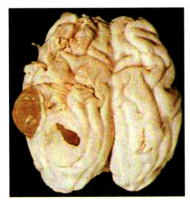

图 6-8　多头蚴寄生在一侧大脑半球

图 6-9　病牛头抵在障碍物上呆立不动

【类症鉴别】

病　　名	与脑多头蚴病的相似点	与脑多头蚴病的不同点
牛铅中毒	精神萎靡，共济失调，站立不稳，转圈	头颈肌肉抽搐，感觉过敏，磨牙，口吐白沫，眼球转动，瞳孔散大，绝食，先便秘后腹泻，盲目行走
铜缺乏症	以前肢为轴心做圆圈运动，体温不高，运动障碍	毛色变浅（红、黑色变棕红、灰白色），骨骼变形，关节畸形，还出现癫痫症状，不断哞叫，每毫升血浆铜含量低于0.5微克

【预防】 本病只要不让犬吃到患脑多头蚴病动物的脑和脊髓即可得到控制。对牧羊犬和家犬应用吡喹酮（按每千克体重5~10毫克，1次内服）或氢溴酸槟榔碱（按每千克体重2~4毫克，1次内服）进行定期驱虫，排出的犬粪便和虫体应深埋或烧毁。药物预防，将吡喹酮1份、葵花籽油10份，充分研磨混合均匀，用前加温至40~42℃，按每千克体重50毫克，选臀部分两点深部肌内缓慢注射。此药防治脑多头蚴病疗效显著，毒性小，如能驱虫2次，可消灭脑多头蚴的寄生，以在每年7月下旬及10月下旬驱虫为宜。

【临床用药指南】

1）对脑表层寄生的囊体，可施行手术摘除，在脑深部寄生的则难以去除。

2）用吡喹酮，按每千克体重100毫克，1次口服，每天1次，连用5次。

3）吡喹酮（口服，每次每千克体重75毫克）和丙硫苯咪唑（阿苯达唑，口服或注射治疗，每次每千克体重75毫克），每天1次，连用3次。

三、氟中毒

氟中毒分为无机氟化物中毒和有机氟化物中毒2类。

（一）无机氟化物中毒

无机氟化物中毒是指牛经消化道或（和）呼吸道连续摄入无机氟化物，在体内长期蓄积所引起的全身器官和组织的毒性损害的急、慢性中毒的总称。临床上分为急性无机氟化物中毒和慢性无机氟化物中毒。

【发病原因】 急性无机氟化物中毒主要是牛一次性食入大量氟化物或氟硅酸钠而引起中毒，常见于给牛用氟化钠驱虫时用量过大。慢性无机氟化物中毒是长期连续摄入超过安全限量的无机氟化物引起的。

【临床症状】

（1）**急性无机氟化物中毒** 一般在食入半小时后出现症状。一般表现为流涎、呕吐、腹痛、腹泻、呼吸困难、肌肉震颤、阵发性强直痉挛、瞳孔扩大，严重时虚脱而死。有时牛粪便中带有血液和黏液。

（2）**慢性无机氟化物中毒** 慢性无机氟化物中毒又称"氟病"，最为常见，以骨、牙齿病变为特征，常呈地方性群发。牙齿的损害是本病的早期特征之一，牙面、牙冠有许多白垩状，黄、褐以至黑棕色、不透明的斑块沉着（图6-10）。

图6-10　慢性无机氟化物中毒的氟斑牙

表面粗糙不平，齿釉质碎裂（图6-11），甚至形成凹坑，色素沉着在孔内，牙齿变脆并出现缺损（图6-12），病变大多呈对称发生，尤其是发生在门齿，具有诊断意义。颌骨、掌骨、肋骨等呈现对称性肥厚，骨变形，常有骨赘。管骨变粗，有骨赘增生；腕关节或跗关节硬肿（图6-13），甚至愈合在一起，患肢僵硬，蹄尖磨损，有的蹄匣变形，重症牛起立困难。临床表现为背腰僵硬，跛行，关节活动受限制，骨强度下降，骨骼变硬、变脆（图6-14），容易出现骨折。

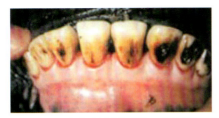

图6-11　牙齿表面粗糙不平，齿釉质碎裂

图6-12　牙齿有凹坑、变脆、出现缺损

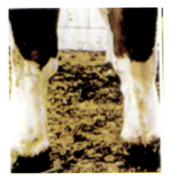

图6-13　跗关节硬肿

图6-14　骨强度下降，骨骼变硬、变脆

【类症鉴别】

病　名	与无机氟化物中毒的相似点	与无机氟化物中毒的不同点
硝酸盐和亚硝酸盐中毒	食欲、反刍废绝，流涎，腹痛，腹泻，肌肉震颤，呼吸困难	有接触或采食含有硝酸盐或亚硝酸盐的青绿饲料或水的病史。血液呈黑红色或咖啡色如酱油状，凝固不良

【预防】　主要根治"三废"，减少氟的排放，对废气、废水中的氟化物做无害化处理。在高氟污染区，应饮用深井水，给予优质饲料、饲草，可以减轻环境高氟带来的损害。

【临床用药指南】

（1）**急性无机氟化物中毒应及时抢救**　用0.5%氯化钙溶液或石灰水洗胃；或静脉注射葡萄糖酸钙注射液或氯化钙注射液，以补充体内钙的不足。同时配合维生素D、维生素B_1和维生素C治疗。

（2）**慢性无机氟化物中毒的治疗**　治疗比较困难。首先要停止摄入高氟牧草或饮水；其次将牛转移至安全牧区放牧，并给予富含维生素的饲料及矿物质添加剂，修整牙齿；再次是对跛行病牛，静脉注射葡萄糖酸钙注射液。

（二）有机氟化物中毒

有机氟化物中毒是指牛误食了被有机氟农药（氟乙酰胺）或鼠药（氟乙酸钠、氟乙酰胺、甘氟等）污染的饲草或饮水而引起的以中枢神经系统机能障碍和心血管系统机能障碍为特征的一种中毒病。本病的临床特征是起病突然，出现抽搐、痉挛等神经症状及循环系统症状等。

【发病原因】 由于误食或误饮有机氟化物污染的饲料或饮水引起。

【临床症状】 牛中毒后有突发型和潜伏型2种。突发型，无明显先兆性症状，经9~18小时后突然倒地，剧烈抽搐、惊厥、角弓反张，来不及抢救、迅速死亡（图6-15）。潜伏型，一般在摄入毒物1周后，经运动或受刺激后突然发作，全身肌肉震颤，共济失调，尖叫，惊恐，在抽搐中死于心力衰竭。

图6-15　剧烈抽搐，惊厥，角弓反张而死亡

【类症鉴别】

病　名	与有机氟化物中毒的相似点	与有机氟化物中毒的不同点
有机磷农药中毒	肌肉震颤，站立不稳，流涎，呻吟，空嚼，体温不高	有接触或采食有机磷农药或用农药涂身灭虫的病史。瞳孔缩小、眼球凸出、震颤、呼出气及胃内容物有大蒜气味

【预防】

（1）预防急性氟中毒措施　在利用氟制剂作兽药时，应特别注意剂量和应用方法。

（2）预防慢性氟中毒措施

1）在工业污染区，根本措施是根治污染源，把排氟量控制在安全范围以内。

2）在自然高氟区（牧草含氟量平均超过70毫克/千克为高氟区），应严禁放牧；超过40毫克/千克为危险区，只允许成年牛短期放牧。

3）采取在无氟或低氟区与危险区轮牧的方法放牧，在危险区放牧不宜超过3个月。

4）饲料中氟含量不应超过干物质的0.003%，对牛补饲磷酸盐时，磷酸盐含量不应高于1000毫克/千克，磷酸盐的用量也不能高于日粮的2%。

5）饮水含氟量超过2.0毫克/升时不宜饮用。

6）改良草场的根本措施是使高氟草场面积逐渐缩小，安全区逐渐扩大。

【临床用药指南】

1）及时应用特效解毒药解氟灵（50%乙酰胺），剂量为每天每千克体重0.1~0.3克，用0.5%普鲁卡因液稀释，分2~4次肌内注射（首次注射为日量的1/2），连续用药3~7天。解氟灵和纳洛酮（每天1~5毫克，肌内注射）合用，疗效较好。

2）用乙二醇乙酸酯（甘油乙酸酯、醋精）100毫升，溶于500毫升水中灌服。

3）用5%酒精和5%醋精（剂量为每千克体重2毫升）内服。

4）用95%酒精100~200毫升，加水适量，内服。

5）用65度白酒200~300毫升，1次内服。

6）立即停喂可疑饲料，用0.1%高锰酸钾溶液洗胃（忌用碳酸氢钠），然后可投服鸡蛋清、次硝酸铋（碱式硝酸铋），保护胃肠黏膜。

7）严重者进行强心补液、镇静、兴奋呼吸中枢等对症治疗。

四、有机磷农药中毒

见第一章第三节中的"七、有机磷农药中毒"。

五、硝酸盐和亚硝酸盐中毒

见第一章第三节中的"九、硝酸盐和亚硝酸盐中毒"。

六、氢氰酸中毒

氢氰酸中毒是指动物采食富含氰苷的饲料引起的以呼吸困难、黏膜鲜红、肌肉震颤、全身惊厥等组织性缺氧为特征的一种中毒病。本病多发于牛、羊，单胃动物较少发病。

【发病原因】 多种饲草饲料均含有较多的氰苷，如木薯、高粱及玉米的鲜嫩幼苗（尤其是再生苗），亚麻子及机榨亚麻子饼（土法榨油时亚麻子经过蒸煮则氰苷含量少），豆类中的海南刀豆、狗爪豆，蔷薇科植物如桃、李、梅、杏、枇杷、樱桃的叶和种子，牧草中的苏丹草、约翰逊草和白三叶草等。当饲喂过量时，均可引起中毒。氰苷本身无毒，但当含有氰苷的植物被动物采食咀嚼时，在有水分及适宜的温度条件下，经植物体内所含脂解酶（如β-葡萄糖苷酶和羟腈裂解酶）作用，或经反刍动物瘤胃水解酶的作用，产生氢氰酸，导致动物中毒的物质是氰离子。

【临床症状】 牛通常在采食含氰苷植物的过程中或采食后15~20分钟突然发病。表现腹痛不安，呼吸急促，肌肉震颤，全身痉挛，可视黏膜鲜红，流出白色泡沫状唾液（图6-16）；先兴奋，很快转为抑制，呼出气有苦杏仁味，随后全身极度衰弱无力，步态不稳，突然倒地，体温下降，肌肉痉挛，瞳孔散大，反射减少或消失，心动徐缓，呼吸浅表，很快昏迷而死亡。闪电型病程，一般不超过2小时，最快者3~5分钟死亡。

【病理剖检变化】 血液凝固不良，各组织器官的浆膜和黏膜，特别是心内外膜，有斑点状出血（图6-17和图6-18），肺呈浅红色、水肿（图6-19），气管和支气管内充满大量浅红色泡沫状液体（图6-20），有时切开瘤胃可闻到苦杏仁气味（图6-21）。

【类症鉴别】

病　名	与氢氰酸中毒的相似点	与氢氰酸中毒的不同点
硝酸盐和亚硝酸盐中毒	采食后很快发病（1~5小时），体温偏低，流涎。后躯麻痹	因吃堆积青绿饲料而发病。全身发绀，血液如酱油色，用二苯胺可测出亚硝酸盐

【预防】 含氰苷的饲料，最好放于流水中浸渍24小时或漂洗后再加工利用。如果新鲜时饲喂，可适量配合干草同喂；不要将牛在含有氰苷植物的地区放牧。

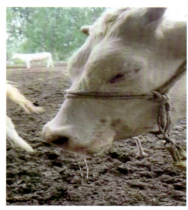
图 6-16 病牛流出白色泡沫状唾液

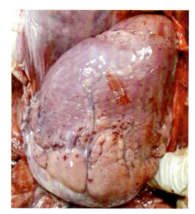
图 6-17 心外膜斑点状出血

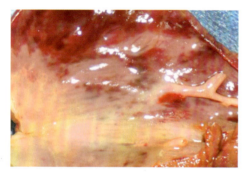
图 6-18 心内膜斑点状出血

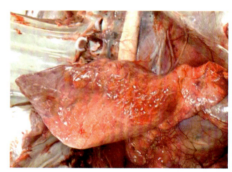
图 6-19 肺呈浅红色并水肿

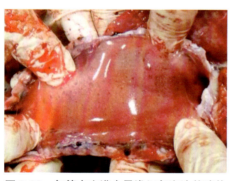
图 6-20 气管内充满大量浅红色泡沫状液体

图 6-21 瘤胃切开后有苦杏仁气味

【临床用药指南】

1）治疗本病的特效解毒剂是亚硝酸钠和硫代硫酸钠,必须两药联用。发病后立即用亚硝酸钠 2 克,配成 5% 的溶液,静脉注射;随后再注射 5%~10% 硫代硫酸钠溶液 100~200 毫升。

2）亚硝酸钠 3 克、硫代硫酸钠 15 克、蒸馏水 200 毫升,混合,1 次静脉注射,可重复使用。

3）为防止胃肠内氢氰酸的吸收,可内服或向瘤胃内注入硫代硫酸钠,也可用 3% 过氧化氢溶液洗胃。同时根据病情进行对症治疗。

七、日射病和热射病

日射病和热射病是因日光和高热所致的牛急性中枢神经机能严重障碍性疾病。牛在炎热的季节中，头部持续受到强烈的日光照射而引起的中枢神经系统机能严重障碍称为日射病；牛所处的外界环境气温高、湿度大，牛产热多、散热少，体内积热而引起的严重中枢神经系统机能紊乱称为热射病。临床上日射病和热射病统称为中暑。在炎热的夏季多发，病情发展急剧，甚至引起动物迅速死亡。

【发病原因】 盛夏酷暑，牛在强烈日光下使役、驱赶或奔跑，或饲养管理不当，牛长期休闲，缺乏运动，或厩舍拥挤、闷热潮湿、通风不良，或用密闭而闷热的车、船运输等都是引起本病的常见原因。牛体质衰弱，心脏和呼吸功能不全，代谢机能紊乱，皮肤卫生不良，出汗过多、饮水不足、食盐缺乏，以及在炎热的天气，牛从北方运至南方，其适应性差、耐热能力低，都易促使本病的发生。

【临床症状】

（1）**日射病** 常突然发生，病牛开始精神沉郁，四肢无力，步态不稳，共济失调，突然倒地，四肢做游泳样划动。随着病情进一步发展，体温略有升高，呈现呼吸中枢、血管运动中枢机能紊乱，甚至出现麻痹症状。可视黏膜潮红（图6-22），眼球凸出，全身出大汗。心力衰竭，静脉怒张，脉搏微弱，呼吸急促而节律失调，结膜发绀，瞳孔散大，皮肤干燥。皮肤、角膜、肛门反射减退或消失（图6-23），腱反射亢进，常发生剧烈的痉挛或抽搐而迅速死亡，或因呼吸麻痹而死亡。

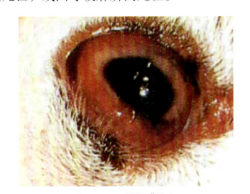 

图6-22 眼结膜潮红　　　　图6-23 病牛肛门反射消失

（2）**热射病** 突然发生，病牛体温急骤上升，高达41℃以上，皮温增高，甚至皮温烫手，白色皮肤牛全身通红。病牛站立不动或倒地张口喘气，两鼻孔流出粉红色、带小泡沫的鼻液（图6-24）。心悸、心音亢进，脉搏加快，每分钟可达百次以上。眼结膜充血，瞳孔扩大或缩小。后期病牛呈昏迷状态（图6-25），意识丧失，四肢划动，呼吸浅而急促，节律不齐，手感觉不到脉搏跳动，第一心音微弱，第二心音消失，血压下降。濒死前，多有体温下降，常因呼吸中枢麻痹而死亡。

在临床实践中，日射病和热射病常常同时发生，很难区分。

【类症鉴别】

病　　名	与日射病和热射病的相似点	与日射病和热射病的不同点
脑膜脑炎	体温高（40~41℃），沉郁，瞳孔反射机能消失，共济失调	发病不一定在炎夏烈日或闷热的情况下，兴奋时盲目前冲，跳槽逃窜
急性肺充血和肺水肿	体温升高（40~41℃），呼吸困难，颈静脉怒张，惊恐不安，黏膜发绀	肘外展，头下垂，肺充血时叩诊肺上部呈清音，下部呈浊音，听诊肺泡音微弱或粗厉。肺水肿，叩诊呈半浊音或浊音，听诊有小水泡音或捻发音

图6-24 病牛两鼻孔流出粉红色的鼻液

图6-25 病牛卧地不起，呈昏迷状态

【预防】 在炎热季节，役用牛应早晚使役，中午休息，勤饮水；要做好牛舍的防暑降温工作，加强厩舍通风，防止潮湿、闷热和拥挤，严禁中午放牧，午间休息时到阴凉处或树荫下；补喂食盐，保证充足的饮水；车船运输，不可过于拥挤。

【临床用药指南】 本病治疗原则是立即防暑降温，应用镇静安神、强心利尿、解除酸中毒的药物。

(1) **消除病因和加强护理** 发病后，役牛立即停止使役，将病牛牵到阴凉通风处，若卧地不起，可就地搭起遮阴棚，保持安静。

(2) **降温治疗** 用冷水浇头，淋浴全身，或以冷水灌肠，饮服大量1%~2%冷盐水，有条件的可在牛头部放置冰袋，或用电风扇吹风，以促进其体热放散；肌内注射2.5%盐酸氯丙嗪溶液10~20毫升，至体温下降到39℃时停止。在恢复当天只允许喂青草。或颈静脉放血1000~2000毫升（放血至血液呈鲜红色或不粘手），然后静脉注射生理盐水2000~3000毫升。

(3) **缓解心肺机能障碍** 对心功能不全的，可皮下注射20%安钠咖等强心剂10~20毫升；按每千克体重1~2毫克静脉注射地塞米松，以防止肺水肿的发生；纠正酸中毒可静脉注射5%碳酸氢钠注射液，每次400~1000毫升，每天1~2次；当病牛兴奋不安时，可静脉注射安溴注射液100毫升，也可灌服或直肠灌注水合氯醛黏浆剂；也可使用利尿剂来促进毒素的排出，但应注意机体钾离子的平衡。

(4) **中药治疗** 可用清热镇惊散。处方：防风、香薷、独活、远志、柏子仁、半夏、柴胡、僵蚕、黄芩、桔梗、石莲子、栀子各20克，枣仁、龙胆草各30克，南星、勾丁、藿草、菖蒲、薄荷各15克，甘草12克，共研为细末，开水调剂，候温灌服，连服4剂即可。

(5) **针灸治疗** 针刺颈脉、三江、太阳、蹄头、尾尖等穴。

(6) **促进胃肠功能恢复** 病情好转后，用人工盐300克，口服。或用10%氯化钠注射液300~500毫升，静脉注射。

八、牛酮病

牛酮病，又叫"牛酮血症""牛醋酮症""牛酮尿症"，是泌乳母牛产犊后几天至几周内由于体内碳水化合物及挥发性脂肪酸代谢紊乱所引起的一种全身性功能失调的代谢性疾病。临床上以血液、尿、牛乳中的酮体含量增高，血糖浓度下降，消化机能紊乱，体重减轻，产奶量下降，间断性地出现神经症状为特征。根据有无明显的临床症状可将其分为临床酮病和亚临床酮病。健康牛血清中的酮体（指β-羟丁酸、乙酰乙酸、丙酮）含量一般在1.72毫摩尔/升（100毫克/升）以下，亚临床酮病母牛血清中酮体含量在1.72~3.44毫摩尔/升（100~200毫克/升）之间，而临床酮病母牛血清中的酮体含量一般在3.44毫摩尔/升（200毫克/升）以上。本病主要发生于舍饲高产奶牛，以3~5胎次，产后2~8周内泌乳盛期较多见。

【发病原因】本病病因涉及的因素很多，并且较为复杂。下列因素在酮病的发生中起重要作用。

（1）**奶牛高产** 在母牛产犊后的4~6周已出现泌乳高峰，但其食欲恢复和采食量的高峰在产犊后8~10周，因此在产犊后的8~10周内食欲较差，能量和葡萄糖的来源本来就不能满足泌乳消耗的需要，假如母牛产奶量高，势必加剧这种不平衡，体内糖消耗过多、过快，造成糖的供应与消耗不平衡，使血糖降低。由此种原因引起的酮病称为"生产性酮病"。

（2）**日粮中营养不平衡和供应不足** 饲料供应过少，品质低劣，饲料单一，日粮不平衡，或者精料过多（精料属于高蛋白质、高脂肪和低碳水化合物饲料）、粗饲料不足，使机体的生糖物质缺乏，糖生成减少，血糖浓度降低，产生大量酮体而发病。由此种原因引起的酮病称为"食源性酮病"或"饥饿性酮病"。

（3）**母牛产前过度肥胖** 干乳期供给能量水平过高，母牛产前过度肥胖，严重影响产后采食量的恢复，同样会使机体的生糖物质减少，糖生成减少，引起能量负平衡，产生大量酮体而发病。由此种原因引起的酮病称为"消耗性酮病"。

（4）**其他** 若母牛患肝脏疾病及矿物质如钴、碘、磷等缺乏，皱胃变位、创伤性网胃腹膜炎、单纯性消化不良、胃肠卡他、子宫内膜炎、产后瘫痪等疾病，也可继发本病。由此种原因引起的酮病称为"继发性酮病"。

【临床症状】根据血液中酮体含量和有无临床表现，将本病分为临床型和亚临床型2种。酮病往往都呈现低糖血症、酮血症、酮尿症和酮乳症。

（1）**临床型酮病** 症状常在产犊后几天至几周出现，根据症状不同又可分为消化型和神经型。消化型病牛表现食欲减退或废绝，喜喝牛尿、污水，异食脏物、墙壁（图6-26）和泥土，可视黏膜发黄。反刍咀嚼口数不定，或少于30次或多于70次。便秘，粪便上覆有黏液。精神沉郁，凝视，体重显著下降，产奶量也降低。呈拱背姿势，表现轻度腹痛（图6-27）。乳汁易形成泡沫，类似初乳状，有与呼吸、排尿相同的酮气味（类似烂苹果

 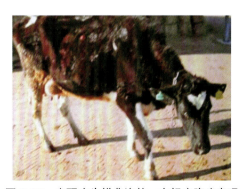

图6-26 病牛啃舔墙壁　　　　　图6-27 患酮病牛拱背姿势，有轻度腹痛表现

气味），加热更明显。病牛迅速消瘦（图6-28）。神经型病牛多数表现嗜睡（图6-29），少数病牛表现有神经症状。突然发作，上槽后不认其槽位，在棚内乱转，目光怒视（图6-30），横冲直撞，站立不稳，全身紧张，颈部肌肉强直，兴奋狂暴。也有的在运动场内乱跑（图6-31），阻挡不住，饲养员称其为"疯牛病"。有的牛不愿走动，呆立于槽前，低头搭耳，目光无神，眼睑闭合，似睡状。这些症状间断地多次发生，每次持续1小时，然后间隔8~12小时又重新出现。尿呈浅黄色，水样，易形成泡沫。

图6-28 患酮病的牛迅速消瘦

图6-29 患酮病的牛嗜睡表现

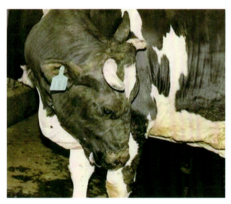

图6-30 患酮病的牛目光怒视

图6-31 病牛在运动场内乱跑

（2）亚临床型酮病　病牛无明显的临床症状，但会引起母牛产奶量下降，牛乳质量降低，体重减轻，生殖系统疾病和其他疾病发病率增高，仍然会引起严重的经济损失。

【类症鉴别】

病　　名	与牛酮病的相似点	与牛酮病的不同点
皱胃左方变位	产后发病，体温不高，呼出气、尿和牛乳有酮气味，腹痛	左侧最后三肋弓区听诊的蠕动音与瘤胃蠕动音不一致，并可听到钢管音，与对侧（最后三肋弓区）相比稍显膨胀，而左肷下陷
单纯性消化不良	体温不高，食欲、反刍减退，空嚼，有时粪干	不一定在产后突然发病，牛乳、尿和呼出气无酮气味
骨软症	体温不高，食欲、反刍减少，产后好卧、瘫痪	有异食癖，尾梢柔软可折叠，四肢运动强拘，牛乳、尿和呼出气无酮气味
子宫炎（可继发酮尿症）	血酮水平升高（一般不高于0.5毫克/毫升），拱腰	直肠检查，按压子宫敏感，按压时阴户流出分泌物增加，酮粉检验阳性

(续)

病　　名	与牛酮病的相似点	与牛酮病的不同点
乳腺炎（可继发酮尿症）	血酮水平升高（一般不高于0.5毫克/毫升），拱腰	乳房肿、痛、硬、热，尿酮粉检验呈阴性
青草搐搦	产前肥胖，感觉过敏，空嚼，沉郁凝视（警惕），摇摆，吃草，反刍废绝，沉郁兴奋反复间断发作	在大量施钾肥、氮肥的草地放牧，天气恶劣情况下易发，两耳竖立，突发声音或触动，均能引起惊厥。血清镁低于25~30毫克/升
产后瘫痪	产后发病，沉郁，食欲减退或废绝，嗜睡，体温不高	不愿走动，四肢肌肉震颤，皮温低，病后几小时即不能站立，昏睡，眼睑反射减弱或消失，瞳孔散大，肛门松弛，舌垂于唇外，流涎
牛妊娠毒血症	母牛肥胖，食欲减退，便秘，沉郁，凝视，有时狂躁，摇摆，腹痛	常在产前发病，共济失调，步态踉跄，卧地（常伏卧）不起，体温、心跳、呼吸均正常，先便秘后腹泻，粪恶臭

【预防】　加强泌乳盛期和干乳期的饲养管理，限制使用高蛋白质饲料，适量加糖。防止干乳期的牛过肥，日粮中干草和草粉的比例不低于30%，优质青贮饲料不低于30%，块根、块茎类饲料应占10%，精料不高于30%，加强运动，及时治疗前胃疾病，定期检测酮体。酵母120克、葡萄糖200克、酒精50毫升，加水120毫升制成合剂，有较好的预防和治疗作用，在干乳期或产前30天给予，每次间隔10天，连用2次。

【临床用药指南】　治疗原则以补充体内葡萄糖不足及提高酮体利用率为主、解除酸中毒，配合调整瘤胃机能及其他疗法。继发性酮病以根治原发病为主。治疗措施包括补糖治疗、抗酮治疗、对症治疗和中药治疗。

(1) **补糖治疗**　用50%葡萄糖溶液500毫升，1次静脉注射，每天2次，须重复注射，否则可能复发。重复饲喂丙二醇或甘油（每天2次，每次500克，连用2天；随后每天250克，用2~10天），效果很好。或丙酸钠，口服，每次250克，每天2次，连用3~5天；或乳酸钠或乳酸钙，首日用量1千克，随后为每天0.5千克，连用7天；或乳酸铵每天200克，连用5天。

(2) **抗酮治疗**　对于体质较好的病牛，用促肾上腺皮质激素（ACTH）200~600单位肌内注射，效果良好，而且方便易行。应用糖皮质激素（剂量相当于1克可的松，肌内注射或静脉注射）治疗酮病效果也很好，有助于病的迅速恢复，但治疗初期会引起产奶量下降。本法对于慢性病例或体弱的牛应慎用。

(3) **对症治疗**

1）水合氯醛很早就在奶牛酮病中得到应用，牛首次剂量为30克，以后每次剂量为7克，每天2次，连续3~5天。因首次剂量较大，通常用胶囊剂投服，以后剂量较小，可放在蜜糖或水中灌服。

2）维生素B_{12}（1毫克，静脉注射）和钴（每天100毫克硫酸钴，放在水和饲料中，口服）可用于治疗酮病。

3）静脉输入10%葡萄糖酸钙溶液或氯化钙溶液，缓解慢性酮病的神经症状，可有效预防营养不良。

4）解除酸中毒用5%碳酸氢钠溶液1000毫升，1次静脉注射。

5）防止不饱和脂肪酸生成过氧化物，可用维生素E，每次400~700毫克，内服。

6）促进皮质激素的分泌可用维生素A，每千克体重用500国际单位，内服。或用维生素C 2~3克，内服。丙二醇，每天每头牛用120克，可治血酮。

7）调整瘤胃机能，可喂健康牛瘤胃液3~5升，每天2~3次；或脱脂乳2升、蔗糖500~1000克，1次内服，每天1次。

8）保肝可用氯化胆碱、蛋氨酸、肝泰乐（葡醛内酯）等。

（4）中药治疗 神曲100克，苍术80克，党参、当归、赤芍、熟地、砂仁各60克，茯苓、木香、白术、甘草各50克，川芎40克，研为细末，开水冲调，候温灌服，每天1剂，连用3天。若粪中带有未消化饲料，重用砂仁80~100克，加肉桂50克；瘤胃蠕动弛缓者，加厚朴60克，枳壳50克；病程较长，超过20天，耳、鼻、四肢冰凉者，重用党参80~100克，加黄芪60克，黑附片50克；有恶露者，加益母草100克；有神经症状者，去茯苓，加石菖蒲、酸枣仁、茯神各40克，远志30克。

九、母牛卧倒不起综合征

母牛卧倒不起综合征是泌乳奶牛产前或产后发生的一种以"倒地不起"为特征的临床综合征，又称"爬行母牛综合征"。它不是一种独立的疾病，而是许多疾病经过中伴随的一个体征。大部分病例与生产瘫痪同时发生。广义地认为，凡是经两次或多次钙制剂治疗无反应或反应不完全的倒地不起母牛，都可归属在这一综合征范畴内。母牛卧倒不起综合征不但发病率高，致死率也高。究其原因，除疾病本身的发生过程比较急骤、病因比较复杂以外，兽医在诊治上未能做到及时和准确也是一个重要原因。

【发病原因】卧倒不起综合征按病因可分为以下几种。

（1）营养代谢性病因 主要是由于饲料品质不良，特别是矿物质缺乏引起的，如低磷酸盐血症、低钙血症（图6-32）、低镁血症、低钾血症（图6-33）、白肌病和酮病等。

图6-32 母牛卧倒不起综合征（低钙血症）

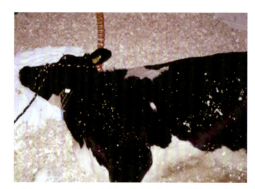
图6-33 母牛卧倒不起综合征（低钾血症）

（2）产科性病因 如产道及周围神经受损、脓性子宫内膜炎、乳腺炎、胎盘滞留等。

（3）外伤性病因 主要指骨骼、神经、肌肉、韧带、关节周围组织损伤及关节脱臼等。包括腓肠肌断裂（图6-34）、髋关节损伤、闭孔神经麻痹（图6-35）、腓神经麻痹、关节脱臼（图6-36）、桡神经麻痹（图6-37）、坐骨神经损伤（图6-38）、股骨头脱臼（图6-39）、骨折（图6-40）等。

（4）其他原因 如某些重症疾病，如肾机能衰竭、中枢疾病等也可引起本病。

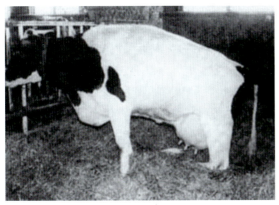
图 6-34　病牛两侧腓肠肌断裂

图 6-35　闭孔神经麻痹

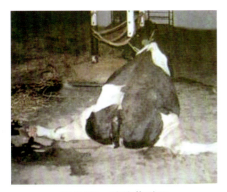
图 6-36　髋关节脱臼

图 6-37　桡神经麻痹

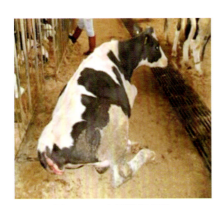
图 6-38　坐骨神经损伤

图 6-39　股骨头脱臼（跗关节之上大腿处的折痕）

【临床症状】　倒地不起常发生于产犊过程或产犊后 48 小时内。饮欲、食欲正常或减退，体温正常或稍有升高，但心率增加到每分钟 80~100 次，脉搏细弱。严重病例则呈现感觉过敏，并且在倒地不起时呈现某种程度的四肢抽搐、食欲消失。大多数病例呈现低钙血症、低磷酸盐血症、低钾血症、低镁血症（图 6-41）。血糖浓度正常，血清肌酸磷酸激酶（CK）和天门冬氨酸氨基转移酶（AST）活性在躺卧 18~20 小时后可明显升高，并可持续数天。有的病牛表现中度的酮尿症、蛋白尿，也可在尿中出现一些透明圆柱和颗粒圆柱。有些病牛见有低血压和心电图异常。

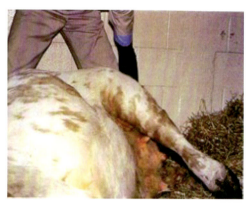

图 6-40　长骨骨折（注意肿胀非常明显）　　图 6-41　母牛卧倒不起综合征（低镁血症）

【预防】　在消除病因的基础上，采取对症治疗，特别应防止肌肉损伤和褥疮形成，可适当给予垫草及定期翻身，或在可能情况下人工辅助站立，经常投予饲料和饮水。静脉补液和对症治疗，有助于病牛的康复。

【临床用药指南】

1）当怀疑伴有低磷酸盐血症时，可用 20% 磷酸二氢钠溶液 300~500 毫升静脉注射。

2）当怀疑为低镁血症时，可静脉注射 25% 硼葡萄糖酸镁溶液 400 毫升。

3）当怀疑为低钾血症时，可将 10% 氯化钾溶液 80~100 毫升加入 2000~3000 毫升葡萄糖生理盐水溶液中静脉注射，静脉注射钾剂时要注意控制剂量和速度。

4）可应用皮质醇、兴奋剂、维生素 B、维生素 E 和硒等药物对症治疗。

第七章　体表皮肤形态异常及皮肤创伤肿瘤等疾病的鉴别诊断与防治

第一节　体表皮肤形态异常及皮肤创伤肿瘤等疾病的发生因素

一、皮肤及皮下组织肿胀的发生因素

皮肤或皮下组织的肿胀，可由多种原因而引起，不同原因引起的肿物又有不同的特点。

（1）**大面积的弥漫性肿胀**　伴有局部的热、痛及明显的全身反应（如发热等），应考虑蜂窝织炎的可能，尤多发生于四肢，常因创伤感染而继发。

（2）**皮下浮肿**　好发于胸、腹下的大面积肿胀或阴囊、阴筒与四肢末端的肿胀，一般局部并无热、痛反应，多提示为皮下浮肿，触诊呈生面团样硬度且指压后留有指压痕为其特征。依发生原因可分为营养性、肾性及心性浮肿。营养性浮肿常见于重度贫血、高度的衰竭（低蛋白血症）；肾性浮肿多原于肾炎或肾病；心性浮肿则是由于心脏衰弱、末梢循环障碍并进而发生瘀血的结果。牛的皮下浮肿，多见于下颌、颈下、胸垂、胸下及腹下等处。除应注意于一般的心性、肾性、营养性浮肿外，严重的皮下浮肿，提示创伤性心包炎或肝片吸虫病。

（3）**皮下气肿**　偶于肘后、颈侧等处发生肿胀，触诊有捻发感，且局部无热、痛反应，应考虑皮下气肿。颈侧的皮下气肿，常因肺间质气肿时空气沿气管、食管周围组织窜入皮下而引起；肘后的气肿可于附近皮肤损伤（裂创）后，随运动因空气窜入皮下而引起，统称为窜入性皮下气肿。牛的颈侧皮下气肿，也可由于食管破裂后气体窜入皮下而引起。此外，当厌气性细菌感染后，由局部组织腐败分解而产生的气体积聚于组织局部，也可引起皮下气肿，此时，肿胀局部有热、痛，且常伴随皮肤的坏死及较重的全身反应（如发热、沉郁等），切开后可流出暗红色、混有气泡并带恶臭味的液体。常发生于肌肉层较厚的臀部、股部，如发生恶性水肿病或气肿疽时。

（4）**脓肿、血肿、淋巴外渗**　共同特点是呈局限性（圆形）肿胀，触诊呈明显的波动感；好发于躯干（颈侧、胸腹侧）或四肢的上部。必要时宜行穿刺并抽取内容物而进行区别。

（5）其他肿物

1）疝（赫尔尼亚）。腹壁或脐部、阴囊部的触诊呈波动感的肿物，要考虑有疝症（腹壁疝、脐疝、阴囊疝）的可能，此时，进行深部触诊可探索到疝孔，且有时可将脱垂肠段还纳，听诊时局部有肠蠕动音，并应结合病史、病因等条件而仔细进行区别。

2）体表的局限性的肿物，如触诊呈坚实感，则可能为骨质增生、肿瘤、肿大的淋巴结等。牛的下颌附近的坚实性肿物，宜提示放线菌病。

二、皮肤创伤与溃疡的发生因素

皮肤完整性的破坏，还可表现为各种创伤及溃疡，一般性的创伤与溃疡，可见于普通的外科病。于骨骼的凸起或棱角处，常有擦破创或形成结痂或留有溃疡，多为褥疮的结果，可见于引起长期躺卧的病程中（卧倒不起综合症、四肢病或衰竭症时）可参照病史而判定。若多个成年牛的腹侧或其他部位皮肤干性坏死、皮肤变硬，毛稀少蓬乱、黑色，蹄底角质腐烂，有污黑臭液时，应考虑坏死杆菌病。

第二节 常见疾病的鉴别诊断与防治

一、坏死杆菌病

坏死杆菌病是由坏死杆菌引起牛的一种慢性传染病。其特征为多种组织坏死，尤其是皮肤、皮下组织和消化道黏膜的坏死，有时在其他脏器上形成转移性坏死灶。成年牛感染本菌则常发生坏死性蹄炎，又称"腐蹄病"；犊牛感染本菌呈坏死性口炎，也称"犊白喉"。

【流行特点】

（1）**易感动物** 多种动物和野生动物均有易感性，人也会偶尔感染，其中牛、羊最易感，尤其是奶牛和绵羊更易感。

（2）**传染源** 病牛和带菌牛为主要传染源。

（3）**传播途径** 病牛常通过粪便排出病原菌、污染土壤、泥塘、饲养场，通过损伤的皮肤、黏膜而感染，通常以蹄部和四肢皮肤、口腔黏膜和生殖道黏膜发生较多，并可经血流散播全身。

（4）**流行季节** 许多诱因如牛舍和运动场泥泞、杂有碎石，相互撕咬和践踏，吸血昆虫叮咬，饲喂坚硬尖锐的草料，饲料中钙、磷不足及维生素缺乏，营养不良，闷热，潮湿，污秽的环境等，均易引发本病。在多雨、潮湿和炎热季节多发。呈散发性或地方性流行。

【临床症状和病理变化】 潜伏期数小时至1~2周，平均为1~3天。成年牛就表现为腐蹄病，犊牛则表现为犊白喉。

（1）**腐蹄病** 成年牛多见。病初跛行，病肢不敢负重，喜卧地。蹄部肿胀，发热，叩击或用力按压病部时出现痛感（图7-1）。清理蹄底时，可见小孔或创洞，内有腐烂的角质和污黑的臭水，病程长者可见蹄壳变形、脱落（图7-2）。在趾（指）间、蹄冠、蹄缘、蹄踵等处出现蜂窝织炎时，多形成脓肿、脓漏或皮肤坏死（图7-3和图7-4），发出难闻的坏死气味，坏死部位也可波及腱、韧带和关节。病牛卧地不起，全身症状恶化，进而发生脓毒败血症而死亡。

图 7-1　蹄间隙红肿、热痛

图 7-2　蹄壳脱落，蹄底腐烂

图 7-3　趾间出现蜂窝织炎，形成脓肿、脓漏

图 7-4　蹄踵部出现蜂窝织炎，形成脓肿、脓漏

（2）**犊白喉**　多发生于 1~4 月龄犊牛。病初体温升高至 39.5~40.5℃，厌食，流涎（图 7-5），鼻漏呈脓样（图 7-6），齿龈、颊部、硬腭、舌及咽部有界限明显的硬肿，上附粗糙、污秽褐色的坏死物质。坏死物脱落留下溃疡，边缘肥厚，底部不平整。鼻腔、气管黏膜也有病变。当喉部、肺部感染，呼吸困难，咳嗽短具有痛感，呼出气具有腐臭味，通常经 7~10 天死亡。病程长者，食欲恢复，体重增加缓慢，因部分勺状软骨凸入喉腔，故持续呈现喘鸣声。剖检可见舌、齿龈黏膜上有溃疡，上附坏死黏膜及渗出物（图 7-7），溃疡底部有肉芽增生。喉、气管、鼻、皱胃及大肠也可见有类似病变（图 7-8）。当肺部感染，可见有肺炎灶、胸膜炎，以及肝脏肿大、有坏死灶。

图 7-5　病犊牛流涎

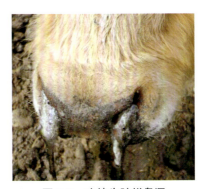

图 7-6　病犊牛脓样鼻漏

图 7-7 舌黏膜上有溃疡，上附坏死黏膜

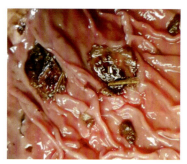

图 7-8 皱胃黏膜上的溃疡

【类症鉴别】

病　名	相　似　点	不　同　点
腐蹄病与干性坏疽	皮肤坏死、干燥、皱缩、硬固	无传染性。多因火烧、强酸等原因造成，体温不高
腐蹄病与蹄腐烂	蹄间皮肤和组织腐败，有恶臭分泌物，跛行	无传染性。先由蹄间裂的后面开始，而后蹄冠周围组织及关节发炎
犊白喉与咽炎	咽喉肿胀、呼吸、吞咽困难	无传染性。颌下不水肿，口腔无溃疡，无伪膜
犊白喉与溃疡性口炎	口腔有溃疡，易出血，流涎	体温不高，溃疡无伪膜。无传染性

【预防】

（1）**加强饲养管理，消除诱发因素**　改善环境卫生条件，及时清除圈舍、运动场积水，保持干净、干燥；防止过度拥挤，避免外伤发生，不在低洼潮湿地区放牧。

（2）**对症治疗**　发生外伤时，应及时用 5% 碘酊涂擦伤口，以防感染；对患腐蹄病的牛及犊白喉的犊牛，隔离治疗，污染的环境应彻底消毒；助产时要细心，脐带要严格消毒；营养要合理，给予优质细嫩干草。

【临床用药指南】　以局部治疗为主，配合全身抗感染治疗。

（1）**局部治疗**

1）腐蹄病的治疗。首先彻底清除坏死组织，腐蹄处用 10%~30% 硫酸铜溶液或 5% 福尔马林溶液灌洗，再撒以磺胺粉，包扎蹄绷带，将病牛置于干燥清洁的环境中饲养，每天或隔天换药 1 次。也可用 1% 高锰酸钾溶液或 3% 来苏儿溶液冲洗，在蹄底的孔或洞内填塞硫酸铜粉、水杨酸粉或高锰酸钾粉。对软组织可用松馏油、磺胺碘仿或抗生素（如土霉素）等药物，以绷带包扎，再以融化的柏油涂布以防水渗入创伤内。

2）犊白喉的治疗。先除去口腔内的坏死组织及可见的伪膜，每天用 3% 过氧化氢溶液或 1% 高锰酸钾溶液洗涤 2 次，然后涂抹碘甘油或撒布冰硼散（冰片 15 克、朱砂 18 克、元明粉 150 克，研末备用），每天 3 次，连用 3~5 天。对本病的溃疡创面，也可用青霉素治疗，即先将病变部位清洗干净，再用绷带包扎，将青霉素生理盐水溶液经引流管注入，每天 3 次，每次 10 毫升左右，每毫升生理盐水内含青霉素 4000~6000 单位，现配现用。

（2）**全身抗感染治疗**　出现全身症状时，要消除炎症，防止病灶转移。常用青霉素（肌内注射，剂量为每次每千克体重 22000 单位，每天 2 次，连用 7~14 天）或用氨苄青霉素、土霉素、头孢菌素等，并结合磺胺类药物（剂量为第一天每千克体重 140 毫克，以后按每天每千克体重 70 毫克，连用 3~5 天）。根据全身症状，必要时可静脉注射葡萄糖注射液、安钠咖注射液，肌内注射维生素 A 注射液、维生素 D 注射液等。

二、创伤

（一）撕裂创

【发病原因】 撕裂创或称裂创，是由钩、钉等物的钝性牵引所造成。

【临床症状】 创形不整齐，组织发生撕裂或剥离，创缘呈现不正的锯齿状，创腔深浅不一（图 7-9），创壁和创底凹凸不平，存在有创囊和组织碎片，创口很大，出血很少，剧烈疼痛（图 7-10）。

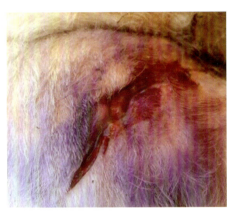 

图 7-9　创缘不正、创腔深浅不一的撕裂创　　图 7-10　出血少的撕裂创

【临床用药指南】

1）首先用灭菌纱布遮盖创面，剪除创围被毛；再用冷生理盐水或消毒液洗涤创围和创面，用镊子除去创面上的毛发和凝血块，并用 70% 酒精棉球擦拭干净；创面撒以青霉素粉或 1∶9 碘仿磺胺粉；创围涂以凡士林，盖上脱脂棉或纱布。

2）对严重的撕裂创，在清洗、消毒之后，应修正创缘、创壁，撒以抗菌药粉，进行缝合。

3）在炎热季节，应给创伤外部施用驱蝇防腐剂，以防止发生蝇蛆病。

（二）刺创

【发病原因】 刺创一般是由于尖钉、尖桩或其他尖锐的东西刺入皮肤和肌肉而形成的。

【临床症状】 创口小，创道狭而长（图 7-11），常伴发深部组织内出血，或形成血肿。当致伤异物在创内折断而存留时，易形成化脓性窦道，或引起厌氧菌感染。

【临床用药指南】 深部刺伤非常危险，决不可因为看到只是一个小孔而认为无关大局，随便对表面清洗擦干就了结，因为这种伤口给细菌的侵入开了方便之门，最危险的是容易继发破伤风。应该在拔除异物之后，给伤口内注入 0.1% 高锰酸钾溶液或 3% 过氧化氢溶液进行彻底消毒，然后给创道内灌注 5% 碘酊或抗生素药液。根据实际情况决定是否缝合。

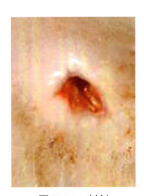

图 7-11　刺创

三、血肿

血肿是由于各种外力作用，导致血管破裂，溢出的血液分离周围组织，形成充满血液的腔洞。

【发病原因及发病机理】 血肿常见于软组织非开放性损伤，但骨折、刺创、火器创也可形成血肿。血肿形成的速度较快，其大小决定于受伤血管的种类、粗细和周围组织性状，一般均呈局限性肿胀，且能自然止血。较大的动脉破裂时，血液沿筋膜下或肌间浸润，形成弥漫性血肿。较小的血肿，由于血液凝固而缩小，其血清部分被组织吸收，凝血块在蛋白分解酶的作用下软化、溶解和被组织逐渐吸收。其后由于周围肉芽组织的新生，使血肿腔结缔组织化。较大的血肿周围，可形成较厚的结缔组织囊壁，其中央仍贮存未凝的血液，时间较久则变为褐色甚至无色。

【临床症状】 牛的血肿常发生于胸前和腹部（图7-12）。血肿可发生于皮下、筋膜下、肌间、骨膜下及浆膜下（图7-13~图7-15）。根据损伤的血管不同，血肿分为动脉性血肿、静脉性血肿和混合性血肿。血肿的临床特点是肿胀迅速增大，肿胀呈明显的波动感或饱满有弹性。穿刺时，可排出血液（图7-16）。4~5天后肿胀周围坚实，并有捻发音，中央部有波动，局部增温，由于凝固有时穿刺无血液。有时可见局部淋巴结肿大和体温升高等全身症状。

图7-12　腹侧壁的巨大血肿

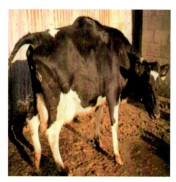

图7-13　奶牛背部皮下血肿

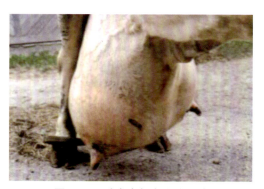

图7-14　乳房内部发生的血肿

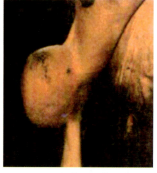

图7-15　跗关节外侧发生的血肿

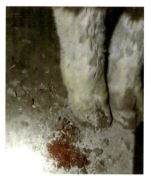

图7-16　血肿穿刺排出血液

【类症鉴别】

病　名	与血肿的相似点	与血肿的不同点
脓肿	局部增温，肿胀，有波动	穿刺有脓液流出
淋巴外渗	物器撞击后出现肿胀，有波动感	一般撞击后几天才出现肿胀，无热、无痛，穿刺有橙黄色稍透明的淋巴液流出

【临床用药指南】 治疗重点应从制止溢血、防止感染和排除积血着手。可于患部涂碘酊，装压迫绷带。经4~5天后，可穿刺或切开血肿，排除积血或凝血块和挫灭组织，如发现继续出血，可行结扎止血，清理创腔后，再行缝合创口或开放疗法。

四、脓肿

脓肿是指在任何组织或器官内形成外有脓肿膜包裹，内有脓汁潴留的局限性脓腔。如果在解剖腔内（胸膜腔、喉囊、关节腔、鼻窦、子宫）有脓汁潴留时则称为蓄脓，如关节蓄脓、上颌窦蓄脓、胸膜腔蓄脓、子宫蓄脓等。

【发病原因】 本病的主要致病菌是金黄色葡萄球菌（图7-17），其次是化脓性链球菌（图7-18）、大肠杆菌、绿脓杆菌和化脓棒状杆菌，有时可见结核杆菌、放线菌等。刺激性强的化学药品，如氯化钙、高渗盐水、水合氯醛等被误注或注射时漏入皮下、肌肉也能发生脓肿；注射时不遵守无菌操作规程可于注射部位发生脓肿；由原发病的细菌经血液或淋巴循环转移至新的组织或器官内则形成转移性脓肿。往往是由于炎症组织在细菌产生的毒素或酶的作用下，发生坏死、溶解，形成脓腔，腔内的渗出物、坏死组织、脓细胞和细菌等共同组成脓液。由于脓液中的纤维蛋白形成网状支架才使得病变限制于局部，使脓腔周围充血水肿和白细胞浸润，最终形成以肉芽组织增生为主的脓腔包膜。

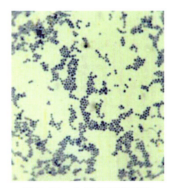
图7-17　金黄色葡萄球菌

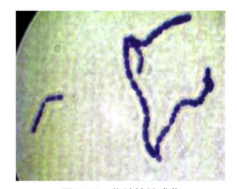
图7-18　化脓性链球菌

【临床症状】 按脓肿发生部位，可分为浅在性脓肿和深在性脓肿。

(1) **浅在性脓肿** 浅在性脓肿又分为浅在性热性脓肿和浅在性冷性脓肿。浅在性热性脓肿常发生于皮肤、皮下结缔组织、筋膜下及表层肌肉组织内（图7-19~图7-22）。初期局部肿胀无明显的界限而稍高出皮肤表面。触诊时局部温度升高，坚实，有剧烈的疼痛反应。以后肿胀的界限逐渐清晰并在局部组织细胞、致病菌和白细胞崩解破坏最严重的地方开始软化并出现波动（图7-23）。由于脓汁溶解表层的脓肿膜和皮肤，脓肿可自溃排脓。但常因皮肤溃口过小，脓汁不易排尽。浅在性冷性脓肿，一般发生缓慢，局部缺乏急性炎症的主要症状（图7-24），即虽有明显的肿胀和波动感，但缺乏或仅有非常轻微的温热和疼痛反应。

图 7-19　皮肤浅在性热性脓肿

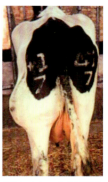
图 7-20　左后肢股部浅在性热性脓肿

图 7-21　牛颌下浅在性热性脓肿

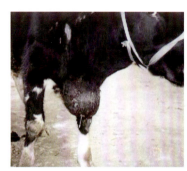
图 7-22　奶牛胸前浅在性热性脓肿

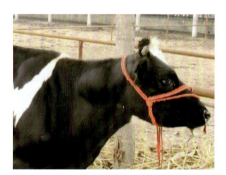
图 7-23　肿胀的界限清晰并出现波动

（2）**深在性脓肿**　发生在深层肌肉、肌间、骨膜下、腹膜下及内脏器官中。局部肿胀增温的症状常见不到。但常出现皮肤及皮下结缔组织的炎性水肿，触诊时有疼痛反应并常有指压痕。深在性脓肿未能及时切开，其脓肿膜在脓汁的作用下容易发生变性坏死，最后在脓汁的压力下可自行破溃。脓汁沿解剖学通路下沉形成流注性脓肿。这时新的流注性脓肿和原发性脓肿之间经常有一个或多个通道互相连通。由于病牛从局部吸收大量的有毒分解产物而出现明显的全身症状，严重时还可能引起败血症。内脏器官脓肿常常是转移性脓肿或败血症的结果。如在牛创伤性心包炎时，心包、膈肌、网胃和膈连接处常见到多发性脓肿。病牛慢性消瘦，体温升高，食欲和精神不振（图 7-25），血常规检查时白细胞数明显增多，特别是分叶核白细胞显著增多。

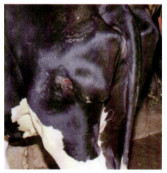
图 7-24　浅在性冷性脓肿

图 7-25　患腹腔脓肿的牛，消瘦、脱水、全身症状明显

【类症鉴别】

病　　名	与脓肿的相似点	与脓肿的不同点
血肿	局部增温，肿胀，有波动	一般撞击后迅速出现肿胀，针刺有血液流出
淋巴外渗	肿胀，有波动	一般撞击后几天才出现肿胀，无热、无痛，穿刺有橙黄色稍透明的淋巴液流出
外伤性腹壁疝	与腹侧壁脓肿相似点：肿胀，有波动	与腹侧壁脓肿不同点：钝器撞击后出现肿胀，可在肿胀的偏上方摸到疝孔，听诊有肠蠕动音，疝孔大时肿部内容物可还纳腹腔
蜂窝织炎	局部肿胀，有热痛	局部肿胀迅速大面积扩散，增温，疼痛剧烈和机能障碍，并有全身症状

【预防】 注射给药时应执行严格无菌操作规程；经静脉注射刺激性药物时，应避免将其漏出静脉；发生外伤时，应及时处理，防止感染。

【临床用药指南】 治疗原则是初期消炎止痛、促进炎性产物吸收，后期促进脓肿成熟、排出脓汁。若出现全身症状时，及时采用抗菌消炎、强心补液等对症疗法。

(1) **消炎、止痛及炎性产物的消散吸收** 对于脓肿的初期，可涂以消炎止痛作用的软膏（红霉素软膏、鱼石脂软膏等），也可使用冷疗法。或用1%普鲁卡因青霉素溶液分点注射于脓肿周围，或采用复方醋酸铅散于患部冷敷，以促进炎症的消退和局限化。

(2) **促进脓肿成熟** 当炎性渗出停止后，局部可用温热疗法或用10%~30%鱼石脂软膏涂敷，促进脓肿成熟。同时配合应用抗生素或磺胺类药物。

(3) **手术治疗** 常用的手术疗法有3种：脓汁抽出法、脓肿摘除法、脓肿切开法。

1) 脓汁抽出法。适用于病变部位不宜进行脓肿切开、脓肿膜形成良好的小脓肿，如关节部脓肿。其方法是利用注射器将脓肿腔内的脓汁抽出，然后用生理盐水反复冲洗脓腔，抽净腔中的液体，最后灌注混有抗生素的溶液（图7-26和图7-27）。

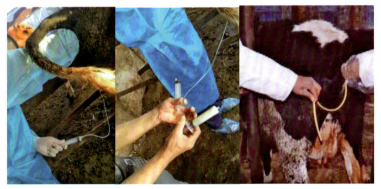
图7-26　阴道壁脓肿穿刺排脓

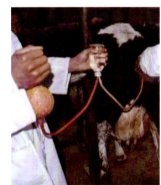
图7-27　对脓腔进行冲洗

2) 脓肿摘除法。常用以治疗脓肿膜完整的浅在性小脓肿。在小脓肿周围的健康组织上完整切除脓肿，然后缝合形成新的无菌手术创。此时需注意勿刺破脓肿膜，防止新鲜手术创被脓汁污染。

3) 脓肿切开法。脓肿成熟出现波动后立即切开（图7-28和图7-29）。①切口应选择在波动最明显且容易排脓的部位。②按手术常规操作对局部进行剪毛消毒，再根据情况对牛进行局部或全身麻醉。③切开前为了防止脓肿内压力过大脓汁向外喷射，可先用粗针头将脓汁排出一部分。④切开时一定要防止外科刀损伤对侧的脓肿膜。⑤切口要有一定的长度并做纵向切口以保证在治疗过程中脓汁能顺利地排出。⑥深在性脓肿切开时除进行确实麻醉外，最好进行分层切开，并对出血的血管进行仔细的结扎或钳夹止血，以防引起脓肿的致病菌进入血液循环，而被带至其他组织或器官发生转移性脓肿。⑦脓肿切开后，要尽量排尽脓汁，但切忌用力压挤脓肿壁，或用棉纱等粗暴擦拭脓肿膜里面的肉芽组织，这样就有可能损伤脓肿腔内的肉芽性防卫面而使感染扩散。⑧如果一个切口不能彻底排空脓汁时可根据情况做必要的辅助切口，如反对孔等。⑨对浅在性脓肿可用较温和的防腐液（3%过氧化氢溶液、0.1%新洁尔灭溶液等）或生理盐水反复清洗脓腔；刺激性大的防腐剂，如碘、汞、黄色素等用于伤口处理时，会破坏细胞，延迟愈合；最后用脱脂纱布轻轻吸出残留在腔内的液体。⑩切开后的脓肿创口可按化脓创进行外科处理，装置油剂类或高渗引流条，定时（24~48小时）清洗脓腔和更换引流条，直至伤口愈合。

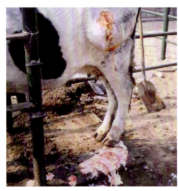
图 7-28 站立保定，切开排出脓汁

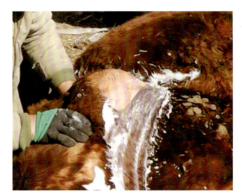
图 7-29 倒卧保定，切开排出脓汁

（4）中药治疗

1）脓肿初期，用大黄、黄柏、姜黄、白芷、天花粉各 30 克，天南星、陈皮、苍术、厚朴各 25 克，甘草 15 克，共为细末，醋调，涂于患部。

2）脓肿破溃后，用 2%~4% 黄柏溶液洗涤创口，然后用炉甘石 1.5 克、滑石 30 克、龙骨 15 克、朱砂 3 克、冰片 1 克，研极细末，撒于创口。

五、蜂窝织炎

在疏松结缔组织内发生的急性弥漫性化脓性炎症称为蜂窝织炎。它常发生在皮下、筋膜下及肌间的蜂窝组织内，在其中形成浆液性、化脓性和腐败性渗出液并伴有明显的全身症状为特征。

【发病原因】 引起蜂窝织炎的致病菌主要是葡萄球菌和链球菌等化脓性球菌，比较少见的是腐败菌或化脓菌和腐败菌混合感染。疏松结缔组织内误注或漏入刺激性强的化学制剂后也能引起蜂窝织炎的发生。一般是经皮肤的微细创口而引起的原发性感染，也可能继发于邻近组织或器官化脓性感染的直接扩散，或通过血液循环和淋巴道的转移。

【临床症状】 病程发展迅速。其局部症状主要表现为大面积肿胀，局部增温，疼痛剧烈和机能障碍。其全身症状主要表现为病牛精神沉郁，体温升高，食欲不振并出现各系统（循环、呼吸及消化系统等）的机能紊乱。由于发病的部位不同其症状也有差异。

（1）皮下蜂窝织炎 常发生于四肢（特别是后肢）（图 7-30），主要是由于外伤感染所引起。病初局部出现弥漫性渐进性肿胀。触诊时热痛反应非常明显。初期触诊呈捏粉状有指压痕，后则变为稍坚实感。局部皮肤紧张，无可动性。随着炎症的进展，局部的渗出液则由浆液性转变为化脓性浸润。此时患部肿胀更加明显，热痛反应剧烈，病牛体温显著升高。随着局部坏死组织的化脓性溶解而出现化脓灶，触诊柔软而有波动感。

(2) **筋膜下蜂窝织炎** 常发生于前肢的前臂筋膜下、背腰部的深筋膜下，以及后肢的小腿筋膜下和股阔筋膜下的疏松结缔组织中（图7-31）。其临床特征是患部热痛反应剧烈，机能障碍明显，患部组织呈坚实性炎性浸润。病程根据发病筋膜的局部解剖学特点而向周围蔓延，全身症状严重恶化，甚至发生全身化脓性感染而引起牛的死亡。

(3) **肌间蜂窝织炎** 常继发于开放性骨折、化脓性骨髓炎、关节炎及腱鞘炎之后。有些是由于皮下或筋膜下蜂窝织炎蔓延的结果。感染可沿肌间和肌群间大动脉及大神经的干的径路蔓延。首先是肌外膜，然后是肌间组织，最后是肌纤维。先发生炎性水肿（图7-32），继而形成化脓性浸润并逐渐发展成为化脓性溶解。患部肌肉肿大、肥厚、坚实、界限不清，机能障碍明显，触诊和运动时疼痛剧烈（图7-33）。表层筋膜因组织内压增高而高度紧张，皮肤可动性受到很大的限制。肌间蜂窝织炎时全身症状明显，体温升高，精神沉郁，食欲不振。局部已形成脓肿时，切开后可流出灰色、常带血样的脓汁。有时由化脓性溶解可引起关节周围炎、血栓性血管炎和神经炎。

图7-30 牛后肢股部蜂窝织炎

图7-31 颈下部蜂窝织炎

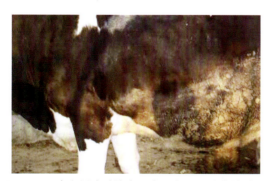

图7-32 牛左侧腹壁蜂窝织炎，大面积的炎性肿胀

图7-33 左侧胸壁胸肌、肌间蜂窝织炎

【类症鉴别】

病　　名	与蜂窝织炎的相似点	与蜂窝织炎的不同点
脓肿	局部肿胀，有热痛	肿胀面积不会迅速扩大，全身不显症状。后期肿胀无热，四周边缘坚硬，顶部柔软有波动，穿刺有脓液流出

病　　名	与蜂窝织炎的相似点	与蜂窝织炎的不同点
牛气肿疽	局部肿胀，有热痛，跛行，体温高（41~42℃），精神不振	有传染性，体温较高，肿胀多在四肢上部，初热痛，后中央变冷、无痛，按压有捻发音，叩之鼓音，流行初期常在24小时内死亡
恶性水肿	体温高（40~41℃），减食，肿胀扩大迅速，初有热痛	有传染性，肿胀初坚硬、灼热、疼痛，后变无热、无痛，按压柔软，有轻度捻发音，多发生在颈部，呼吸困难，如切开肿胀流出含有少数气泡的褐红色或浅黄色液体，常1~3天死亡

【临床用药指南】 蜂窝织炎治疗原则是：减少炎性渗出、抑制感染扩散、减轻组织内压、改善全身状况、增强机体抗病能力。

（1）局部治疗

1）控制炎症发展和促进炎症产物消散吸收。①最初24~48小时以内，可用冷敷（10%鱼石脂酒精、90%酒精、醋酸铅明矾液、栀子浸液），涂以醋调制的醋酸铅散。②用0.5%盐酸普鲁卡因青霉素溶液做病灶周围封闭。③当炎性渗出已基本平息（病后3~4天），可用上述溶液温敷；也可使用He-Ne激光照射、超短波及微波电疗等。④在蜂窝织炎的治疗上，也可外敷雄黄散，内服连翘散。

2）手术切开。①倘若冷敷后炎性渗出不见减轻，组织出现增进性肿胀，病牛体温升高和其他症状都有明显恶化的趋势时，应立即进行手术切开。②局限性蜂窝织炎脓肿时，可等待其出现波动后再行切开。③手术切开时应根据情况做局部或全身麻醉。④浅在性蜂窝织炎应充分切开皮肤、筋膜、腱膜及肌肉组织等。⑤切口必须有足够的长度和深度，做好纱布条引流。⑥必要时应造反对孔。⑦四肢应做多处切口，最好是纵切或斜切。⑧伤口止血后可用中性盐类高渗溶液（常用的是10%硫酸镁或硫酸钠的溶液）做引流以利于组织内渗出液的外流（图7-34）。

图7-34　剃毛消毒后，做小切口切开皮肤和肌肉，用10%硫酸镁纱布引流减压，防止组织压迫坏死

（2）全身治疗　早期应用抗生素、磺胺类药物及盐酸普卡因封闭治疗。对病牛要加强饲养管理，特别是多给些富有维生素的饲料。注意纠正水和电解质及酸碱平衡的紊乱，进行合理的输液。

六、淋巴外渗

淋巴外渗是在钝性外力作用下，由于淋巴管断裂，致使淋巴液积聚于组织内的一种非开放性损伤。

【发病原因】 原因是钝性外力在动物体上强行滑擦，致使皮肤或筋膜与其下部组织发生分离，淋巴管发生断裂。

【临床症状】 淋巴外渗经常发生于淋巴管较丰富的皮下结缔组织，而筋膜下或肌间则较少。成年牛常发生于颈部、胸前部、鬐甲部、腹侧部、臂部和股内侧部等（图7-35）。

淋巴外渗在临床上发生缓慢，一般于伤后 3~4 天出现肿胀，并逐渐增大，有明显的界线，呈明显的波动感，皮肤不紧张，炎症反应轻微。穿刺液为橙黄色稍透明的液体，或其内混有少量的血液。时间较久，析出纤维素块，如囊壁有结缔组织增生，则呈明显的坚实感。

【类症鉴别】

病　　名	与淋巴外渗的相似点	与淋巴外渗的不同点
血肿	物器撞击后出现肿胀，有波动感	一般撞击后迅速出现肿胀，稍有热痛，穿刺有血液流出
脓肿	肿胀，有波动	病初有热痛，病稍久无热、无痛，而在肿胀中心显波动，穿刺有脓液流出
外伤性腹壁疝	与腹侧壁的淋巴外渗相似点：钝器撞击后出现肿胀，无热、无痛，皮肤无损伤	与腹侧壁的淋巴外渗不同点：可在肿胀的偏上方摸到疝孔，听诊有肠蠕动音，疝孔大时肿部内容物可还纳腹腔

【临床用药指南】

1）首先使牛安静，有利于淋巴管断端的闭塞。

2）较小的淋巴外渗可不必切开，于波动明显部位，用注射器抽出淋巴液，然后注入 95% 酒精或酒精福尔马林液（95% 酒精 100 毫升、福尔马林 1 毫升、5% 碘酊 1 毫升，混合备用），停留片刻后，将其抽出，以期淋巴液凝固堵塞淋巴管断端，而达到制止淋巴液流出的目的。应用一次无效时，可行第二次注入。

3）较大的淋巴外渗，可行切开（图 7-36），排出淋巴液及纤维素（图 7-37），用酒精福尔马林液冲洗，并将浸有上述药液的纱布填塞于腔内（图 7-38），进行假缝合。当淋巴管完全闭塞后，可按创伤治疗。

图 7-35　右侧腹部淋巴外渗

图 7-36　在淋巴外渗最低位切开

图 7-37　排出淋巴液并取出腔内纤维素块

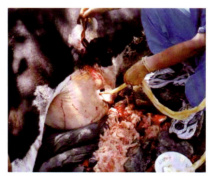

图 7-38　向腔内填塞浸有酒精福尔马林液的纱布绷带

4）治疗时应当注意，长时间的冷敷能使皮肤发生坏死；温热、刺激剂和按摩疗法，均可促进淋巴液流出和破坏已形成的淋巴栓塞，都不宜应用。

七、疝

疝是腹部的内脏从自然孔道或病理性破裂孔脱出至皮下或其他解剖腔的一种常见疾病。常见的有脐疝和外伤性腹壁疝。

（一）脐疝

脐疝是指腹腔内脏从扩大了的脐孔进入皮下而引起的疾病。临床上以脐部出现局限性球形肿胀为特征。

【发病原因】 脐疝多发生于犊牛，可见于出生时，或出生后数天或数周。主要由于先天性脐部发育缺陷，犊牛出生后脐孔闭合不全；母牛分娩期间强力撕咬脐带，造成断脐过短；分娩后过度舔犊牛脐部，导致脐孔不能正常闭合而发病。也见于犊牛出生后脐带化脓感染，从而影响脐孔正常闭合而发生本病。

【临床症状】 脐部出现局限性球形隆起，触摸柔软，无痛，多易整复，也有的紧张，但缺乏红、痛、热等炎性反应。疝内容物由拳头大小可发展至小儿头大甚至更大（图7-39）。病初多数能在改变体位时疝内容物还纳回腹腔，并可摸到疝轮，听诊可听到肠蠕动音。随结缔组织增生，脐疝因内容物与疝囊或疝孔缘发生粘连或嵌闭，则不能还纳入腹腔，触诊囊壁紧张且富有弹性，并不易触及脐孔。病牛表现不安，食欲废绝。如继发腹膜炎，则体温升高，脉搏加快，严重时可发生休克。

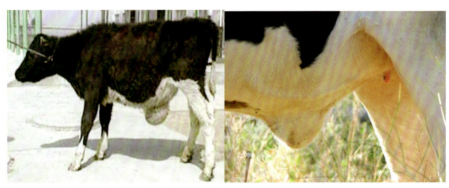

图7-39　犊牛脐疝

【类症鉴别】

病　名	与脐疝的相似点	与脐疝的不同点
脐部脓肿	脐部肿胀，无热痛	按压肿胀部不能减少内容物，脐部无疝孔

【临床用药指南】 本病可根据具体情况采用保守治疗和手术治疗。

（1）保守治疗　适用于疝轮较小的犊牛。取95%酒精或10%~15%氯化钠溶液在疝轮周围分点注射，每点3~5毫升。

（2）手术治疗　适用于较大的脐疝或疝内容物与疝孔缘发生粘连的病牛。术前禁食，仰卧或横卧保定，术部除毛、消毒、隔离，局部浸润麻醉，做纺锤形切口，打开疝囊，暴露疝内容物。疝内容物如无粘连、未嵌闭，将其直接还纳回腹腔。若已经发生粘连，需仔细剥离，若为网膜，也可将其切除。肠管发生嵌闭时，若嵌闭肠管已坏死，则需切除坏死肠管做端端吻合术。最后对脐孔进行修整，采用水平褥式或重叠褥式缝合法缝合脐孔，皮肤做结节缝合，术部包扎纱布绷带。术后精心护理，不宜喂得过饱，限制牛剧烈活动，若有体温升高，可用抗生素治疗 5~7 天。

（二）外伤性腹壁疝

外伤性腹壁疝是由腹肌和腹膜受到破坏，腹腔内脏通过破裂孔进入皮下而引起的疾病。临床上以外伤部位出现局限性肿胀为特征。

【发病原因】 本病多由强大的钝性暴力所致。如踢蹬、冲撞、牛角抵撞、外力打击或倒于地面凸出的物体上等，造成腹肌和腹膜破裂，但由于皮肤的韧性和弹性大，仍保持其完整性，使腹腔内的脏器脱至腹壁皮下而形成。此外，腹腔手术中，由于缝线过细或打结不牢，也可发生本病。牛常见的是在左侧腹壁的瘤胃疝及右侧剑状软骨部的皱胃疝。

【临床症状】 腹壁受伤后多在局部突然形成一个局限性柔软的扁平或半球形隆起（图 7-40 和图 7-41），1~2 天后周围出现浮肿。初期与血肿不易鉴别，肿胀部触之温热、疼痛，用力压迫凸起部，疝内容物可还纳入腹腔，同时可摸到疝轮。随着炎性肿胀消退和病程延长，触诊肿胀部无热、无痛，疝囊柔软有弹性。通常情况下，全身症状不明显，但若是小肠大量脱出至皮下、引起嵌闭性疝时，可发生腹痛，甚至肠坏死而致死。

图 7-40　剖宫产继发的腹底壁疝

图 7-41　奶牛右腹下巨大腹壁疝

【类症鉴别】

病　名	与外伤性腹壁疝的相似点	与外伤性腹壁疝的不同点
腹侧壁淋巴外渗	钝器撞击后出现肿胀，无热、无痛，皮肤无损伤	一般撞击后几天才肿胀，按压不出现疝孔，内容物不能消失，无肠蠕动音
腹侧壁脓肿	肿胀，无热痛	按压肿胀部内容物不能减少，按压不出现疝孔，无肠蠕动音

【临床用药指南】 采用手术治疗，手术宜早不宜迟，最好在发病后立即手术。站立或侧卧保定，做局部浸润或腰旁神经干传导麻醉，同时配合静松灵进行全身浅麻醉。病初尚未粘连时，可在疝轮附近做切口；如已粘连，可在疝囊皮肤上做梭形切口，钝性分离皮下组织，还纳疝内容物。疝孔闭合一般需采用水平褥式或垂直褥式缝合。陈旧性疝孔大多瘢痕化，应切削成新鲜创面再行缝合。最后对疝囊皮肤做适当修整，采用减张缝合法闭合皮肤切口，装结系绷带。术后适当控制饮食，减少牛的活动量，防止其摔跌。

八、牛乳头状瘤

乳头状瘤由皮肤或黏膜的上皮转化而来。它是最常见的表皮良性肿瘤之一，可发生于各种动物的皮肤。该肿瘤可分为传染性和非传染性2种，传染性乳头状瘤多发生于牛，并分散于体表呈疣状分布，所以又称为"乳头状瘤病"。

【流行特点】 牛乳头状瘤，发病率最高，病原为牛乳头状瘤病毒（BPV），具有严格的种属特异性，不易传播给其他动物。传播媒介是吸血昆虫或接触传染。易感性不分品种和性别，其中以2岁以下的牛最多发。传染性乳头状瘤病毒如经口侵入，可见口、咽、舌、食管、胃肠黏膜发生此瘤。公牛生殖器乳头状瘤常因交配感染母牛阴门、阴道。

【临床症状】 本病潜伏期为3~4个月，其好发部位为牛的面部（图7-42和图7-43）、颈部（图7-44）、肩部和下唇（图7-45），尤以眼、耳的周围最多发（图7-46）；成年母牛的乳头（图7-47）、阴门、阴道有时发生；公牛可发生于包皮、阴茎、龟头部。乳头状瘤的外形，上端常呈乳头状或分支的乳头状凸起，表面光滑或凹凸不平，可呈结节状与菜花状等（图7-48），瘤体可呈球形、椭圆形、大小不一（图7-49），小者为米粒大，大者可达几千克，有单个散在（图7-50），也可多个集中分布（图7-51）。皮肤的乳头状瘤，颜色多为灰白色、浅红色或黑褐色。瘤体表面无毛，时间经过较久的病例常有裂隙，摩擦易破裂脱落。其表面常有角化现象。发生于黏膜的乳头状瘤还可呈团块状，但黏膜的乳头状瘤则一般无角化现象。瘤体损伤易出血（图7-52）。病灶范围大和病程过长的牛，可见食欲减退，体重减轻。乳房、乳头的病灶，则造成挤乳困难，或引起乳腺炎。

图7-42 面部乳头状瘤

图7-43 头面部乳头状瘤

图7-44 颈部乳头状瘤

图7-45 唇部乳头状瘤

图7-46 眼、耳的周围最多发乳头状瘤

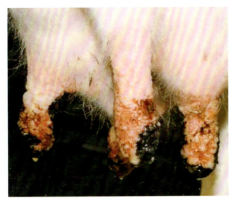
图7-47 乳头的乳头状瘤

图7-48 乳头状瘤呈菜花状

图7-49 瘤体可呈球形、椭圆形，大小不一

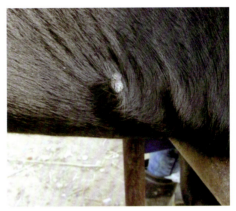
图7-50 单个散在的乳头状瘤

图7-51 多个集中分布的乳头状瘤

图7-52 容易损伤出血的乳头状瘤瘤体

【临床用药指南】 治疗本病的主要措施是采用手术切除，或烧烙、冷冻及激光疗法。有蒂的，结扎蒂部，切断其血液供给，即可将其除去。据报道，自家疫苗（即取自本场病牛的病料组织自己制作的组织灭活苗）接种可预防本病，效果可高达87%。目前国外有市售的牛乳头状瘤疫苗供应。

九、脱肛与直肠脱

脱肛和直肠脱是指直肠末端的黏膜层脱出肛门（脱肛），或直肠一部分甚至大部分向外翻转脱出肛门（直肠脱）。严重的病例在发生直肠脱的同时并发肠套叠或直肠疝。本病多见于犊牛。

【发病原因】 直肠脱是由多种原因造成的结果，但主要原因是直肠韧带松弛，直肠黏膜下层组织和肛门括约肌松弛和机能不全。而直肠全层肠壁脱垂，则是由于直肠发育不全、萎缩或神经营养不良造成肛门括约肌松弛无力，不能保持直肠正常位置所引起。直肠脱的诱因为长时间下痢、便秘、病后瘦弱、病理性分娩，或用刺激性药物灌肠后引起强烈努责，腹内压增高促使直肠向外凸出。

【临床症状】 轻者，直肠在病犊牛卧地或排粪后部分脱出，即直肠部分性或黏膜性脱垂。在发生黏膜性脱垂时，直肠黏膜的皱襞往往在一定的时间内不能自行复位，若此现象经常出现，则脱出的黏膜发炎，很快地在黏膜下层形成高度水肿，失去自行复原的能力。临床诊断可在肛门口处见到圆球形、颜色浅红或暗红的肿胀（图7-53）。随着炎症和水肿的发展，则直肠壁全层脱出，即直肠完全脱垂。诊断时，可见到由肛门内凸出呈圆筒状下垂的肿胀物。由于脱出的肠管被肛门括约肌箝压，而导致血液循环障碍，水肿更加严重。同时，因受外界环境的污染，表面污秽不洁，沾有泥土和草屑等，甚至发生黏膜出血、糜烂、坏死和继发损伤（图7-54）。此时，病犊牛常伴有全身症状，体温升高，食欲减退，精神沉郁，并且频频努责，做排粪姿势。

图7-53 肛门口处颜色暗红的圆球形肿胀

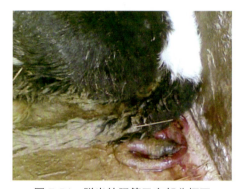
图7-54 脱出的肠管已有部分坏死

【临床用药指南】 发病初期及时治疗便秘、下痢等，并注意饲喂青草和软干草，充分饮水。对脱出的直肠，则根据具体情况，参照下述方法及早进行治疗。

（1）整复 适用于发病初期或黏膜性脱垂的病犊牛。整复应尽可能在直肠壁及肠周围蜂窝组织未发生水肿以前施行。

1）先用0.25%温热的高锰酸钾溶液或1%明矾溶液清洗患部，除去污物或坏死黏膜，然后用手指谨慎地将脱出的肠管还纳原位。为了保证顺利地整复，可使躯体后部稍高。

2）在肠管还纳复原后，可在肛门处给予温敷以防再脱。

3）为了减轻疼痛和挣扎，最好给病犊牛施行荐尾硬膜外腔麻醉或直肠后神经传导麻醉。

4）为防再度脱出，应做肛门环缩术：步骤一，用弯三角针系10#缝线，线端穿上青霉素胶盖，缝针距肛门缘1.5~2厘米处的6点钟处刺入皮下，经皮下至3点钟处穿出（图7-55）；步骤二，再缝合上一个胶盖，缝针于2~3点钟之间的皮外进针，经皮下于12点钟处出针（图7-56）；步骤三，再缝合上一个胶盖，在9点钟处同样出针，再缝合上一个胶盖，至

6点钟处胶盖进针与出针，缝线绕肛门一周，抽紧两线头使肛门缩小并打一活结（图7-57）。

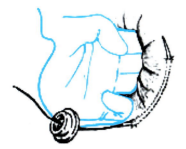
图7-55　肛门环缩术步骤一

图7-56　肛门环缩术步骤二

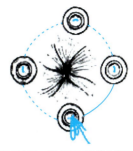
图7-57　肛门环缩术步骤三

（2）**黏膜剪除法**　是我国民间传统治疗动物直肠脱的方法，适用于脱出时间较长，水肿严重，黏膜干裂或坏死的病例。其操作方法是按"洗、剪、擦、送、温敷"5个步骤进行。先用温水洗净患部，继以温防风汤（防风、荆芥、薄荷、苦参、黄柏各12克，花椒3克，加水适量煎两沸，去渣，候温待用）冲洗患部。之后用剪刀剪除或用手指剥除干裂坏死的黏膜，再用消毒纱布兜住肠管，撒上适量明矾粉末揉擦，挤出水肿液。再用温生理盐水冲洗后，涂1%~2%的液状石蜡润滑。然后再从肛门腔口开始，谨慎地将脱出的肠管向内翻入肛门内。最后在肛门外进行温敷。

（3）**固定法**　在整复后仍继续脱出的病例，则需考虑将肛门周围予以缝合，缩小肛门孔，防止再脱出。方法是：距肛门孔1~3厘米处，做一肛门周围的荷包缝合，收紧缝线，保留2~3指大小的排粪口，打成活结，以便根据具体情况调整肛门口的松紧度，经7~10天左右病犊牛不再努责时，则将缝线拆除。

（4）**直肠周围注射酒精或明矾液**　本法是在整复的基础上进行的，其目的是利用药物使直肠周围结缔组织增生，借以固定直肠。临床上，常用70%酒精溶液或10%明矾溶液注入直肠周围结缔组织中。

（5）**直肠部分截除术**　手术切除用于脱出过多、整复有困难、脱出的直肠发生坏死、穿孔或有套叠而不能复位的病犊牛。

以上方法实施后喂以麸皮、米粥和柔软饲料，多饮温水，防止卧地。根据病情给予镇痛、消炎等对症疗法。

第八章　眼科疾病的鉴别诊断与防治

第一节　眼科疾病概述、发生的因素及诊断思路

一、概述

眼是由眼球及其附属器官组成，是视觉器官。眼球，位于眼眶内，后端有视神经与脑相连。眼球的构造分眼球壁和内容物两部分（图8-1）。眼球壁分3层，由外向内依次为纤维膜、血管膜和视网膜。纤维膜厚而坚韧，由致密结缔组织构成，为眼球的外壳，可分为前方的角膜和后方的巩膜，有保护眼球内部组织和维持眼球形状的功能。血管膜是眼球壁的中层，位于纤维膜与视网膜之间，富含血管和色素细胞，有营养眼内组织的作用，并形成暗的环境，有利于视网膜对光色的感应。血

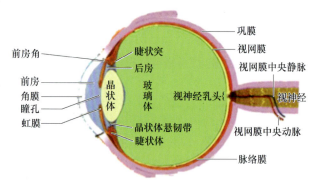

图 8-1　眼球的结构示意图

管膜由后向前分为脉络膜、睫状体和虹膜3部分。视网膜是眼球壁的最内层，有许多对光线敏感的细胞［视锥细胞（白昼的感光装置）和视杆细胞（夜晚的感光装置）］，能感受光的刺激，可分为视部（固有网膜）和盲部（睫状体和虹膜部）。眼球内容物是眼球内一些无色透明的折光结构，包括晶状体、眼房水和玻璃体，它们与角膜一起组成眼折光系统。

眼球的附属器官，包括眼睑、结膜、泪器、眼外肌和眼眶。眼睑是位于眼球前方的皮肤褶，俗称眼皮，分为上眼睑和下眼睑，有保护眼球，防止受伤害和干燥的作用。两眼睑之间的间隙称为睑裂，上、下眼睑连接处称为眦部。外侧称为外眦，呈锐角；内侧称为内眦，呈钝圆形。眼睑的游离边缘称为睑缘。在眼内眦部有一半月状结膜褶，褶内有一弯曲的透明软骨，称为第三眼睑（通称瞬膜）。眼睑组织分为5层，由外向内分布为皮肤、皮下疏松结缔组织、肌层、纤维层（睑板）和睑结膜。睑结膜为一薄层湿润而透明富有血管的膜，睑结膜折转覆盖于巩膜前部，称为球结膜，折转部称为穹窿结膜。正常结膜呈粉红色，在发绀、黄疸或贫血时显示不同的颜色，常作为临床诊断的依据。泪器包括泪腺和泪道，分泌泪液湿润眼球表面，大量的泪液有冲除细小异物的作用，泪液中的溶菌酶有杀菌作用。眼外肌是使眼球运动的肌肉，附着在眼球周围，共有眼球直肌4条、眼球斜肌2条

和眼球退缩肌1条。眼眶是一空腔，由上、下、内、外四壁构成，底向前、尖朝后。眼眶四壁除外侧壁较坚固外，其他三壁骨质很薄，并与鼻旁窦相邻，故一侧鼻旁窦有病变时，可累及同侧的眶内组织。

二、疾病发生的因素

（1）**机械性因素** 结膜外伤、各种异物落入结膜囊内或沾在结膜及角膜面上，鞭梢的打击、尖锐物体刺激；牛泪管吸吮线虫病；眼睑内翻、外翻、睫毛倒长等。

（2）**化学性因素** 如各种化学药品或农药误入眼内。

（3）**温热性因素** 如热伤、冻伤。

（4）**光学性因素** 眼睛未加保护，遭受夏季日光的长期直射、紫外线或X射线照射等。

（5）**传染性因素** 多种微生物经常潜伏在结膜囊内，牛传染性鼻气管炎病毒可引起犊牛群发生结膜炎。给放线菌病牛用碘化钾治疗时，由于碘中毒，常出现结膜炎。另外，传染病如牛恶性卡他热、牛肺疫、流行性感冒等常发生畏光流泪等症状。

（6）**免疫介导性因素** 如过敏、嗜酸性细胞结膜等。

（7）**继发性因素** 常发生于邻近组织的疾病，如上颌窦炎、泪囊炎、严重的消化器官疾病及多种传染病经过中常并发所谓症候性结膜炎等。另外眼感觉神经麻痹也可引起结膜炎及畏光流泪。

三、诊断思路

（1）**外伤** 主要通过视诊的手段观察病牛眼部的患处。根据不同的组织受伤情况进行相应的外科手术或药物治疗。

（2）**传染病和寄生虫** 通过询问病史、流行病学研究及实验室诊断等方法从各个方面来确诊。实验室诊断主要通过菌体的形态观察、分离培养、生化试验、药敏试验、动物试验等手段来进行验证。

（3）**营养代谢病** 根据饲料中缺乏物的病史，再结合相应的临床症状，来进行鉴别诊断。

第二节 常见疾病的鉴别诊断与防治

一、牛传染性角膜结膜炎

牛传染性角膜结膜炎，又称"流行性眼炎""红眼病"，是世界范围内分布的一种高度接触性传染性眼病。临床特征主要以急性传染为特点，发病牛眼睛流出大量分泌物、结膜炎、角膜混浊、溃疡甚至失明。

【流行特点】

（1）**易感动物** 本病可发生于牛、绵羊、山羊、骆驼和鹿，并且这些动物的感染无年龄、品种和性别差异，但以哺乳和育肥的犊牛、羔羊发病率较高，以母羊的症状较严重；无角牛羊比有角牛羊发病率高。它广为流行于青年牛和犊牛中，未曾感染的成年牛也可感染。通常多侵害一只眼，然后再侵及另一只眼，两眼同时发病的较少。某些品种牛（如海福特、短角牛、娟姗牛和荷斯坦牛）较其他品种牛（如婆罗门牛和婆罗门杂交牛）易感性强。

（2）**传染源**　患病及隐性感染动物是本病的主要传染源，康复后的动物不能产生良好免疫，在临床症状消失后仍能带病原菌、排病原菌达几个月之久，而且可以重新发病。

（3）**传播途径**　本病通过直接接触或间接接触被患病动物污染的器具而感染，也可通过飞蝇而传播。秋家蝇是传播牛莫拉菌的主要昆虫媒介（图8-2）。这些家蝇将莫拉菌强毒株从感染牛的眼、鼻分泌物携带至未感染牛眼中（图8-3）。

图8-2　秋家蝇

图8-3　秋家蝇叮咬牛眼部周围而使其感染

（4）**流行季节**　本病的季节性不强，一年四季都有流行，但夏、秋季节发病较多，一旦发病，1周之内可迅速波及全群，甚至呈流行性或地方流行性。不良的气候和环境因素可使本病症状加剧，尤其是强烈的日光照射。本病是各国养牛业的一种重要眼病，它使患病犊牛生长缓慢、肉牛掉膘和奶牛产奶量降低。

【临床症状】　本病临床症状是畏光、流泪、眼睑痉挛和闭锁、局部增温出现结膜炎和角膜炎。多数先一只眼患病（图8-4），然后波及另一只眼。发病初期呈结膜炎症状（图8-5），流泪，畏光，眼睑半闭（图8-6）。眼内角流出浆液或黏液性分泌物（图8-7），不久则变成脓性（图8-8）。上、下眼睑肿胀、疼痛、结膜潮红，并有树枝状充血，其后发生角膜炎、角膜混浊（图8-9）、圆锥角膜（图8-10）（圆锥角膜为本病的特征性病变）和角膜溃疡（图8-11），眼前房积脓或角膜破裂，晶状体可能脱落，造成永久性失明。本病很少引起死亡，少数病牛多因结膜、角膜白斑、双目失明而被淘汰。

图8-4　患病初期牛一只眼患角膜炎

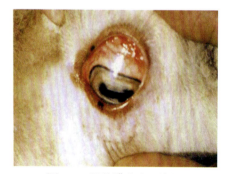

图8-5　眼结膜充血、潮红

【类症鉴别】

病　　名	与牛传染性角膜结膜炎的相似点	与牛传染性角膜结膜炎的不同点
角膜炎	角膜周围血管充血，角膜混浊，畏光、流泪	角膜不出现白色或灰白色小点，一般结膜、瞬膜不同时发炎或炎症较轻，无传染性
结膜炎	眼结膜潮红、充血，畏光、流泪	一般角膜、瞬膜不同时发病，无传染性

(续)

病　　名	与牛传染性角膜结膜炎的相似点	与牛传染性角膜结膜炎的不同点
牛恶性卡他热	有传染性、畏光、流泪、角膜混浊	体温高（41~42℃），鼻黏膜充血、糜烂，咽喉黏膜肿胀，头部肿胀，口腔黏膜坏死、糜烂，有臭味
牛传染性鼻气管炎	有传染性、结膜发炎、流泪	鼻黏膜充血，有溃疡，鼻窦、鼻镜发炎（有红鼻子之称），呼吸困难，咳嗽

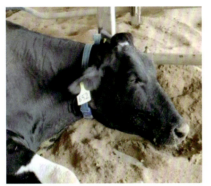
图 8-6　病牛眼睑半闭

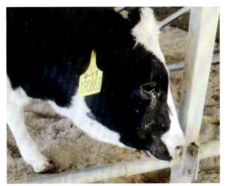
图 8-7　病牛眼内角流出浆液性分泌物

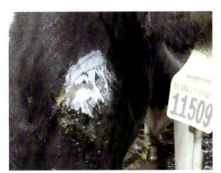
图 8-8　病牛患眼流出脓性分泌物

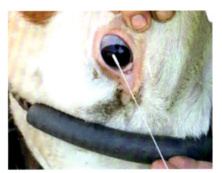
图 8-9　病牛患眼角膜混浊

图 8-10　病牛形成圆锥角膜

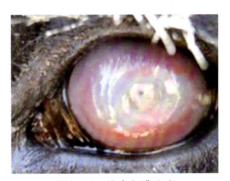
图 8-11　病牛角膜溃疡

【预防】　在本病常发地区，应避免太阳光直射牛的眼睛，做好牛圈牛舍周围环境的灭虫、灭蝇工作，并避免灰尘、蝇的侵袭。将牛放在暗的和无风的地方，可降低牛群发病率。应设法避免饲料和饮水遭受泪液和鼻液的污染。建议用1.5%硝酸银溶液做预防剂，即向所有牛角膜囊内滴入硝酸银溶液5~10滴，隔4天后重复点眼（每次点眼后应用生理盐水冲洗患眼）。新引进的牛在合群饲养前经局部或全身给予抗生素，可减少本病的发生。

【临床用药指南】 首先应隔离病牛，消毒厩舍，转移变换牧场，消灭家蝇和牛体上的壁虱。对症治疗有一定的疗效。可向患眼滴入硝酸银溶液、蛋白银溶液（5%~10%）、硫酸锌溶液或葡萄糖溶液。也可涂擦3%甘汞软膏、抗生素眼膏。或向患眼眼睑结膜下注射庆大霉素20~50毫克或青霉素30万单位，每天1次，连续3天，效果比较理想。或肌内注射长效四环素，按每千克体重20毫克，3天后重复1次（避免泪液分泌，使眼部抗生素保持一定水平）。

二、牛吸吮线虫病

牛吸吮线虫病，又叫"牛眼虫病""寄生性结膜角膜炎"，是由旋尾目吸吮科吸吮属的多种线虫［罗氏吸吮线虫（图8-12）是我国最常见的一个种］寄生于牛的眼角膜囊、第三眼睑（瞬膜）和泪管引起的。我国各地普遍流行，对牛的危害甚大，可引起牛的结膜炎和角膜炎，甚至角膜糜烂和溃疡，严重者可导致失明。最常发生于秋季。

【流行特点】 本病的流行与蝇（图8-13）的活动季节密切相关，而蝇的繁殖速度和生长季节又决定于当地的气温和湿度等环境因素，故通常在温暖而湿度较高的季节有大批牛只发病（5~6月开始发病，8~9月达到高峰，是冬轻夏重的一种眼虫病），干燥而寒冷的冬季则少见。各种年龄的牛都可感染，以犊牛和放牧牛多见。

图8-12 罗氏吸吮线虫

图8-13 中间宿主——蝇

【临床症状】 吸吮线虫的致病作用主要表现为机械性地损伤结膜和角膜，引起结膜炎、角膜炎，如继发细菌感染时，可导致失明。临床上常见病牛眼潮红、流泪（图8-14）和角膜混浊（图8-15）等症状。病牛极度不安，摇头，摩擦眼部，食欲不振等。扒开牛眼发现线状、长10~20毫米、乳白色虫体在牛眼内活动。虫体有时游动到眼球表面（图8-16），更容易被发现。

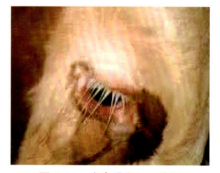

图8-14 病牛眼潮红、流泪

【类症鉴别】

病　名	与牛吸吮线虫病的相似点	与牛吸吮线虫病的不同点
结膜炎	结膜潮红、肿胀，畏光、流泪	角膜不发炎，翻开眼睑不见虫体
角膜炎	畏光、流泪，角膜混浊	角膜四周有红晕，角膜、巩膜不见虫体

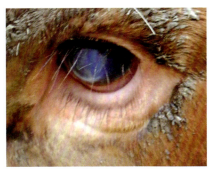 

图 8-15　病牛角膜混浊　　　　图 8-16　虫体在眼球表面游动

【预防】 本病的流行与蝇的活动季节密切相关，在蝇活动季节应该大量灭蝇、灭蛆，消灭蝇类滋生地；流行地区可于每年冬、春季及蝇类出现之前对全部牛进行 1 次计划性驱虫；对发病牛应及时治疗，防止病原传播。

【临床用药指南】

（1）**药物治疗**　可选用磷酸左旋咪唑，按每千克体重 8 毫克，每天 1 次，口服，连用 2 天。

（2）**冲洗治疗**　可任选下列 1 种药液：2%～3% 硼酸溶液、0.2% 海群生（枸橼酸乙胺嗪）溶液、稀碘液（碘片 1 克、碘化钾 1.5 克、蒸馏水 1500 毫升）、1% 敌百虫溶液、0.5% 来苏儿溶液、0.1% 雷佛奴尔（依沙吖啶）溶液、3% 盐酸普鲁卡因溶液，用 1 个橡皮球或玻璃注射器，吸取药液，冲洗第三眼睑内侧和结膜囊，可杀死或冲出虫体。

（3）**对症治疗**　可选用青霉素软膏、黄降汞眼药膏或磺胺类药物治疗结膜炎或角膜炎。

三、结膜炎

结膜炎是眼睑结膜和眼球结膜的表层或深层炎症，临床上呈急性或慢性经过。各种家畜、动物均可发生，是最常见的一种眼病。根据其分泌物的性质可分为浆液性、黏液性和化脓性结膜炎。根据病程长短可分急性结膜炎和慢性结膜炎。

【发病原因】 主要是由体内外各种因素对结膜的刺激引起的。机械性因素，如结膜外伤，异物落入结膜囊内或粘在结膜面上，眼睑位置改变（内翻、外翻、睫毛倒长等），结膜囊或第三眼睑内寄生有眼吸吮线虫，对结膜造成机械刺激；化学性因素，如厩舍通风不良，有大量氨气存在，熏烟，使用被毛清洁剂或驱虫剂时误入眼内；传染性因素，正常时，多种微生物潜藏在眼结膜内，当结膜完整性遭到破坏时可引起感染，奶牛传染性鼻气管炎病毒可引起犊牛群发生结膜炎，放线菌病牛，用碘化钾治疗时若发生碘中毒，常出现结膜炎；继发性因素，继发于上颌窦炎、角膜炎等相邻组织的疾病，以及流行性感冒、牛恶性卡他热、牛瘟等多种传染病等。

【临床症状】 结膜炎的共同症状是畏光、流泪、结膜充血、结膜浮肿、眼睑痉挛、渗出物及白细胞浸润。临床上常见卡他性结膜炎和化脓性结膜炎 2 种。

（1）**卡他性结膜炎**　临床上最为常见，是多种结膜炎的早期症状，结膜潮红、肿胀、充血，眼内角流浆液、黏液或黏液脓性分泌物。可分为急性型和慢性型。

1）急性型。轻时结膜及穹窿部轻度潮红、肿胀，呈鲜红色，分泌物稀薄（图 8-17），量少，继则变为黏液性（图8-18）或脓性分泌物。严重者，眼睑肿胀、热痛、畏光、充血明显，甚至可见出血斑。炎症还可波及球结膜，有时角膜也见轻微的混浊（图8-19）。若炎症侵及结膜，则结膜高度肿胀，疼痛剧烈。

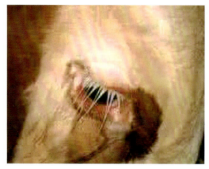 

图8-17　急性结膜炎眼睛分泌的稀薄分泌物　　图8-18　病牛患眼内眼角流出黏液性分泌物

2）慢性型。常由急性型未及时治疗所致，症状往往不明显，患眼畏光很轻或不畏光。充血轻微，结膜呈暗红色、黄红色或黄色（图8-20），疼痛常不明显。经久不愈可引起结膜增厚、呈丝绒状，有少量分泌物。

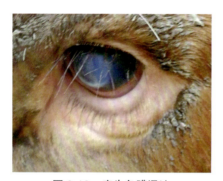 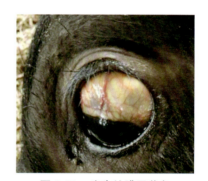

图8-19　病牛角膜混浊　　图8-20　病牛结膜呈黄色

（2）化脓性结膜炎　　眼部一般症状严重，眼内流出大量脓性分泌物（图8-21），而且时间越久则越浓，上、下眼睑常被粘在一起（图8-22）。常波及角膜而引起角膜混浊甚至溃疡，且常具有一定的传染性。

图8-21　病牛眼内流出大量脓性分泌物　　图8-22　病牛的上、下眼睑被粘在一起

【类症鉴别】

病　　名	与结膜炎的相似点	与结膜炎的不同点
角膜炎	畏光、流泪	角膜混浊，四周有红晕
牛吸吮线虫病	结膜充血，畏光、流泪	翻开眼睑可见到活动的吸吮线虫
牛传染性角膜结膜炎	结膜潮红，肿胀，畏光、流泪	有传染性。角膜、瞬膜也同样发炎，角膜有白色或灰白色小点，有时眼前房积脓，病程长

【预防】 保持厩舍和运动场的清洁卫生；注意通风换气与防止光线刺激，防止风尘的侵袭；严禁在厩舍里调制饲料和刷拭牛体；笼头不合适应加以调整；在麦收季节，可用 0.9% 生理盐水经常冲洗眼，以防止眼吸吮线虫病发生；治疗眼病时，要特别注意药品的选用及其使用浓度和有无变质的情况。

【临床用药指南】 除去病因，消炎镇痛，防止光线刺激。以局部用药为主，必要时可辅助全身用药。

(1) **除去病因** 除去发病的主要原因。若是症候性结膜炎，则应以治疗原发病为主。若为环境因素引起，则要设法改善环境条件等。

(2) **遮挡光线** 将病牛放在暗处或包扎眼绷带，避免强光刺激。但分泌物量多时不可包扎眼绷带。

(3) **清洗患眼** 用 2%~3% 硼酸水，或 0.9% 氯化钠注射液，或 0.1% 新洁尔灭液，或 0.1% 利凡诺（依沙吖啶）溶液等彻底洗眼，每天 1~2 次，洗除异物和分泌物。禁止使用强刺激性药物。

(4) **对症治疗**

1) 消炎可选用青霉素、四环素、金霉素或可的松点眼，每天 2~4 次。

2) 急性卡他性结膜炎。①炎症初期充血、肿胀严重时，可用冷敷疗法；分泌物变为黏液时，则改为温敷，再用 0.5%~1% 硝酸银溶液点眼（每天 1~2 次），用药后 10 分钟要用生理盐水冲洗。②分泌物过多可用 0.3% 硫酸锌液，1%~2% 明矾溶液或 1% 硫酸铜溶液洗眼，此外，可配合太阳穴或眼脉穴放血。③若分泌物已见减少或将趋于吸收过程时，可用收敛药，如 0.5%~2% 硫酸锌溶液（每天 2~3 次）、2%~5% 蛋白银溶液、0.5%~1% 明矾溶液或 2% 黄降汞眼膏。④疼痛显著时，可用下述配方点眼：0.5% 硫酸锌 0.05~0.1 毫升、0.5% 盐酸普鲁卡因 0.5 毫升、3% 硼酸 0.3 毫升、0.1% 肾上腺素 2 滴及蒸馏水 10 毫升；也可用 10%~30% 板蓝根溶液点眼；还可用 0.5% 盐酸普鲁卡因溶液 2~3 毫升，溶解青霉素或氨苄青霉素 5 万 ~10 万单位，再加入氢化可的松 2 毫升（10 毫克）或地塞米松磷酸钠注射液 1 毫升（5 毫克），进行球结膜注射或眼睑皮下注射（上、下眼睑分别注射），每天或隔天 1 次。

3) 慢性结膜炎。可采用刺激温敷疗法。①局部可用较浓的硫酸锌或硝酸银溶液，或用硫酸铜棒轻轻擦上、下眼睑，擦后立即用硼酸水冲洗，然后再进行温敷；也可用 2% 黄降汞眼膏涂于结膜囊内。②中药治疗。用川连 1.5 克、枯矾 6 克、防风 9 克，煎后过滤，洗眼的效果良好。③对顽固的慢性结膜炎采用自家血疗法，即从病牛的颈静脉无菌采取 2 毫升血液，然后立即进行球结膜注射或眼睑皮下注射（上、下眼睑分别注射），每天或隔天 1 次。

4) 病毒性结膜炎。可用 5% 的乙酰磺胺钠眼膏涂布眼内，或用 0.1% 碘苷（疱疹净）

或4%吗啉胍等眼药点眼；同时使用抗生素眼药水，以防继发和混合感染。

(5) 全身药物治疗 一般局部治疗即可。严重感染者，可根据情况全身使用药物。

四、角膜炎

角膜炎是角膜上皮组织因受微生物、外伤、化学剂物理性因素影响而发生的一种炎症，为最常见的眼病之一。

【发病原因】 本病多因外伤（如鞭梢的打击、笼头的压迫、尖锐物体的刺激）或异物误入眼内（如碎玻璃、碎铁片、麦芒、草尖等）而引起（图8-23和图8-24）；化学因素刺激、某些邻近器官发生炎症、维生素A缺乏及某些传染病（如牛恶性卡他热、牛肺疫等）等也常继发或并发本病。

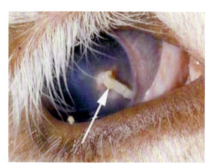
图8-23 由麦芒引起的异物性角膜炎

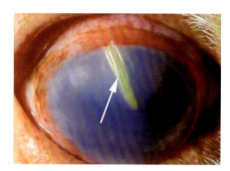
图8-24 由草尖引起的异物性角膜炎

【临床症状】 角膜炎的共同症状是畏光、流泪、疼痛、眼睑闭合、角膜混浊、角膜缺损或溃疡，角膜周围形成新生血管或睫状体充血。临床上可分为浅在性角膜炎、深在性角膜炎和化脓性角膜炎。

(1) 浅在性角膜炎 角膜表层损伤，侧望可见表层上皮脱落及伤痕。当炎症侵害角膜表层，角膜表面粗糙，侧望无镜面状光泽，变为灰白色混浊，有时在眼角膜周围增生很多血管，呈树枝状侵入表面，形成所谓血管性角膜炎（图8-25）。

(2) 深在性角膜炎 一般症状同浅在性角膜炎，不同处为角膜深部呈点状、云雾状，呈灰白色（图8-26）、乳白色（图8-27）或绿色。角膜周围及边缘血管充血，血管增生，有时虹膜发生粘连。

(3) 化脓性角膜炎 角膜上呈现黄色局限性混浊，周围有白色圆圈（图8-28），破溃后留出脓汁，严重时引起全眼球化脓。

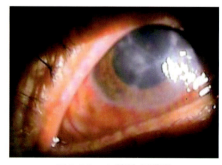
图8-25 血管性角膜炎

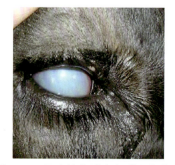
图8-26 深在性角膜炎角膜呈灰白色

图 8-27 深在性角膜炎角膜呈乳白色

图 8-28 化脓性角膜炎角膜上呈现黄色的局限性混浊，周围有白色圆圈

【类症鉴别】

病　名	与角膜炎的相似点	与角膜炎的不同点
结膜炎	畏光、流泪，按压眼睑有痛感	仅结膜红肿，角膜无混浊、无溃疡
奶牛黄曲霉毒素中毒	角膜一侧或两侧混浊	因吃了黄曲霉污染的饲料而发病。还出现腹水和间歇性腹泻，死亡率高

【预防】 预防同结膜炎的预防。

【临床用药指南】

1）急性期的冲洗和用药与结膜炎的治疗大致相同。

2）为了促进角膜混浊的吸收，可向患眼吹入等份的甘汞和乳糖（白糖也可以）；40%葡萄糖溶液或自家血点眼；自家血进行眼睑皮下或球结膜注射；1%~2%黄降汞眼膏涂于患眼内；还可静脉注射 5% 碘化钾溶液 20~40 毫升，连用 1 周；或每天内服碘化钾 5~10 克，连用 5~7 天。

3）疼痛剧烈时，可用 10% 颠茄软膏或 5% 狄奥宁软膏涂于患眼内。

4）为防止虹膜粘连或当同时发生前色素层炎时，用 0.5%~1% 硫酸阿托品注射液点眼。

5）若角膜未出现溃疡或穿孔，可用青霉素、普鲁卡因、氢化可的松进行球结膜注射或进行患眼上、下眼睑皮下注射，或单纯使用醋酸强的松龙或甲强龙进行球结膜注射，对外伤性角膜炎引起的角膜翳效果良好，但是，不能用于角膜有穿孔或溃疡的情况。

6）角膜穿孔时，应严密消毒防止感染；1% 三七灭菌液点眼可促进角膜创伤的愈合。同时内服"决明散"（煅石决明、决明子、黄芪、黄芩各 30 克，大黄、马尾连各 25 克，栀子、郁金、制没药、白药子、黄药子各 20 克，加适量清水共煎取汁后，再加适量清水煎 1 次，然后将 2 次药汁合在一起），每天用 1 剂，分 2 次趁温热灌服，连用 3 剂。

7）症候性、传染病性角膜炎，应注意治疗原发病。

第九章　皮肤疾病的鉴别诊断与防治

第一节　皮肤疾病概述及发生的因素

一、概述

皮肤疾病的主要临床表现，可见有脱毛、落屑、皮肤增厚并缺乏弹性，皮肤、黏膜出现斑疹或形成疱疹（红斑、结节、丘疹、水疱或脓疱等），出现溃疡、烂斑、结痂或龟裂等表被病变；多数伴有痒感，从而啃咬或相互啃咬病变部位，或将病部向周围物体（墙壁、畜栏、木桩、树木或用具等）上摩擦。同时，常可伴有整体状态及某些内脏器官的变化。

二、疾病发生的因素

皮肤疾病的病因十分复杂。

1）机体的物质代谢紊乱或内源性毒物（如当胃肠道疾病或肝脏、肾脏疾病时）的内中毒，可引起湿疹、皮炎或荨麻疹等非传染性皮肤病。

2）某些富含感光物质的植物（如荞麦、某些三叶草、灰菜等）所引起的中毒病，可表现为感光过敏性皮肤病。

3）某些吸血昆虫（如蚊、虻、蝇、虱等）或皮肤寄生虫（特别是疥螨）的侵袭，可引起寄生虫性皮肤病。

4）某些霉菌也可引起皮肤病（如秃性匐行疹、癣病等）。

5）某些主要侵害皮肤、黏膜的传染病，常在皮肤、黏膜上表现有主要的、呈一定特征或定期分期性经过的皮肤病（如口蹄疫、痘、坏死杆菌病等）。

第二节　皮肤疾病的诊断思路及鉴别诊断要点

一、诊断思路

皮肤、黏膜上的表在性病变，发现并不困难，但这只是提示诊断的出发点。而皮肤疾病的诊断，则应：注意判断皮肤、黏膜病变的性质、特征及其病程经过的特点；详细检查整体及各器官系统的伴随症状、表现；结合问诊、流行病学调查以了解致病原因、有无传染性及其他有关发病情况，以进行综合分析。必要时，尚应进行寄生虫学检查（如刮取皮屑以检查疥螨等）；微生物学检查等特异性诊断手段，以求确诊。

二、鉴别诊断要点

（1）**普通性皮肤病的综合征及其诊断要点**

1）胸腹侧的多数扁平丘疹，伴有剧烈的痒感，是荨麻疹的特征。病史中常有饲料发霉、变质或消化紊乱等病因可查，一般诊断并不困难。

2）以皮肤的被毛稀疏部位多发的小红斑、结节、粟粒大小的丘疹或继发水疱为特征的病变，如伴有轻度痒感，再有皮肤污腻不洁、畜舍或畜床潮湿、饲养管理失宜等致病原因可查，宜提示湿疹。病无传染性，除去病因，一般常规疗法见到疗效等条件，可做验证的参考。

（2）**感光过敏性皮肤病的综合征及其诊断要点** 感光过敏性皮肤病，常发生于白色皮毛的牛；有大量饲喂荞麦、灰菜、某些三叶草等富含感光物质的饲料或植物的病史可查；须经日光长期直晒而发病，主要表现在头部、颈、背部出现红斑、结节甚至水疱。停喂上列饲料、植物后，病即停息；将病牛放于阴暗畜舍内，防止日光直晒，可见病情减轻甚至恢复；黑色毛皮的牛或花牛的黑色皮肤部分不见有病变等发病情况的特征，可做验证诊断的根据。

（3）**寄生虫性皮肤病的综合征及其诊断要点**

1）吸血昆虫的叮咬螯刺而致的皮肤病，根据蚊、虻条件及地区、季节和皮肤病变表现，诊断并不困难。

2）疥螨所引起的皮肤病，在表现呈头面、颈侧、躯干部的局限性或成片性脱毛、落屑、皮肤变厚且硬化或呈龟裂、出血、结痂的特征性变化的同时，剧烈的痒感是重要特征；在畜群中因相互感染而大批发生的流行病学特点，是提示诊断的重要条件；刮取皮屑（在健康与病变交界处的皮肤部位，深刮后取刮取物进行显微镜检查），证明有病原体，是确诊的根据；特效药物的良好治疗效果，可以验证诊断。

（4）**主要侵害皮肤、黏膜的传染病的临床特征及其诊断要点** 主要侵害皮肤、黏膜而致表皮被毛病变的传染病，应对偶蹄兽的有口蹄疫，应对多种家畜的有痘疹。

1）口、鼻周围及蹄、趾（指）部呈现红斑、水疱、溃烂、结痂性病变并伴有大量牵缕性流涎，因蹄部病变而致的跛行，是口蹄疫的临床特征；牛、羊、猪、骆驼等偶蹄兽均可发生，呈迅速传播、大批流行的流行病学特征。通常临床诊断并不困难。确诊及病毒的分型，须做病毒学的特异性诊断。

2）痘主要可见于猪、牛、羊、山羊等家畜，以皮肤、被毛稀疏部（头面部、腹下、乳房等部位）呈现定期的分期性的豆粒大小的红斑、结节、水疱、脓疱、结痂等规律性病程经过病变为其特征。

此外，发生于产稻地区，饲喂霉稻草而引起的牛、特别是水牛的蹄腿肿烂病，可在蹄、腕、系部发生肿胀、裂隙、渗出、出血、破溃以致化脓、坏死性病变，个体病例病变可蔓延至四肢上部，最终可导致蹄、趾（指）脱落。大都伴有耳尖、尾梢坏死。

应以临床症状特点，参照查明的致病条件及流行病学特征而综合诊断。必要时可做病原学检查。

第三节 常见疾病的鉴别诊断与防治

一、牛螨病

牛螨病，又叫"疥癣"或"癞""疥疮""疥虫病"，是由牛疥螨（图9-1）（又叫"穿孔疥癣虫"）寄生在牛的表皮内或牛痒螨（图9-2）（又叫"吸吮疥癣虫"）寄生在牛的皮肤表面而引起的一种接触性传染的慢性皮肤寄生虫病。以剧痒、湿疹性皮炎和脱毛，患部逐渐向周围扩展和具有高度传染性为本病特征。临床上将螨病分为疥螨病和痒螨病。

图9-1 疥螨显微镜下照片

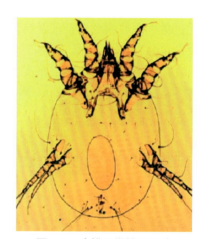

图9-2 痒螨显微镜下照片

【流行特点】

（1）**易感动物** 可以感染马、牛、羊、骆驼、猪、犬、兔等多种家畜，以及狐狸、狼、虎、猴等野生动物。犊牛皮嫩，最易感染。

（2）**传染源** 病牛是重要的传染源。

（3）**传播途径** 本病主要通过健康牛和病牛直接接触发生感染，也可通过接触被螨及其卵污染的墙壁、垫草、饲槽、用具及饲养员的衣服和手、诊断治疗器械等发生感染。各种家畜体表寄生的痒螨虽形态相似，但有宿主特异性，不相互传染。

（4）**流行季节** 疥螨在寒冷季节和牛营养不良时均促使本病发生和蔓延。痒螨病多发生于秋、冬季节，但夏季有潜伏型的痒螨病，病变比较干燥，常见于肛门周围、阴囊、包皮、胸骨处、角基、耳朵及眼眶下窝。

【临床症状】 牛疥螨病，开始发生于牛的面部（图9-3）、颈部（图9-4）、背部（图9-5）、尾根（图9-6）等被毛较短的部位，严重时可波及全身。水牛疥螨病多发生于角根、背部、腹侧及臀部，严重时头、颈、腹下及四肢内侧也有发生。牛痒螨病，初期见于颈、肩和垂肉，严重时蔓延到全身（图9-7）。奇痒，常在墙、桩等物体上摩擦或用舌舐患部，被舐部的毛呈波浪状（图9-8）。患部脱毛，结痂，皮肤增厚失去弹性（图9-9）。水牛痒螨病多发生于角根、背部、腹侧及臀部，严重时头、颈、腹下及四肢内侧也有发生（图9-10）。体表形成很薄的"油漆起爆"状的痂皮（图9-11）。

图 9-3 牛面部的疥螨病

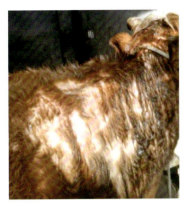
图 9-4 牛颈部的疥螨病

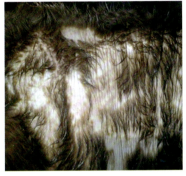
图 9-5 牛背部的疥螨病

图 9-6 牛尾根部的疥螨病

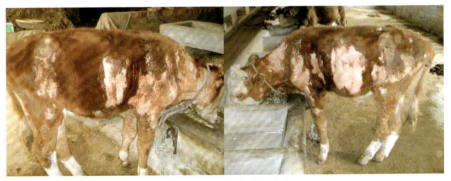
图 9-7 牛痒螨病遍布全身

图 9-8 舌舐患部的毛呈波浪状

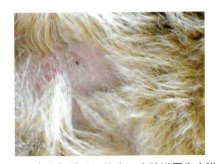
图 9-9 牛患部脱毛，结痂，皮肤增厚失去弹性

【病理剖检变化】 疥螨寄生时，首先在寄生局部出现小结节，而后变为小水疱，病变部奇痒而擦痒破溃，皮下渗出液体而形成痂皮（图9-12），被毛脱落，皮肤增厚，病变逐渐向四周扩张。痒螨寄生时，首先局部皮肤奇痒，进而出现粟粒乃至黄豆大的结节，而后变为水疱及脓疱（图9-13），擦痒而破溃后流黄色渗出液（图9-14），并形成痂皮。严重时可引起表皮损伤，被毛脱落。

图9-10 水牛发生于全身的痒螨病

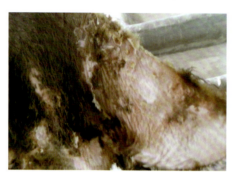

图9-11 体表很薄的"油漆起爆"状的痂皮

图9-12 疥螨病变部位形成的痂皮

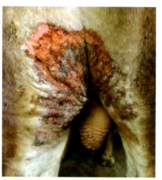

图9-13 病变部位有粟粒至黄豆大的结节，还有水疱及脓疱

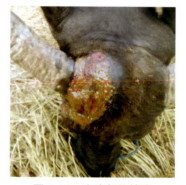

图9-14 患病部位擦痒而破溃后流黄色渗出液

【类症鉴别】

病　　名	与牛螨病的相似点	与牛螨病的不同点
湿疹（慢性）	瘙痒、皮肤增厚，长毛处积皮屑、结节、水疱、易复发	病变部位结痂即痊愈，病情春季加重，不表现消瘦，镜检无螨虫
牛钱癣	局部脱毛、水疱、结痂、皮肤增厚、瘙痒	多呈局限性脱毛斑，毛多折断，有痂块，可达2~7毫米厚，痂皮脱落后成秃斑，逐渐长新毛。能很快扩大传染，刮取皮屑镜检有分枝菌丝
牛虱病	瘙痒、摩擦、不安	多寄生于额、耳根、颈肩、尾根，逆向拨毛时可见有芝麻大小的黑色或色浅的虱爬动

【预防】 在流行地区，控制本病除定期有计划地进行药物预防及药浴驱虫外，还要

加强饲养管理，保持圈舍干燥、清洁、通风、定期消毒（10%~20%石灰乳）。饲养管理人员要时刻注意消毒，以避免通过手、衣服和用具散布病原。经常注意牛群中皮肤有无瘙痒、脱毛现象，一旦发现及时隔离治疗。引入牛时，应隔离观察，确认无螨病后，再并入牛群。治疗期间可应用0.1%的蝇毒磷乳剂对环境进行消毒，以防散布病原。

【临床用药指南】 治疗措施有口服或注射药物治疗、药浴治疗、局部喷洒或涂抹药物治疗。

（1）**口服或注射药物治疗** 用伊维菌素或阿维菌素类药物，有效成分1次剂量为每千克体重0.2~0.3毫克，间隔7~10天重复用药1次，病牛根据病的严重程度来决定注射次数。国内生产的类似药物有多种商品名称，剂型有粉剂、片剂（口服）和针剂（皮下注射）等。

（2）**药浴治疗** 适用于大群发病牛。一般在气候温暖季节的无风天气进行，也是预防本病的主要方法。常用药浴药物有0.0025%~0.0050%溴氰菊酯（倍特、敌杀死）溶液、0.025%~0.075%二嗪农（地亚农、螨净）溶液、0.05%辛硫磷乳油水溶液、0.05%蝇毒磷溶液、0.05%双甲脒溶液、0.005%~0.025%巴胺磷（赛福丁）溶液等。根据情况可采用水泥药浴池或机械化药浴池；药液温度维持在36~38℃；成批牛药浴时，要及时补充药液；药浴前让牛饮足水，以免误饮中毒；药浴时间1分钟左右；注意浸泡头部；药浴后将牛放在阴凉处注意观察，等药干以后再去放牧，并加强护理。如1次药浴不彻底，过1周后可再进行第二次。

（3）**局部喷洒或涂抹药物治疗** 可用伊维菌素或阿维菌素类药物浇泼剂进行防治。若是对局部病灶进行处理，也可进行局部药物喷洒或涂抹。为了使药物能充分接触虫体，治疗前最好应先剪除患部周围被毛，再用肥皂水或煤酚皂液彻底洗刷，清除硬痂和污物后再用药。按每千克体重50~100毫克剂量溴氰菊酯（倍特）喷洒2次，中间间隔10天；或按每千克体重250~750毫克剂量二嗪农（螨净）水乳液喷淋2次，中间间隔7~10天。常用涂抹药物有2%敌百虫水溶液，或0.01%辛硫磷乳剂溶液，或0.01%亚胺硫磷溶液。

需要注意的是：间隔一定时间后重复用药，以杀死新孵出的虫体；在治疗病牛的同时，应用杀螨药物彻底消毒圈舍和用具，治疗后非病牛应置于消毒过的圈舍内饲养；隔离治疗过程中，饲养管理人员要时刻注意消毒，避免通过手、衣服和用具散布病原。

二、牛钱癣（皮肤真菌病）

牛钱癣（皮肤真菌病）是牛的一种真菌性皮肤传染病，又称"脱毛癣""秃毛""匍行疹"和"皮肤霉菌病"。其特征是皮肤、角质和被毛发生皮炎和秃毛，形成界限明显的圆形、不正圆形或轮状癣斑。本病为养牛业中常见的人兽共患病。

【流行特点】

（1）**易感动物** 可以感染人及多种动物，动物中以牛、兔、犬、猫最易感，其次为猪、马、驴、羊和鸡。实验动物中豚鼠、大鼠、小鼠均易感。幼龄动物比老龄动物易感，雌性动物比雄性动物易感。

（2）**传染源** 患病动物和带菌者是主要传染源，其体表的真菌孢子可以污染土壤、空气、工具、周围环境等形成长期疫源地。人员、鼠类、鸟类及昆虫等也可机械传播。

（3）**传播途径** 健康牛主要通过与病牛直接接触感染，也可通过厩舍、用具间接传染发病，特别是颈枷、颈带、笼头、挤乳带、刷子和饲槽。患有慢性病、不健壮、营养不良或有急性病的牛与同群的其他牛相比，癣的扩散或发展都比较明显。

（4）流行季节　舍饲牛冬季常发生本病，其他季节也可发生，但较少。潮湿、污秽、阴暗的厩舍有利于本病的传播。康复后的皮肤对感染无保护力。

【临床症状】潜伏期2~4周。成年牛多发生在头部（图9-15）、颈部（图9-16）或肛门周围（图9-17），偶尔也可发生在胸部（图9-18）、臀部（图9-19）及乳房。犊牛在口腔周围、眼、耳附近、颈和躯干等部位最易感（图9-20），但病变可出现于全身各处。初期，仅呈豆子至米粒大小的结节，病变部真皮充血、水肿和局部炎症，并形成豆疹、小水疱或脓疱，有大量的皮屑或硬痂，毛发脱落。逐渐向周围呈环状发展，逐渐发展成为界限明显的隆起的秃毛圆斑，形如古钱币（图9-21），癣斑上被覆灰白色或灰黄色的鳞屑，被毛蓬乱，逐渐扩大，直径可达72~75毫米。若得不到及时治疗，病变可波及全身各部（图9-22），病牛瘙痒不安，逐渐消瘦。局限于颜面部时，看上去像贴着面团，故常称"面团脸"（图9-23）。本病病程较长，可能持续1年以上。

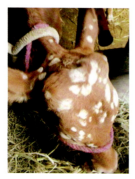

图9-15　发生于头部的牛钱癣

图9-16　发生于颈部的牛钱癣

图9-17　发生于肛门周围的牛钱癣

图9-18　发生于胸部的牛钱癣

图9-19　发生于臀部的牛钱癣

图9-20　犊牛在口腔周围、眼、耳附近发生的牛钱癣

图9-21　病变部形如古钱币的秃毛圆斑

图 9-22 牛钱癣波及头部和颈部

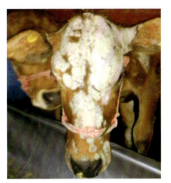
图 9-23 牛钱癣形成的"面团脸"

【类症鉴别】

病　　名	与牛钱癣的相似点	与牛钱癣的不同点
牛螨病	局部脱毛、水疱、结痂、皮肤增厚、有瘙痒	头颈先发生，逐渐蔓延全身，皮肤发生皱褶、增厚、龟裂出血。皮肤刮片有螨虫检出
湿疹	皮肤有小结节，水疱和瘙痒，脱毛	接触不传染。皮肤上依次出现红斑、丘疹、水疱、脓疱、糜烂、结痂，最后鳞屑脱落，局部毛不碎断而是整个脱落。痂皮下镜检无分枝菌丝

【预防】 加强饲养管理，做好畜体和环境卫生。发现病牛要及时隔离治疗，被污染的牛舍、饲料、用具用加热 60℃ 的 5% 克辽林、3% 福尔马林或 2% 的氢氧化钠溶液消毒，也可用甲醛熏蒸。

【临床用药指南】 为获得较好的疗效，用药之前必须先刮去或刷去感染性痂层。

(1) **局部治疗** 可先剪去病变部的被毛，用温水浸软痂皮，再用温肥皂水或 3% 克辽林溶液洗净痂皮，每天涂搽抗真菌药。常用药剂和用法有：①用 10% 水杨酸酒精溶液或 5%~10% 硫酸铜或 10% 碘酊涂搽，每隔 1~2 天 1 次；②可用 5% 克辽林溶液或松馏油涂搽，直至痊愈；③用 20% 硫酸铜氨水溶液涂搽患部，经 1~2 昼夜涂中性油膏，可迅速治愈；④可用适量豆油，烧沸，立即用镊子夹棉球涂于患部，每天涂搽 1 次，一般 2~3 次即可痊愈；⑤用松节油 250 毫升、植物油 250 毫升、胡桃醌 20~30 毫克，充分混合为搽剂，用时加热 50℃ 以上，每天涂搽 1 次；⑥用 50% 鱼肝油除莠剂或 5% 克霉唑软膏，每天 1 次；⑦用 2%~5% 硫黄石灰、0.5% 次氯酸钠或红克丹涂搽或喷雾，连用 1 周。

(2) **中药治疗** 可用巴豆 24 克、斑蝥 9 克、硫黄 12 克、红矾 0.3 克、狼毒 15 克、豆油 600~800 克，用时将巴豆、斑蝥、红矾、狼毒碾碎，加豆油煮沸 30 分钟，冷至 60℃ 时加硫黄，用毛刷蘸取上药，涂于患处，直至痊愈。

(3) **全身治疗**

1）如果感染范围太大，需要进行全身治疗，每 450 千克体重可用 20% 碘化钾溶液 150 毫升，静脉注射，3~4 天重复 1 次。

2）可用灰黄霉素，口服，按每千克体重 6~7.5 毫克，连用 7 天以上。

三、蜱病

蜱是寄生于畜禽体表的一类重要吸血性寄生虫，有硬蜱和软蜱 2 类（图 9-24）。蜱病是由蜱寄生于动物的体表所引起的一类外寄生虫病。

【流行特点】 硬蜱的活动有明显的季节性，大多数是在温暖季节活动；越冬场所因种类而异，一般在自然界或在宿主体上过冬；各种蜱均有一定的地理分布区，与气候、地势、土壤、植被及动物区系等有关。软蜱生活在畜禽舍的缝隙、洞穴等处，只在吸血时才到宿主身上，吸完血后就落下来。成虫吸血多半在夜间，生活习性和臭虫相似；幼虫则不受昼夜限制，吸血时间长些。软蜱寿命长，一般为6~7年，甚至可达15~25年。各活跃期均能长期耐饥饿，对干燥有较强的适应能力。

【临床症状与病理剖检变化】 硬蜱可吸食宿主大量血液（图9-25），幼虫期和若虫期吸血时间一般较短，而成虫期吸血时间较长。尤其是雌蜱吸血后膨胀很大（图9-26）。寄生数量多时可引起牛贫血、消瘦、发育不良、皮毛质量降低及产奶量下降等。由于蜱的叮咬可使宿主皮肤发生水肿、出血。蜱的唾液腺能分泌毒素，使牛产生厌食、体重减轻、肌萎缩性麻痹和代谢障碍。此外，蜱又是许多种病原体的传播媒介或贮存宿主。软蜱的危害与硬蜱相似。

图9-24 硬蜱与软蜱

图9-25 蜱虫吸食宿主大量血液

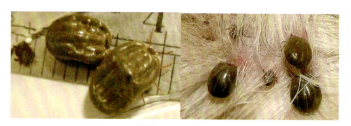

图9-26 雌蜱吸血后膨胀变化很大

【预防】 消灭或控制环境中的蜱。

（1）**消灭或控制圈舍内的蜱** 可用水泥、石灰、泥土拌入药物堵塞圈舍的所有缝隙和孔洞或定期用药物喷洒圈舍。必要时也可隔离停用圈舍10个月以上或更长时间，使蜱自然死亡。

（2）**消灭或控制自然界的蜱** 根据具体情况可采取轮牧，相隔时间1~2年，牧地上的成虫即可死亡；也可在严格监督下进行烧荒，或深翻牧地、清除杂草灌木等破坏蜱的滋生地；有条件时，可选择上述有关杀虫剂的高浓度制剂或原液，进行超低量喷雾。

【临床用药指南】 主要消灭牛身上的蜱。可采用人工捕捉或药物杀灭的方法。

（1）**人工捕捉** 适应于感染数量少、人力充足的条件，要经常检查牛的体表，发现蜱时应及时摘掉（图9-27）（摘取时应与体表垂直向上拔取）销毁。

图 9-27　正确拨出蜱虫方法

（2）**药物杀灭**　常用杀蜱药物根据季节和应用对象的不同，可选用口服、注射、药浴、喷涂或粉剂涂撒等不同用药方法；还应随蜱种不同，优选合适的药液浓度和使用间隔时间；各种药应交替使用，避免抗药性的产生。具体应用如下：

1）阿维菌素或伊维菌素。皮下注射或口服，剂量为每千克体重 0.2~0.3 毫克。

2）拟除虫菊酯类杀虫剂。如溴氰菊酯乳油（倍特、敌杀死），用 0.0025%~0.0050% 的药液进行药浴、喷淋、涂搽或洗刷。本药有触杀和胃毒杀虫作用，具有广谱、高效、药效期长、低残留等优点。牛在用药后 48 小时内可能有轻度不适。休药期为 3 天。在此期间内不得屠宰供人食用。

3）有机磷杀虫剂。如二嗪农（又称为地亚农、螨净），用 0.025%~0.075% 的药液进行药浴、喷淋等，药物具有触杀、胃毒、熏蒸等作用和较弱的内吸作用，乳汁废弃时间为 3 天，宰前 14 天停药；还有 0.005%~0.025% 巴胺磷（商品名为赛福丁）药液。

四、牛皮蝇蛆病

牛皮蝇蛆病是由皮蝇科、皮蝇属的纹皮蝇和牛皮蝇幼虫寄生于牛背部皮下组织而引起的一类蝇蛆病。皮蝇蛆偶尔也能寄生于马、驴、其他野生动物及人。皮蝇幼虫的寄生，可使病牛消瘦，犊牛发育不良，皮革质量下降，造成巨大的经济损失。

【流行特点】皮蝇广泛分布于世界各地，我国牛的皮蝇蛆病分布广、寄生率高、寄生强度大，成蝇飞翔能力强（一次飞翔 2~3 千米），多呈区域性危害。我国以内蒙古、东北及西北地区较为严重。成蝇出现的季节，随各地气候条件和种类不同而有差异。在同一地区，纹皮蝇（图 9-28）出现的季节比牛皮蝇（图 9-29）早，纹皮蝇一般出现于 4~6 月，牛皮蝇则出现于 6~8 月。牛只的感染多在夏季炎热、成蝇飞翔的季节。成蝇侵袭牛只一般在晴朗无风的白天，在牛毛上产卵，阴雨天不活动。

图 9-28　纹皮蝇的成蝇　　图 9-29　牛皮蝇的成蝇

【临床症状】雌蝇飞翔产卵时可引起牛只的强烈不安，表现踢蹴、狂跑（跑蜂）等，站在水中不愿出来或长时间站在高坡上，不但严重影响牛采食、休息、抓膘，甚至可导致牛摔伤、流产或死亡。幼虫（图9-30）钻入皮肤时，引起皮肤痛痒，精神不安，患部生痂。幼虫在深层组织内移行时（图9-31）造成组织损伤。寄生在食道时可引起浆膜发炎。到背部皮下时可引起皮下结缔组织增生，在寄生部位发生肿瘤状隆起（图9-32）和皮下蜂窝织炎。皮肤稍微隆起，继而皮肤穿孔（图9-33），损伤牛皮，如有细菌感染可引起化脓，形成瘘管，经常有脓液和浆液流出，幼虫脱落后，瘘管逐渐愈合，形成斑痕，影响皮革价值。严重感染时，病牛表现消瘦，贫血，肉质降低，生长缓慢。感染严重时一头牛的背部皮肤上就有50到100多个疱块，对牛危害是很大的。有时幼虫钻入延脑或大脑脚，可引起神经症状，如做后退动作、突然倒地、麻痹或昏厥等，重者可造成死亡。

图9-30　牛皮蝇的幼虫

图9-31　幼虫在深层组织内移行

图9-32　牛皮蝇寄生牛皮肤呈肿瘤状隆起

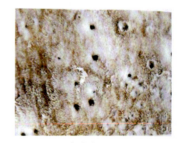
图9-33　牛背部皮肤上的小孔

【预防】　预防本病首先应打破行政地区界限，实行区域性联防联治。其次在牛皮蝇蛆病流行地区，每逢皮蝇活动季节，可用1%~2%敌百虫溶液对牛体进行喷洒，每隔10天喷洒1次，杀虫率可达90%以上。产奶牛不得使用本品，肉牛屠宰前7天停药；或用当归2千克，放在4升食醋中浸泡48小时，在9月中旬、10月上旬，于牛背部两侧各涂擦浸液1次（大牛150毫升/次，小牛80毫升/次），以浸湿被毛和皮肤为度；或用每千克体重用1~1.5克剂量的拟除虫菊酯类药物喷洒，每30天喷洒1次，可杀死产卵的雌蝇或由卵孵出的幼虫。严禁输入感染牛皮蝇蛆病的牛只。

【临床用药指南】　消灭寄生于牛体内的幼虫，对防控牛皮蝇蛆病具有极其重要的意义，既可以减少幼虫的危害，又可以防止幼虫发育成成蝇。消灭幼虫可用机械治疗或药物治疗。

（1）机械治疗　多用在牛数量不多和虫体寄生数量少的情况下。即用手指压迫皮孔周围，将幼虫挤出（图9-34），并将其杀死，伤口涂以碘酊。由于幼虫成熟期不同，机械治疗每隔10天需要重复操作，但需注意勿将虫体挤破，以免引起过敏反应。

（2）西药治疗　多用有机磷杀虫药和伊维菌素或阿维菌素类药物，治疗时间应在4~11月间进行。各地根据当地具体的流行特点来确定治疗时间，常用的药物种类、浓度和剂量如下：

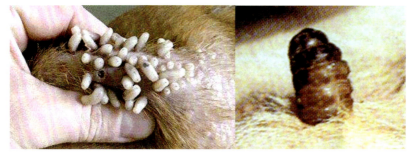

图 9-34　用手指压迫皮孔周围，挤出幼虫

1）伊维菌素或阿维菌素。剂量为每千克体重 0.2 毫克，皮下注射；或采用微量注射法（1% 伊维菌素或阿维菌素溶液），剂量为每 50 千克体重 1 毫升，1 次皮下注射。

2）倍硫磷针剂。剂量为每千克体重 6~7 毫克，成年牛 1.5 毫升、青年牛 1~1.5 毫升、犊牛 0.5~1 毫升，臀部肌内注射，对皮蝇第 1、2 期幼虫的杀虫率可达到 95% 以上；浇泼剂，每 100 千克体重用 10 毫升，沿牛背中线由前向后浇泼。犊牛及泌乳牛禁用，肉牛屠宰前 35 天停药。

3）蝇毒磷。剂量按每千克体重 10 毫克，臀部肌内注射，对纹皮蝇的移行期幼虫有一定杀灭作用，本药是有机磷杀虫药中唯一可用于泌乳奶牛的杀虫剂，奶牛吸收后，大部分经代谢或以原形由粪尿排出，残留于体内的药物主要分布于脂肪组织中，乳汁中含量极微。

4）皮蝇磷。8% 皮蝇磷溶液。剂量按每千克体重 0.33 毫升；母牛产犊前 10 天禁用，泌乳牛禁用，肉牛宰前 10 天停药。

5）敌百虫。2% 敌百虫水溶液，取 300 毫升在牛背部或只在牛皮肤上的小孔处涂擦 2~3 分钟，经 24 小时后，大部分幼虫即软化死亡，其杀虫率可达 90%~96%。本药对牛十分安全。涂擦时间一般从 3 月中旬~5 月底，每隔 30 天处理 1 次，共处理 2~3 次。

注意事项：12 月~第二年 3 月因幼虫在食道和脊椎内寄生，虫体在该处死亡后可引起相应的局部严重反应，故此期间不宜用药。

(3) 中药治疗

1）百部 30 克，加水 500 毫升，水煎至 250 毫升，用注射器吸取 30 毫升，注入病牛鼻孔内，每天 2 次。

2）用 3%~5% 鱼藤浸剂喷洒牛体。

3）在幼虫寄生部位的周围，用 60 度白酒做点状注射，1 次即可杀死皮蝇幼虫；或针刺寄生部位，再涂抹白酒。

4）生桃叶捣烂，调入煤油，加冰片少许，涂敷患处。

5）生石灰 50 克、熟烟叶 100 克，研末后加水调成糊状，塞进患部。

第十章　跛行疾病的鉴别诊断与防治

第一节　跛行疾病概述及发生的因素

一、概述

跛行不是病名，而是四肢机能障碍的综合症状。许多外科病，特别是四肢病和蹄病常可引起跛行。除了外科病，有些传染病、寄生虫病、产科病和内科病也可引起跛行，必须注意鉴别。奶牛常发。跛行会使产奶量下降，饲料报酬降低，给奶牛生产造成严重的经济损失。四肢在运动时根据其异常状态分为悬垂跛行（简称悬跛）、支柱跛行（简称支跛）和混合跛行（简称混合跛）3 种。由于原因和经过不同，跛行程度临床上分为轻度跛行、中度跛行和重度跛行 3 类。

牛的跛行病例中 90% 以上是由牛的蹄病造成的，而牛的蹄病与牛蹄的解剖结构和饲养管理有关。大多数牛蹄发生于后蹄，特别是后蹄的外侧趾最常发病。其次是前蹄的内侧指。究其原因，可能与牛的前、后蹄负重不同有关，即前蹄是内侧指负重较多，而后蹄则以外侧趾负重为主。另一原因是后蹄易被粪尿浸渍。

二、疾病发生的因素

1）外伤。外伤引起的关节挫伤和扭伤、韧带肌腱损伤、肌肉挫伤、骨折、削蹄装蹄不当等均可引起跛行。

2）炎症。骨骼、肌肉、关节、蹄的炎症可以引起跛行。

3）神经损伤。四肢神经损伤或脊椎疾病压迫脊髓神经可引起运动失调而出现跛行。

4）日粮因素。矿物质（钙、磷、铜、锌、锰等）不足或比例失调，维生素（维生素 A、维生素 C、维生素 B_1 等）缺乏引起跛行。

5）遗传或发育不良。

6）肿瘤。如骨肉瘤、软骨肉瘤等。

7）其他。如牛黏膜病、口蹄疫、蓝舌病等。

第二节　跛行疾病的诊断思路及鉴别诊断要点

一、诊断思路

在跛行疾病的诊断方法上有两个基本步骤：

（1）**详尽地调查和掌握病史**　首先要确定跛行症状表现的类型和程度，是支跛、悬跛，还是混合跛行，是轻度跛行、中度跛行还是重度跛行。还要调查发病的场所、饲养管理与护蹄，还有同群牛发病情况。

（2）**进行细致周密的检查来确定患部**　进行发病部位的确定，是骨骼疾病、关节疾病、肌肉疾病，还是神经系统疾病等，应充分应用特殊检查和实验室检查等辅助诊断方法，对确定跛行发生的准确部位、病因、病情的分析、疗效及预后判断等均具有重要意义。如局部麻醉、X射线检查、超声检查、关节内窥镜检查、感应电刺激法、肌电图检查法、计算机步态图像分析、关节滑液检查等，根据类症鉴别的原则进行病因（病原）学诊断。

二、鉴别诊断要点

常见伴有跛行症状的疾病临床鉴别诊断要点见表10-1。

表10-1　跛行疾病临床鉴别诊断要点

疾病	临床症状
白线病	早期较难诊断，需仔细削切，才能看到黑色污渍。进一步检查可发现较深处的泥沙和渗出物的混合物。一旦形成脓肿，跛行剧烈，特别是向深部组织侵害时，可见蹄部发热，球部肿胀。此时，牛体重明显下降，产奶量明显下降
蹄底溃疡	主要是蹄底真皮破损，损伤角质，多见于后肢外趾和前肢内指；严重时可见真皮血管破裂；有的形成大而凸出的肉芽
蹄踵和蹄尖溃疡	蹄踵溃疡发生在蹄中部，表现出黑色或红色的溃疡面，常和蹄底溃疡同时出现，蹄尖溃疡发生时可见有较大面积的出血
蹄底异物刺伤	铁丝、石子、玻璃等异物刺伤引起真皮感染和脓肿，有的继发趾间肿胀、坏死及腐败性蹄叶炎
蹄冠带脓肿	可能是白线感染的蔓延，蹄冠周围肿胀，严重者脓肿深部蹄冠和蹄壁角质分离
蹄踵糜烂	主要是牛蹄长时间站立在潮湿环境中，表现蹄踵角质糜烂
蹄裂	主要包括纵向蹄裂、横向蹄裂和轴侧蹄裂，裂隙宽而深时可暴露真皮，甚至有少量脓汁或出血的肉芽组织凸出
腐蹄病	主要是趾间坏死杆菌感染造成，蹄踵球部两侧对称性肿胀，常使两趾分开，皮肤出现小裂口，可有难闻的干酪样渗出物，皮肤及皮下组织大面积坏死。不及时护理治疗可能导致死亡
蹄骨骨折	主要发生在前肢，可能与摔倒在硬地面有关，表现两前肢交叉站立，突然出现严重跛行
蹄皮炎	表皮的细菌（主要是密螺旋体）感染所致，以蹄球上方、趾间隙附近多发；初期表现干燥、上皮角化形成灰白色硬壳，随后表现浆液渗出的区域，除去表面的坏死组织即暴露出圆形的表皮炎症区，炎症可向周围蔓延；慢性感染使蹄踵后方的皮肤呈簇状增生（毛疣）

(续)

疾病	临床症状
泥浆热	病牛多处于湿冷、泥泞的环境中，患肢轻微肿胀，常伴有皮肤增厚、坚硬、干燥及剥落，有的被毛脱落甚至皮肤破裂而出血
蹄叶炎	急性期病牛表现弓背站立，前肢外展，后肢收于腹下，运步小心，严重时有明显的全身症状；慢性期则出现蹄底真皮层变厚，角质异常生长，形成变形蹄
腓肠肌损伤	跗关节损伤，肌肉肿胀，患肢不能完全负重，严重时不能站立
闭孔神经麻痹	两侧性麻痹时，两后肢外展，不能站立。一侧性麻痹时，患肢仍可保持正常位置，并可负重，但运步时患肢外展，画外弧
腓神经麻痹	站立时，跗关节过度伸张，轻度时可见突球，严重时甚至以球节背侧面触地。运步时可见肢抽动，甚至呈鹅步，趾部和蹄壳沿地拖行
桡神经麻痹	支配的肘关节、膝关节和指关节的伸展肌都失去作用。快速运步时，侧望患肢在垂直负重的瞬间，肩关节震颤，臂骨倾向前方
坐骨神经麻痹	站立时膝关节稍屈曲，运动时肌肉震颤，以蹄尖接地前进。新生犊牛发生本病可能由于接产时过度牵引所致
股神经麻痹	运步时，患肢向前运动极其缓慢，且向外画弧，着地负重瞬间，膝关节及跗关节当即屈曲。两侧股神经同时麻痹时，病牛很难站立
髋关节脱位	后肢混合跛行，前肢短步，左后肢髋关节活动不够，在髋关节下方有凹陷，举步缓慢、无力，后退困难，站立时以蹄尖着地
球节脱位	病牛患肢不敢负重，呈三肢跳跃前进。不全脱位时显著支跛，系关节变形，随后出现明显肿胀，触诊可摸到关节骨端畸形，活动受限
股骨骨折	发病突然，疼痛剧烈。骨折部位肿胀明显，肿胀与疼痛使骨折部相对安静。肿胀严重时不易摸到骨折断端。肿胀部出现炎症后，肿胀变得更严重。肢体发生变形，肢远端出现异常活动，有骨摩擦音
胫骨骨折	常见于犊牛。骨折处软组织肿胀，站立姿势异常
脊椎骨折	常见于犊牛。由于生产时过度牵引，其他原因引起的脊椎骨折压迫脊髓，表现为骨折处局限性隆起，后躯瘫痪
脓毒性关节炎	关节囊肿胀，局部温热，触诊或伸展、屈曲关节时有疼痛反应

第三节　常见疾病的鉴别诊断与防治

一、破伤风

破伤风又名"强直症""锁口风"，是由破伤风梭菌经伤口感染后产生外毒素，侵害神经组织所引起的一种急性、中毒性人兽共患传染病。本病的主要特征为全身骨骼肌持续性或阵发性痉挛，以及对外界刺激反射兴奋性增高，但牛感染后反射兴奋性增高不明显。

【流行特点】

（1）易感动物　各种动物均有易感性，其中以单蹄兽最易感，牛、羊和猪次之，人也易感，鹿、犬和猫仅在例外情况下发生，鸟类和家禽却有抵抗力。易感动物不分年龄、品种和性别均可感染发病。

（2）**传染源** 破伤风梭菌广泛存在于自然界中。

（3）**传播途径** 动物可通过各种创伤，如断脐、断尾、剪毛、断角（图10-1）、去势（图10-2）、手术、穿鼻、钉伤、产后及其他外伤（图10-3）等感染；但并非一切创伤均可感染，必须具备缺氧条件；有些病例见不到伤口，可能是伤口已愈合或经子宫、消化道黏膜损伤而感染，因此，本病在现代性规模化、集约化养殖过程中具有一定的危害性。

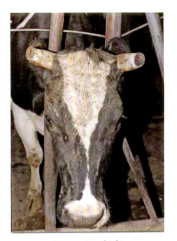 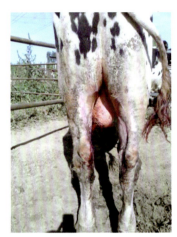 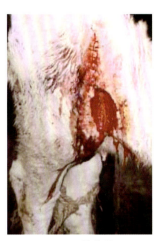

图10-1 断角　　　　　　　图10-2 去势　　　　　　　图10-3 外伤处理

（4）**流行季节** 本病无季节性，常表现零星散发。

【**临床症状**】潜伏期一般7~14天，最短为1天，最长可达数周。病初症状不明显，随着病情的发展，病牛逐渐出现全身僵硬，腰背强拘，运动不灵活（图10-4）；吞咽困难、流涎、两耳直立、眼半闭、瞬膜凸出（图10-5）、鼻孔开张、瞳孔散大，严重时牙关紧闭；颈、腰僵硬不能弯曲，四肢强直如木马，尾高举，关节屈曲困难（图10-6）。嗳气、反刍停止，腹肌紧缩。常发生瘤胃臌气或子宫积液和积气。病牛神志清楚，对外界刺激反射兴奋性增高，即轻微刺激（如声音、强光及触摸等）可使病牛惊恐不安、症状加重（图10-7），但反射兴奋性增高不明显。体温一般正常，仅在临死前体温上升达42℃。病程长短不一，通常14~28天。

图10-4 病牛全身僵硬，腰背强拘，运动不灵活　　　图10-5 刺激后瞬膜明显外露

【**病理剖检变化**】本病的病理变化不明显，仅在黏膜、浆膜及脊髓等处可见有小出血点，肺脏充血、水肿、骨骼肌变性或具有坏死灶，以及肌间结缔组织水肿等非特异变化。

图 10-6 病牛颈、腰僵硬不能弯曲,四肢强直如木马,尾高举,关节屈曲困难　　图 10-7 病犊牛神志清楚,对外界刺激可使其惊恐不安

【类症鉴别】

病　　名	与破伤风的相似点	与破伤风的不同点
青草搐搦	牙关紧闭,两耳直立,尾肌及后肢强直性痉挛,对声音和触诊过敏,引起强直	多因夏季采食了雨后青草而发病。突然甩头、盲目乱跑、颈和四肢震颤,惊厥呈间歇性发作,倒地四肢划动
骨软症	咀嚼缓慢,腰硬,四肢运动强拘	耳动灵活,牙关不紧,四肢不强直

【预防】 平时注意饲养管理和卫生,防止牛只受伤。一旦发生外伤,尤其严重创伤时,应及时进行伤口消毒和外科处理,或注射破伤风抗毒素。断脐、去角及外科手术时应严格及时用 5%~10% 的碘酊消毒,并在手术前后注射青霉素或破伤风抗毒素,以预防发生本病。发病较多的地区或养牛场,每年应定期给牛接种破伤风类毒素。

【临床用药指南】 应采取综合措施,包括创伤处理,加强护理和药物治疗。具体方法如下:

(1) **创伤处理** 牛受伤后立即进行伤口处理,清除创口内的污物、异物、坏死组织及痂皮,必要时进行扩创,用 5%~10% 碘酊和 3% 双氧水(过氧化氢)或 2% 高锰酸钾溶液冲洗伤口,再撒布碘仿磺胺粉(碘仿 1 份、氨苯磺胺 9 份),然后用青霉素、链霉素在创伤周围注射。同时用青霉素、链霉素进行全身治疗,每天上午、下午各肌内注射 1 次,连续用 1 周。

(2) **西药治疗**

1)尽早用破伤风抗毒素进行治疗,犊牛用 20 万~60 万单位,成年牛用 60 万~120 万单位,分 3 次注射,也可 1 次全剂量皮下注射或静脉注射。另外,将精制破伤风抗毒素于大椎、百会等穴位注射,用量为常规注射剂量的一半,也可获到较好的疗效。

2)临床上为缓解肌肉的强直痉挛,常用 25% 硫酸镁溶液 20~120 毫升、40% 乌洛托品溶液 10~40 毫升、25% 葡萄糖溶液 50~200 毫升、25% 维生素 C 注射液 2~6 毫升、樟脑磺酸钠注射液 2~5 毫升,缓慢静脉注射,每天 1~2 次;也可用盐酸氯丙嗪(每毫升含 25 毫克),剂量按每千克体重 1~2 毫克,肌内注射。

3)对于不能采食和饮水的病牛,用 10% 葡萄糖溶液 1000~2000 毫升,静脉注射,每天 1 次。

4)消除酸中毒,可用 5% 碳酸氢钠溶液 150~1000 毫升静脉注射。瘤胃臌气时,可行瘤胃穿刺放气。

5）为缓解牙关紧闭、开口困难，可用2%盐酸普鲁卡因溶液20毫升加0.1%肾上腺素0.5~1毫升，混合后分点注入两侧咬肌，每点5~10毫升。

6）抗菌消炎可用青霉素钠400万单位、链霉素500万单位，注射用水40毫升，分别1次肌内注射，每天2次，连用3~5天。

(3) 中药治疗

1）天麻、乌蛇、羌活、川芎各20克，附子、天南星、防风、薄荷各15克，蝉蜕、荆芥、半夏各12克，水煎取汁，加50度白酒250毫升，葱3根（切碎），灌服，同时用朱砂9克，麝香1.5克，研末取少许吹鼻，每天2~3次。

2）僵蚕、天麻、乌蛇各15克，防风、羌活各12克，钩藤、蔓荆子、藁本、款冬花、川芎各10克，白芷、甘草各6克，细辛3克，煎汁加黄酒30毫升，灌服，连用2天。

3）威灵仙90克、大蒜248克、菜油60毫升，捣烂，热酒冲服，每天1剂，连用3~6天。

4）防风、荆芥穗、薄荷、蝉蜕各30克，白芷、升麻、僵蚕各25克，天麻、胆南星各15克，葛根18克，水煎取汁灌服。

5）乌蛇、生黄芪、金银花各45克，白菊花、麻黄根、蝉蜕、酒当归、酒大黄各30克，栀子、羌活、胆南星各25克，防风18克，荆芥、桂枝、地龙、甘草各15克，水煎取汁，加黄酒250毫升，灌服，连用2~3天。

6）防风30克，羌活25克，蝉蜕31克，天麻、胆南星、炒僵蚕各18克，川芎15克，全蝎12克，细辛、白芷、红花、姜半夏各9克，水煎取汁，加黄酒200毫升，1次灌服，每天1剂，连用3~4天。

7）天麻25克，羌活、升麻、沙参、乌蛇、独活、阿胶、胆南星、生姜、蔓荆子、防风、何首乌各30克，蝉蜕、藿香、桑螵蛸、僵蚕、川芎、旋覆花各20克，细辛10~15克，除阿胶外，其余各药水煎取汁，候温后加阿胶灌服，每天1剂，连用2~3天。

8）天麻、党参、黄芩、当归、金银花、连翘各31克，玄参、僵蚕各21克，全蝎19克，乌蛇、蝉蜕、胆南星各12克，蜈蚣3克，水煎取汁，灌服，每天1剂，连用2~3天。

9）党参、玄参、天麻、黄芪、乌蛇、当归、金银花各30克，胆南星、蝉蜕各15克，连翘25克，蜈蚣3条，水煎取汁，灌服，每天1剂，连用2~3天。

(4) 加强护理

1）精心护理是治愈破伤风的重要环节，将病牛置于光线较暗、安静、干燥洁净的厩舍中，避免声音刺激；冬季注意保温，可将棉被或麻袋搭于牛背上；给予易消化的青绿饲料和清洁饮水。

2）对牙关紧闭不能采食的病牛，用胃管给予小米粥等半流汁食物，恢复期口腔已经张开时，饲料要少给勤添，防止过食；重症病牛用吊带吊起，以防卧倒或摔跌。

3）在背腰和四肢痉挛症状减轻时，要适当牵遛，按摩四肢，以促进肌肉功能恢复。总之，要认真做好静、养、防、遛4个方面的护理。

二、牛流行热

牛流行热又称"三日热"或"暂时热"，在我国某些地方被称为"牛流行性感冒"，是由牛流行热病毒（图10-8）引起牛的一种急性、热性传染病。其临床特征是突然高热、流泪、有泡沫样流涎、鼻漏、呼吸急促，后躯僵硬，跛行，一般取良性经过，发病率高，病死率低。轻症2~3天内即可恢复正常，故又有"三日热""暂时热"之称。

【流行特点】

（1）**易感动物** 本病发生与牛的品种、年龄有一定关系，主要侵害奶牛、黄牛，水牛较少感染，以3~5岁牛多发，1~2岁和6~8岁牛少发，犊牛和9岁以上老牛很少发生。

母牛尤以妊娠牛发病率高于公牛，产奶量高的母牛发病率高。自然条件下，绵羊、山羊、骆驼、鹿均不感染。

图10-8　呈子弹形或圆锥形的牛流行热病毒

（2）**传染源** 本病的主要传染源为病牛。

（3）**传播途径** 主要通过吸血昆虫传播，为蚊、蠓、蝇的叮咬而传播。本病不能通过接触传染。

（4）**流行季节** 本病呈周期性流行，流行周期为3~5年。本病具有季节性，夏末秋初、多雨潮湿、高温季节多发。流行方式为跳跃式蔓延，即以疫区和非疫区相嵌的形式流行。本病传染力强，传播迅速，短期内可使很多牛发病，呈流行或大流行。本病发病率可高达100%，但多取良性经过，死亡率低，一般只有1%~2%，但肉牛及高产奶牛死亡率可达10%~20%。

【临床症状】按临床表现可分为呼吸型、胃肠型和瘫痪型。

（1）**呼吸型** 分为最急性型和急性型。病牛主要表现为食欲减退，体温可达40~41℃，眼结膜潮红、充血、流泪（图10-9），眼睑水肿，呼吸急促，口角出现大量泡沫状黏液（图10-10），精神不振，病程3~4天。严重病牛发病后数小时内死亡。

图10-9　眼结膜肿胀潮红、充血，流泪

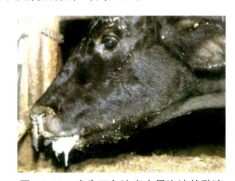

图10-10　病牛口角流出大量泡沫状黏液

（2）**胃肠型** 病牛眼结膜潮红，流泪，口腔流涎及鼻流浆液性鼻液（图10-11），腹式呼吸，不食，精神萎靡，体温可达40℃。粪便干硬，呈黄褐色，有时混有黏液，胃肠蠕动减弱，瘤胃停滞，反刍停止。还有少数病牛表现腹泻和腹痛等，病程3~4天。

（3）**瘫痪型** 多数体温不高，四肢关节肿胀，疼痛，卧地不起（图10-12），食欲减退，肌肉颤抖，

图10-11　病牛口腔流涎，鼻流浆液性鼻液

皮温不整，精神萎靡，站立时四肢特别是后躯表现僵硬，跛行，不愿移动。

本病死亡率一般不超过1%，但有些病牛因跛行、瘫痪而被淘汰。

【病理剖检变化】急性死亡病例主要病变为咽、喉黏膜呈点状或弥漫性出血（图10-13），有明显的肺间质性气肿，多集中在尖叶、心叶和膈叶前缘，肺高度膨隆，间质增宽，内有气泡（图10-14），压迫肺呈捻发音。或肺充血与肺水肿，胸腔积有大量暗紫红色液体（图10-15），肺间质增宽，内有胶冻样浸润，肺切面流出大量暗紫红色液体（图10-16），气管内积有大量泡沫状黏液（图10-17）。心内膜、心肌乳头部呈条状或点状出血（图10-18），肝脏轻度肿大，脆弱。脾髓呈粥样。肩、肘、跗关节肿大，关节液增多，呈浆液性，关节液中混有块状纤维素。全身淋巴结充血、肿胀和出血。皱胃、小肠和盲肠呈卡他性炎症和渗出性出血（图10-19）。

图10-12　牛四肢关节肿胀而卧地不起

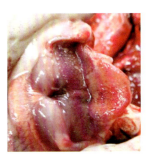

图10-13　咽、喉黏膜呈弥漫性出血

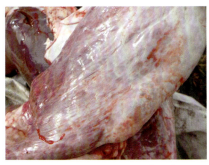

图10-14　肺高度膨隆，内有气泡

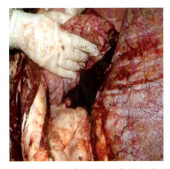

图10-15　肺充血，胸腔积有大量暗紫红色液体

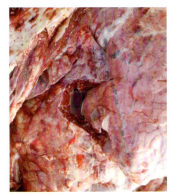

图10-16　肺切面流出大量暗紫红色液体

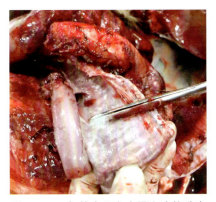

图10-17　气管内积有大量泡沫状黏液

图 10-18　心肌乳头部呈点状出血

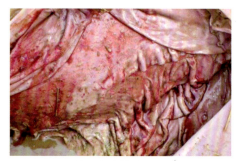
图 10-19　皱胃卡他性炎症与渗出性出血

【类症鉴别】

病　　名	与牛流行热的相似点	与牛流行热的不同点
牛肺炎	体温高（40℃以上），呼吸急促，听诊肺音粗厉，流鼻液	无流行性，不伴发运动强拘和跛行，不流泪
牛传染性鼻气管炎	有传染性。体温高（40℃以上），眼充血、流泪，流鼻液，呼吸急促	多在冬季流行，呼吸型因鼻窦、鼻镜发炎而有红鼻子之称，有咳嗽，鼻黏膜溃烂，有脓性鼻液，呼出气有臭味。流行期有配种者，公、母牛生殖道发炎有脓疱
风湿症	体温高（39~40℃），跛行，运动后跛行减轻（尤其流行热初期极像风湿症）	急性时体温升高，但不超过40℃，且无流行性。一般跛行在运动中会减轻以至消失。食欲有减退不会废绝，呼吸不急促，不流泪和鼻液

【预防】　预防本病主要应根据本病的流行规律，做好疫情监测和预防工作。注意环境卫生，清理牛舍周围的杂草污物，加强消毒，扑灭蚊、蠓、蝇等吸血昆虫，每周用杀虫剂喷洒1次，切断本病的传播途径。注意牛舍的通风，对牛群要防晒防暑，饲喂适口饲料，减少外界各种应激因素。发病区，在流行季节到来之前，应用结晶紫灭活苗10毫升，皮下注射，间隔3~7天，再注射15毫升，可获得6个月的免疫力；或用病毒裂解疫苗2毫升，皮下注射，间隔4周，再注射3毫升。发生本病时，要对病牛及时隔离、治疗，对假定健康牛及附近受威胁地区的牛群，可采用高免血清进行紧急预防接种。自然病例恢复后可获得2年以上的坚强免疫力。

【临床用药指南】　发生本病后，应立即隔离病牛并进行治疗。本病尚无特效疗法，多采取对症治疗。治疗原则是早发现、早隔离、早治疗，合理用药，护理要得当，以减轻病情，提高机体抗病力。病初可根据具体情况进行退热、强心、利尿、整肠健胃、镇静，停食时间长的可适当补充生理盐水及葡萄糖溶液，用抗菌药物防止并发症和继发感染。呼吸困难时应及时输氧。也可用中药辨证施治。治疗时，切忌灌药，易引起异物性肺炎。

（1）抗菌药物防止并发症和继发感染

1）5%糖盐水1500毫升、0.5%氢化可的松注射液50毫升、10%维生素C注射液40毫升、硫酸庆大霉素注射液40万~80万单位，混合后1次静脉注射，每天1次，连用2~3天。

2）青霉素按每千克体重1万~2万单位、链霉素500万单位、注射用水40毫升，肌内注射，每天2次，连用3~5天。

3）盐酸四环素400万单位、1%地塞米松磷酸钠注射液5毫升、10%安钠咖注射液20毫升、5%糖盐水3000毫升，若为泌乳母牛，加5%氯化钙注射液300毫升，1次静脉注射。

（2）对症治疗

1）如高热时，可1次肌内注射复方氨基比林20~50毫升，或30%安乃近注射液20~50毫升，每天2~3次；或用10%磺胺嘧啶钠注射液100毫升，1次静脉注射，每天2~3次；或用5%糖盐水2000~3000毫升，1次静脉注射，每天2~3次。

2）对重症病牛，同时给予大剂量的抗生素防止继发感染，并静脉内补液、强心、解毒，每次常用青霉素1000万~2000万单位、链霉素5~10克、林格氏液1000~3000毫升、安钠咖2~5克、维生素C 2~4克，每天2次。同时可肌内注射复合维生素B注射液20~30毫升或维生素B_1 20~30毫升。若为泌乳母牛，加5%氯化钙注射液300毫升，1次静脉注射。

3）对四肢关节疼痛的牛，可用2.5%醋酸氢化泼尼松注射液5毫升，肌内注射；或用5%普鲁卡因注射液20毫升、生理盐水1000毫升、10%安钠咖注射液20毫升，静脉注射；或用维生素B_1注射液5~10毫升，于大胯穴或百会穴注射；或静脉注射水杨酸钠溶液，还可内服芬必得胶囊等药物进行治疗。

4）对卧地不起的病牛，要协助改变倒卧姿势，防止褥疮的发生。可用25%葡萄糖注射液500毫升、5%糖盐水1000~1500毫升、10%安钠咖注射液20毫升、40%乌洛托品注射液50毫升、10%水杨酸钠注射液100~200毫升，1次静脉注射，每天1~2次，连用3~5天。或用盐酸硫胺注射液1克或呋喃硫胺注射液0.2~0.3克，肌内注射，并静脉注射10%葡萄糖酸钙注射液500~1000毫升和10%氯化钾注射液100毫升。或用20%葡萄糖酸钙500~1000毫升、10%氯化钾注射液100毫升，1次静脉注射。或用0.2%硝酸士的宁注射液10毫升，于百汇穴注射。

5）呼吸困难病牛，可用25%氨茶碱注射液20~40毫升、6%盐酸麻黄素注射液10~20毫升，1次肌内注射，每4小时注射1次。或用地塞米松磷酸钠注射液50~75毫克、5%糖盐水1500毫升，缓慢静脉注射，注意妊娠母牛慎用。或颈静脉放血1000~2000毫升，同时注入等量5%糖盐水。

6）解毒、防止酸中毒，可用5%糖盐水1500毫升、5%碳酸氢钠注射液300~500毫升、10%维生素C注射液20~30毫升，静脉注射，每天1次。

7）兴奋不安的病牛，可用20%甘露醇或25%山梨醇注射液300~500毫升，1次静脉注射。或用氯丙嗪注射液，按每千克体重0.5~1毫克，1次肌内注射。或用硫酸镁注射液，按每千克体重25~50毫克，缓慢静脉注射。

（3）中药治疗

1）金银花、连翘、芦根各45克，薄荷、牛蒡子、竹叶、淡豆豉、桔梗、荆芥、甘草各30克，水煎取汁，灌服，每天1剂，连用2天。

2）柴胡、半夏、陈皮、炒枳壳、秦艽、羌活各40克，五加皮35克，白芍45克，桂枝30克，水煎灌服。

3）芦根60克，金银花、连翘、竹叶各30克，淡豆豉、桔梗、牛蒡子、荆芥穗各25克，薄荷15克，甘草10克，共研为细末，沸水冲服。

4）桑叶 25 克，杏仁、芦根、桔梗各 20 克，菊花、连翘各 15 克，薄荷、甘草各 10 克，水煎 2 次，混合煎液，1 次灌服。

5）石膏 150 克，杏仁、甘草各 25 克，麻黄 15 克，水煎灌服。

6）薄荷、葱白、芫荽根、山楂、健曲、炒麦芽各 60 克，水煎灌服。

7）板蓝根、白菊花各 100 克，紫苏 150 克，煎服。

8）鲜马鞭草、鲜紫苏各 250 克，水煎服。

三、坏死杆菌病

见第七章第二节中的"一、坏死杆菌病"。

四、风湿病

风湿病是反复发作的急性或慢性非化脓性炎症，特点是胶原结缔组织发生纤维蛋白变性，以及骨骼肌、心肌和关节囊中的结缔组织出现非化脓性局限性炎症。本病常侵害对称的肌肉或肌群和关节，有时也侵害心脏，常见于马、牛、猪、羊、犬、家兔和鸡。

【发病原因与分类】

（1）发病病因　风湿病的病因迄今尚未完全阐明。目前一般认为风湿病是一种变态反应，与溶血性链球菌感染有关。溶血性链球菌感染所引起的病理过程有两种：一种为化脓性感染，另一种为感染后的延期性非化脓性并发病，即变态反应性疾病。风湿病属于后一种类型。此外，在临床实践中证明，风、寒、潮湿、过劳等因素在风湿病的发生上起着重要的作用。如畜舍潮湿、阴冷、大汗后受冷雨浇淋，受贼风特别是穿堂风的侵袭，夜卧于寒湿之地或露宿于风雪之中及管理使役不当等都是容易发生风湿病的诱因。

（2）分类　风湿病有以下几种分类方法。

1）根据发病的组织器官分类。可分为肌肉风湿病（风湿性肌炎）、关节风湿病（风湿性关节炎）和心脏风湿病（风湿性心膜炎）。

2）根据发病部位分类。可分为颈风湿、肩臂风湿（前肢风湿）、背腰风湿和臀股风湿（后肢风湿）。

3）根据病程经过分类。可分为急性风湿病和慢性风湿病。

【临床症状】　牛风湿病的主要临床特点和症状是发病的肌群、关节及蹄的疼痛和机能障碍。疼痛表现时轻时重，部位可固定或不固定。具有突发性、疼痛性、游走性、对称性、复发性和活动后疼痛减轻等特点。急性期发病迅速，患部温热、肿胀、疼痛及机能障碍等症状非常明显（图 10-20），同时出现体温升高等全身症状。病程经过数日或 1~2 周后即可好转或痊愈，但容易复发。慢性期病程较长，可拖延数周或数月之久。患病牛容易疲劳，运动强拘、不灵活。患部缺乏肿胀、热痛等急性炎症的症状。颈风湿表现为低头困难（两侧同时患病）（图 10-21）或风湿性斜颈（单侧患病）（图 10-22）。患病肌肉僵硬，有时疼痛。

图 10-20　风湿病急性期病牛

图 10-21 两侧颈部肌肉风湿,表现为低头困难

图 10-22 单侧颈风湿

【类症鉴别】

病　名	与风湿病的相似点	与风湿病的不同点
破伤风	体温高(39~40℃),跛行,运动后跛行减轻(尤其流行热初期极像风湿症)	发病发展快;患肢四肢直伸,关节不能屈曲;食欲迅速减少到完全废绝,牙关紧闭
佝偻病	运步艰难,好卧	站立时出现肢体弯曲变形。在运动中强拘、跛行随持续运动不减轻

【预防】 在风湿病多发的冬、春季节,要特别注意饲养管理和环境卫生,要做到精心饲养,注意使役,勿使其过度劳累。牛使役后出汗时不要系于房檐下或有穿堂风处,免受风寒。厩舍应保持卫生、干燥,冬季时注意保温以防牛受潮湿和着凉。对溶血性链球菌引起的急性上呼吸道感染如急性咽炎、喉炎、扁桃体炎、鼻卡他等疾病及时治疗。

【临床用药指南】 风湿病的治疗要点是:消除病因、加强护理、祛风除湿、解热镇痛、消除炎症。除改善饲养管理以增强病牛的抗病能力外,还应采取以下治疗方法。

1)应用解热、镇痛及抗风湿药,如水杨酸、水杨酸钠、阿司匹林等水杨酸类药物。

2)应用皮质激素类药物,临床上常用氢化可的松注射液、地塞米松注射液、醋酸泼尼松(强的松)、氢化泼尼松(强的松龙)注射液等,配合应用抗生素、水杨酸钠有更好的效果,但容易复发。

3)应用抗生素控制链球菌感染,首选青霉素肌内注射。

4)应用碳酸氢钠、水杨酸钠和自家血液疗法。

5)中兽医疗法(如中药疗法、针灸疗法等)、物理疗法(如冷疗法、局部温热疗法、光疗法等)、刺激剂疗法(局部应用水杨酸甲酯软膏、水杨酸甲酯莨菪油搽剂、樟脑酒精及氨搽剂)等。

五、骨软症

骨软症是发生在软骨内骨化作用已经完成的成年牛的一种骨营养不良,主要原因是钙磷缺乏及二者的比例不当(在反刍动物,主要由于磷缺乏)。特征性病变是骨质的进行性脱钙,呈现骨质软化及形成过量的未钙化的骨基质。临床特征是消化紊乱,异食癖,跛行,骨质软化及骨变形。

【发病原因】 骨软症的病因与佝偻病相似。但应注意,牛的骨软症通常由于饲料、饮水中磷含量不足或钙含量过多，导致钙、磷比例不平衡而发生。本病常发生于土壤严重缺磷的地区，而继发性骨软症，则是由于日粮中补充过量的钙所致。泌乳和妊娠后期的母牛发病率最高。在黄牛和水牛骨软症的流行区，往往在前一个季节中曾发生过严重的天气干旱，引起植物根部能吸收到的土壤磷很低，同时又缺乏某些含磷精饲料的补充。奶牛的骨粉或含磷饲料补充不足时，特别是在大量应用石粉（含碳酸钙99.05%）或贝壳粉以代替骨粉的牧场，高产母牛的骨软症发病率显著增高。

【临床症状】病初出现消化紊乱，并呈现明显的异食癖。病牛表现食欲减退，体重减轻，被毛粗乱。病牛舔食泥土（图10-23）、墙壁（图10-24）、铁器（图10-25），在野外啃嚼石块，有时，由于异食癖而伴有食道阻塞、创伤性网胃腹膜炎等。随后病牛出现运步强拘，腰腿僵直，拱背站立，走路后躯摇摆（图10-26），或呈现四肢的轮跛。经常卧地不愿起立（图10-27）。奶牛腿颤抖，伸展后肢，做拉弓姿势（图10-28）。某些奶牛后蹄蹄壁龟裂，角质变松、肿大（图10-29）。奶牛常伴发腐蹄病，病程稍久的变为芜蹄（图10-30）。进一步发展可出现躯体、四肢骨骼肿胀变形，呈现胸廓扁平，凹腰，拱背，四肢关节肿大变形、疼痛（图10-31），后肢呈"X"形（图10-32）等症状。牛尾椎骨排列移位、变形，重者尾椎骨变软，椎体萎缩，最后几个椎体消失。人工可使尾卷曲，病牛不感觉痛苦。骨盆变形，常致难产。肋骨、肋软骨接合部肿胀，易折断。卧地时常摔倒或滑倒，导致腓肠肌腱剥脱，四肢及腰椎关节扭伤。长期卧地不起者，可继发褥疮。血液学检查，血清钙含量多无明显变化，多数病牛血清磷含量明显降低。正常牛血清磷水平是5~7毫克/分升，骨软症时可下降至2.8~4.3毫克/分升，血清碱性磷酸酶活性升高。

图10-23 病牛舔食泥土

图10-24 病牛舔食墙壁

图10-25 病牛舔食铁栏杆

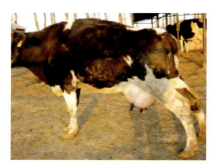

图10-26 病牛运步强拘，腰腿僵直，拱背站立，走路后躯摇摆

图 10-27　病牛卧地不愿起立

图 10-28　病牛后肢伸展，做拉弓姿势

图 10-29　病牛后蹄蹄壁龟裂，角质变松、肿大

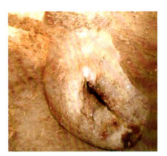
图 10-30　病程稍久的变为芜蹄

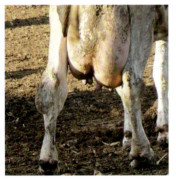
图 10-31　病牛四肢关节肿大变形、疼痛

图 10-32　病牛后肢呈"X"形

【类症鉴别】

病　　名	与骨软症的相似点	与骨软症的不同点
风湿病	运步强拘，跛行，好卧	运动强拘和跛行在起步之初很明显，越走越轻甚至消失，如中途休息后再走则强拘和跛行再现甚至更重。肢体跛行常有转移性
慢性无机氟中毒	关节粗大，消化不良，吃草缓慢，行动迟缓	四肢交替出现跛行。水牛如桡骨、腕骨愈合在一起，腕关节不能屈曲。牙齿釉质出现黄色、褐色或黑色斑，两侧臼齿出现波状齿或阶状齿，齿变稀、易塞草

【预防】　对日粮要经常分析，有条件时可做预防性监测，根据饲养标准和不同生理阶段的需求，调整日粮中的钙磷比例，补充维生素 D。日粮中的钙、磷含量，黄牛按 2.5∶1、奶牛按 1.5∶1 的比例饲喂。粗饲料以花生秸、高粱叶、豆秸、豆角皮为佳。红茅

草、山芋秆是磷缺乏的粗饲料。最好是补充苜蓿干草和骨粉，而不应补充石粉。在日粮中添加含氟 1%~1.5% 的磷酸盐岩，对奶牛骨软症有预防作用。

【临床用药指南】

(1) **加强饲养管理** 针对饲料中钙磷不足、维生素 D 缺乏可采取相应的治疗措施。对牛的治疗，当病的早期呈现异食癖时，就应在饲料中补充骨粉，可不用药而愈。病牛每天给予骨粉 250 克，5~7 天为 1 疗程。对跛行的病牛给予骨粉时，在跛行消失后，仍应坚持 1~2 周。

(2) **西药治疗**

1) 严重病牛，除从饲料中补充骨粉外，同时应配合无机磷酸盐进行治疗，如可用 20% 磷酸二氢钠溶液 300~500 毫升，或 3% 次磷酸钙溶液 1000 毫升，静脉注射，每天 1 次，连续 3~5 天。也可同时应用维生素 D_2 或维生素 D_3 400 万单位，肌内注射，每周 1 次，用 2~3 次。

2) 维生素 AD 注射液 15000~20000 单位，维丁胶性钙注射液 20 毫升，1 次肌内注射，隔天使用 1 次，连用 3~5 天。

(3) **中药治疗**

1) 煅牡蛎 20 份，煅骨头 30 份，炒食盐、炒黄豆各 15 份，小苏打 10 份，苍术 7 份，炒茴香 3 份，共研为细末，每天 90~150 克，口服，并将精粉料加酵母发酵 24 小时，拌料饲喂，连用 30~40 天。

2) 牡蛎、海螵蛸、麦芽各 60 克，龙骨 50 克，补骨脂 20 克，炒苍术 30 克，研末，沸水冲调，1 次灌服。

3) 龙胆根 100 克，炒牡蛎、南京石粉、苍术各 200 克，研末，每天 50 克，拌料喂服，连用数天。

4) 苍术、牡蛎各 1000 克，炒盐 150 克，研末，早、晚各 100 克，拌料喂服。

5) 海螵蛸、蚕沙、鸡蛋壳、苍术各 300 克，研末后混料投喂，每天 50 克，分 2 次用，连用数天。

6) 骨碎补、牛膝、杜仲、自然铜、当归、白术、厚朴、陈皮、白芷、延胡索、五灵脂、萆薢、小茴香各 30 克，川楝子 10 克，水煎，候温加酒 125 毫升、姜 30 克（切碎），灌服。

(4) **水针治疗** 维丁胶性钙注射液 10 万单位，抢风穴、大胯穴分别注射。

六、骨折

骨的完整性或连续性因外力作用遭受部分中断或完全破坏时称为骨折。骨折的同时常伴有周围软组织不同程度的损失。各种动物均可发生，以四肢长骨发生较为常见。

【发病原因】 骨折都发生在打击、挤压、火器伤等各种机械外力直接作用的部位，如车辆冲撞、重物压轧、蹴踢、角顶等，常发生开放性（图 10-33）甚至粉碎性骨折（图 10-34）。间接暴力如奔跑中扭闪或急停、跨沟滑倒等，可发生四肢骨折、髋骨或腰椎的骨折；肢蹄嵌夹于洞穴、木栅缝隙等时，肢体常因急速旋转而发生骨折。肌肉突然强烈收缩，可导致肌肉附着部位骨的撕裂。如患有骨髓炎、骨疽、佝偻病、骨软症或衰老、妊娠后期及高产奶牛泌乳期中，营养神经性骨萎缩，慢性氟中毒及某些遗传性疾病等情况下，极易发生病理性骨折。

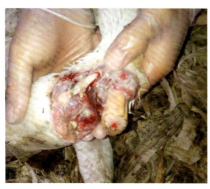
图 10-33 开放性骨折

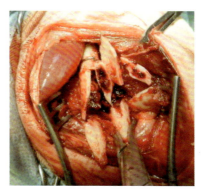
图 10-34 粉碎性骨折

【临床症状】牛骨折常发生于四肢长骨，而且多为单纯的完全骨折（图 10-35）。骨折的特征是：骨折后肢体变形，表现患肢弯曲、缩短、延长等异常姿势（图 10-36）；异常活动表现为骨折的肢体在负重或做被动运动时，出现屈曲、旋转等；骨摩擦音表现为用手按摩骨折部分，可以听到断端摩擦音或感觉到骨摩擦感（图 10-37）。病牛突然倒卧不起，或者悬起断肢，其余三肢负担体重，而呆立不动（图 10-38）。病牛精神稍差，在刚发生之后，由于断肢不能负重而行走困难。骨折部位发生疼痛的肿胀，且常伴发皮肤损伤，但出血极其轻微。

图 10-35 四肢长骨单纯的完全骨折

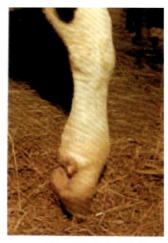
图 10-36 骨折的肢体表现弯曲、缩短

图 10-37 用手按摩骨折部分，能听到断端摩擦音并感觉到骨摩擦感

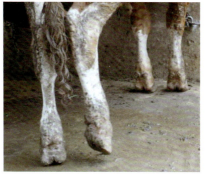
图 10-38 骨折病牛悬起断肢，三肢负重，呆立不动

【临床用药指南】 牛骨折经过治疗后，是否能恢复生产能力，这是必须考虑的问题。由于牛的种类、年龄、营养状况不同，发生骨折的部位、性质、损伤程度不一，以及治疗条件、技术水平等因素，骨折后愈合时间的长短及愈合后病肢功能恢复的程度有较大差异。

（1）**闭合性骨折的治疗** 包括复位与固定和功能锻炼2个环节。

1）正确复位。用消毒液洗净受伤部位及创伤周围的皮肤，涂以5%碘酊，以防细菌感染。整复骨折部分，使断端接合良好。

2）合理固定。用硬纸剪成长条，宽度根据骨折部的粗细，在肢的四面（前、后、内、外）各放一条，然后用绷带紧紧缠住，以保护伤口及固定折断部分。在使用绷带以前，应该在压力特别大的地方垫以棉花或麻屑（图10-39~图10-41）。

图10-39 夹板绷带外固定（方法之一）

图10-40 夹板绷带外固定（方法之二）

3）加强护理和功能锻炼。在治疗初期，应将病牛关在舍内，不让其过多活动（图10-42），或者只允许在运动场里走动。待患病肢能够着地时，让其在圈舍周围活动并进行功能锻炼，促使其及早恢复正常行动。功能锻炼包括早期按摩、对未固定关节做被动地伸展活动、牵遛运动及定量使役等。

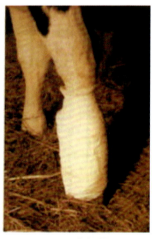

图10-41 石膏绷带外固定

图10-42 病牛关在舍内，不可过多活动

（2）**开放性骨折的治疗** 与闭合性骨折的治疗一样，开放性骨折的治疗也要遵循复位与固定和功能锻炼2个基本原则。控制感染化脓十分重要。必须全身运用足量（常规量的

一倍）敏感的抗菌药物 2 周以上。

（3）**骨折的药物疗法和物理疗法**　多数临床兽医认为有一定的辅助疗法，有助于加速骨折的愈合。骨折初期局部肿胀明显时，宜选用有关的中草药外敷，同时结合内服有关中药方剂如"接骨散"。为了加速骨痂形成，需要增加钙质和维生素，可在饲料中加喂骨粉、碳酸钙和增加青绿饲料等。幼龄牛骨折时，可补充维生素 A、维生素 D 或鱼肝油，必要时可以静脉补充钙剂。骨折愈合的后期可进行局部按摩、搓擦，增强功能锻炼，同时配合物理疗法如石蜡疗法、温热疗法、直流电钙离子透入疗法、中波透热疗法及紫外线疗法等，以促使其早日恢复功能。

七、蹄病

（一）指（趾）间皮炎

指（趾）间皮炎是指没有扩延到深层组织的指（趾）间皮肤的炎症。是牛的常发疾病，往往多肢发病。特征是皮肤不裂开，有腐败气味。

【**发病原因**】环境潮湿、不卫生是其主要病因（图10-43），条件性致病菌感染为其诱因。曾从病变部分离出结节状杆菌和螺旋体。

【**临床症状**】病初，与球部相邻的皮肤肿胀，表皮增厚和稍充血，指（趾）间隙有一些渗出物（图10-44 和图10-45），并有轻度跛行，以后在球部出现角质分离（通常在两后肢外侧趾），跛行明显。少数病例，化脓性的潜道可以深达蹄匣内，严重的可引起蹄匣脱落，病牛被迫淘汰。本病常发展成慢性坏死性蹄皮炎（蹄糜烂）和局限性蹄皮炎（蹄底溃疡）（图10-46 和图10-47）。

图 10-43　牛场环境潮湿、不卫生

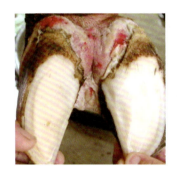

图 10-44　后蹄趾间表皮增厚、充血，有渗出物

图10-45　前蹄指间表皮增厚，渗出物结痂

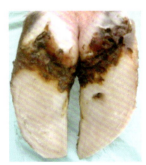

图 10-46　蹄底溃疡病变处角质坏死，呈黑色

图 10-47　蹄底溃疡处崩解、脱失，露出蹄底真皮

【临床用药指南】 首先保持蹄的干燥和清洁，其次局部应用防腐和收敛剂，每天2次，连用3天；病牛也可进行蹄浴。轻症渗出性皮炎可很快治愈。若角质分离应将其剥离清除，每天撒布硫酸铜，或涂碘酊等消毒液。

（二）蹄脓肿

本病是蹄壳真皮的一种化脓性疾病。主要特征是蹄部肿烂，发生进行性坏死。引起蹄匣脱落。牛、羊都可发生。一般都是继发于未及时治疗的腐蹄病，但也可以是原发性的，故作为另一种病对待，以便及时采取正确疗法。

【发病原因】 通常为坏死梭形杆菌和化脓棒状杆菌及其他化脓性细菌。这些细菌可通过蹄壳的小裂缝或小创伤而进入蹄内。在干燥环境下不发生传染，潮湿环境容易促进传染的扩散。例如，长期把牛圈养在冷湿环境或潮湿发酵的蓐草上（图10-48），运动不足，蹄子不清洁及蹄有损伤等，都是导致蹄脓肿发生的因素。

【临床症状】 主要表现为跛行，病牛蹄部有疼痛反应。检查蹄部时，可发现蹄冠发热、肿胀而变软，发红或腐烂（图10-49），有时伴有湿疹，有疼痛。一旦脓肿破裂，则疼痛减轻，如果不继续用抗生素治疗，脓肿容易复发。更严

图10-48 牛圈冷湿、泥泞且卧床潮湿

重时，蹄间腐烂，流出灰白色脓汁（图10-50），恶臭，甚至蹄匣脱落。检查蹄部病理变化过程，发现最初是趾部充血，角质发生湿性表面坏死（图10-51）。几天以后，坏死扩延到蹄踵部及蹄壳真皮。到了后期，蹄壁的下部出现一层灰色坏死组织，造成蹄壁脱离（图10-52）。

图10-49 蹄冠部腐烂

图10-50 蹄间糜烂，流出灰白色脓汁

【预防】

1）平时加强蹄部护理，不要把牛圈养在低湿环境及潮湿蓐草上；保证其充分运动；经常修剪蹄，及时除去蹄指（趾）间的夹杂物。

2）对新引进的牛，应进行检疫，先隔离一个时期，对蹄部进行检查及做必要的处理以后，再放入全群内。

3）当牛群内发现本病时，应立刻隔离患病牛，给其余牛清洗蹄部并用1%~2%硫酸铜溶液喷洒或浸浴1~2分钟（图10-53），达到预防目的；蹄的浸浴，最好在药浴池内进行。

图 10-51　角质发生湿性表面坏死

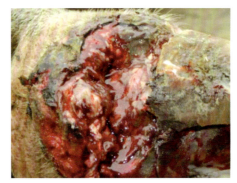
图 10-52　蹄壁下部灰色坏死组织，使蹄壁脱离

图 10-53　用 1%~2%硫酸铜溶液喷洒蹄部

【临床用药指南】

1）病初在有炎症和湿疹时，用温的浓盐水或浓醋，加等量冷水洗浴，然后涂以碘酊；也可以用 2%苯酚溶液浸浴，然后涂以松馏油。

2）疼痛剧烈而严重跛行者，可用 0.5%~1%普鲁卡因溶液 10 毫升、青霉素 20 万单位进行局部封闭；若 5 天连续注射青霉素或土霉素效果更好。或起初由表面向内腐烂、坏死时，可先用清水洗去泥土，然后用温的 10%硫酸铜溶液浸洗，每天 1 次，每次 2~3 分钟，直到痊愈为止。

3）如果用 30%硫酸铜溶液浸洗，每隔 2~3 天 1 次，连洗 3 次，疗效更好；也可以用 10%福尔马林溶液浸洗蹄，每次 10 分钟以上。

4）遇到化脓情况时，可将病牛隔离到干燥处，用刀切开患部，将脓液排除干净，然后用消毒液洗涤，吹入消炎粉，裹上绷带；每 2~3 天重复 1 次，直到痊愈为止。还可以局部使用青霉素水油乳剂或青霉素 - 凡士林软膏。

5）洗伤口所用消毒液，在起初剧烈时可用 10%硫酸铜溶液，等坏死组织消除后改用 0.1%高锰酸钾溶液，以免腐蚀新生的肉芽组织，影响痊愈。

（三）指（趾）间皮肤增殖

指（趾）间皮肤增殖是指（趾）间皮肤和（或）皮下组织的增殖性反应，又称"指（趾）间瘤""指（趾）间结节""指（趾）间赘生物""指（趾）间纤维瘤""慢性指（趾）间皮炎""指（趾）间穹隆部组织增殖"等。各种品种的牛都可发生，发生率比较高的有荷兰牛和海福特牛。中国荷斯坦奶牛发生也很普遍。

【发病原因】 引起本病的确切原因尚不清楚。一般认为与遗传有关,但仍有争论。两指(趾)向外过度扩张(开蹄),引起指(趾)间皮肤紧张和剧伸,或某些变形蹄,从而引起泥浆、粪尿等异物对指(趾)间皮肤的经常刺激(图10-54),都易引起本病。有人观察认为指(趾)骨有外生骨瘤与本病发生有关,也有人观察缺锌时可引起本病。运动场为沙质土壤,蹄部比较清洁的牛群,发病率明显降低。

图10-54 泥浆、粪尿对指(趾)间皮肤的刺激

【临床症状】 本病多发生在后肢,可以是单侧的,也可以是双侧的。指(趾)间隙一侧开始增殖的小病变不引起跛行(图10-55),容易被忽略。增大时,可见指(趾)间隙前面的皮肤红肿、脱毛、破溃。指(趾)穹隆部皮肤进一步增殖时,形成"舌状"凸起(图10-56),此凸起随着病程发展,不断增大、增厚,在指(趾)间向地面伸出,其表面可由于压迫发生坏死,或受伤发生破溃(图10-57),引起感染,可见有渗出物,气味恶臭。根据病变大小、位置、感染程度和落到患指(趾)的压力,出现不同程度的跛行。严重增生者(图10-58),其产奶量可明显降低和并发变形蹄。

图10-55 指(趾)间隙一侧开始增殖的小病变

图10-56 皮肤增殖物在指(趾)间呈舌状凸起

图10-57 增殖物感染后破溃,导致蹄冠部肿胀

图10-58 比较严重的皮肤增殖物

【临床用药指南】 在炎症期,清洗牛蹄后用防腐剂包扎,可暂时缓和炎症和疼痛。对小的增生物,可用腐蚀剂腐蚀,但不易根除。大的增生物可采用手术切除。

(四)蹄叶炎

蹄叶炎又称为"弥散性无败性蹄皮炎",是角质蹄壁下层和蹄底肉样血管组织的一种急性或慢性炎症。本病为蹄底后1/3处的非化脓性坏死,该部位恰是蹄底和蹄球的结合部。可分为急性、亚急性和慢性。在急性和亚急性阶段有全身性症候。慢性蹄叶炎是急性和亚急性蹄叶炎的结果。

【发病原因】 牛蹄叶炎为全身性代谢紊乱的局部表现,但确切原因尚无定论,倾向于综合因素所致,包括分娩前后到泌乳高峰时期食入过多的碳水化合物精料、不适当运动、遗传和季节因素等。研究表明，组织内组胺、内毒素和酸性增加均可诱发本病。也可继发于其他疾病，如严重的乳腺炎、子宫炎、酮病、瘤胃酸中毒、便秘、肠炎、感冒等。长途运输，四肢强力负重使蹄的局部发生充血或发炎。

【临床症状】

(1) **急性蹄叶炎** 症状非常典型。病牛体温升高达41℃左右，脉搏加快，强迫起立和行走时，表现极度痛苦，触摸蹄时有热感。病牛运步困难，特别是在硬地上（图10-59）。站立时弓背，四肢收于一起，低头（图10-60）。若仅前肢发病时，症状更加严重，后肢向前伸，达到腹下（图10-61），以减轻前肢的负重。有时可见两后肢交叉，以减轻患肢（趾）的负重。通常内侧指疾病更明显，常用腕关节跪着（图10-62）采食。后肢患病时，常见后肢运步时画圈。病牛不愿站立，常长时间躺卧（图10-63），早期可见明显的出汗和肌肉颤抖。局部可见肢的静脉扩张，指动脉脉搏动明显（图10-64），蹄冠的皮肤发红（图10-65），蹄温高。蹄底角质脱色，变为黄色，有不同程度的出血。不及时治疗可转为慢性。

图10-59 病牛运步困难，特别是在硬地上

图10-60 站立时弓背，四肢收于一起，低头

图10-61 前肢发病时后肢向前伸，达到腹下

图10-62 内侧指疾病明显时，腕关节跪着

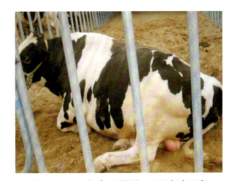

图10-63 病牛不愿站立而卧地不起

(2) **亚急性蹄叶炎** 全身症状不明显，局部症状轻微。

(3) **慢性蹄叶炎** 临床症状比急性轻，没有全身症状。但可引起不同程度的跛行，也是发展为其他蹄病的原因之一。病牛站立时以球部负重，时间较长后，全身症状变坏，出现蹄变形、蹄延长、蹄前壁和蹄底形成锐角（图10-66）。由于角质生长紊乱，出现异常蹄轮。

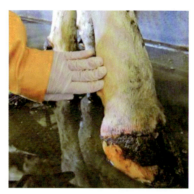

图10-64 指动脉脉搏动明显

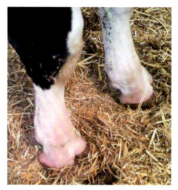

图10-65 蹄冠的皮肤发红

【预防】 分娩前后应避免饲料的急剧变化，产后增加精料的速度应慢；给精料后应给适量的饲草；饲料内可添加碳酸氢钠；可让牛自由舔盐，以增加其唾液分泌；定期修蹄，减少和缓解蹄变形，使蹄合理负重；慢性蹄叶炎应注意经常护蹄；平时注意加强饲养管理，适当运动，增强机体的体质；长途运输时注意中间适当休息；积极治疗原发病，以防止和减少本病发生。

【临床用药指南】

1）首先应除去病因，给予抗组胺制剂，也可应用止痛剂。

图10-66 病牛出现的变形蹄

2）瘤胃酸中毒时，静脉注射碳酸氢钠溶液，并用胃管投给健康的牛瘤胃内容物。

3）慢性蹄叶炎时注意护蹄，维持其蹄形，防止蹄底穿孔。

4）中兽医疗法。①可采取放蹄头、胸膛、玉堂血。②内服活血、祛瘀解毒的中草药。如茵陈散：茵陈24克、当归24克、没药18克、甘草、桔梗、柴胡、红花、青陈皮、紫菀、杏仁、白药子各15克，水煎取汁，候温，灌服，每天1剂，连用2~3剂。红花散加减：红花20克、山楂30克、厚朴20克、陈皮20克、甘草15克、黄药子30克、白药子30克、没药20克、桔梗20克、枳壳30克、神曲20克、麦芽30克，水煎取汁，候温，灌服，每天1剂，连用2~3剂。

八、口蹄疫

见第一章 第三节中的"四、口蹄疫"。

九、佝偻病

佝偻病是在生长期的幼畜或幼禽由于维生素D及钙、磷缺乏或饲料中钙、磷比例失调所致的一种骨营养不良性代谢病。病理特征是生长骨的钙化作用不足，并伴有持久性软骨肥大与骨骺增大。临床特征为消化紊乱，异食癖，跛行及骨骼变形。本病常见于犊牛、羔羊、仔猪和幼犬，幼驹和幼禽也可发生。

【发病原因】 主要是由于饲料中维生素 D 含量不足或缺乏，以及光照不足，致使犊牛体内维生素 D 缺乏而引起发病。妊娠母牛或犊牛饲料中钙、磷含量不足或比例失调，也是本病发生的主要原因。圈舍潮湿、拥挤、阴暗（图 10-67），犊牛消化功能严重紊乱，营养不良，可成为本病的诱因（图 10-68）。放牧的母牛秋膘较差，冬季未补饲，春季产的犊牛更容易发生本病。在快速生长中的犊牛，主要是由于原发性磷缺乏及厩舍中光照不足。哺乳犊牛对维生素 D 的缺乏要比成年牛更敏感，舍饲和缺乏光照的牛发病率高。

图 10-67　犊牛圈舍潮湿、拥挤、阴暗

图 10-68　犊牛消化功能严重紊乱，营养不良，成为佝偻病诱因

【临床症状】

（1）先天性佝偻病　犊牛出生后即呈现不同程度的衰弱，经数天后仍然不能站立（图 10-69）。辅助站立时，背腰拱起，四肢弯曲不能伸直，多向一侧扭转，躺卧时也呈不自然姿势。

（2）后天性佝偻病　患病犊牛早期呈现食欲减退，消化不良，精神委顿，不活泼，然后出现异食癖（图 10-70）。病犊牛易疲劳，经常卧地，不愿起立和运动（图 10-71）。发育停滞，

图 10-69　先天性佝偻病犊牛数天后仍不能站立

消瘦，下颌骨增厚和变软，出牙期延长，齿形不规则，齿质钙化不足（坑洼不平，有沟，有色素），常排列不整齐，齿面易磨损、不平整。病情严重的犊牛，口腔不能闭合，舌凸出。流涎，吃食困难。最后面骨、躯干和四肢骨骼有变形。头骨颜面部肿大。肋骨扁平，胸廓狭窄，脊柱弯曲，肋骨肋软骨结合部膨大隆起，形成串珠状。四肢管状骨弯曲变形，

犊牛低头，拱背，站立时前肢腕关节屈曲（图10-72），向前方外侧凸出，呈内弧形，即呈"O"形姿势（图10-73）；后肢跗关节内收，呈"八"字形叉开站立，即呈"X"形姿势（图10-74）。运步时步态僵硬（图10-75），肢关节增大，前肢关节和肋骨软骨联合部最明显。X射线检查，可表现为骨质密度降低，长骨末端呈现"羊毛状"或"蛾虫状"外观。骨骼末端凹而扁，若发现骺变宽或不规则，更可证实为佝偻病。

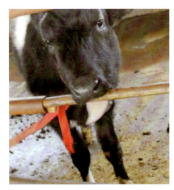

图10-70 佝偻病犊牛异食癖

图10-71 佝偻病犊牛卧地不起

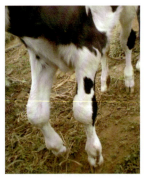

图10-72 佝偻病犊牛前肢腕关节屈曲

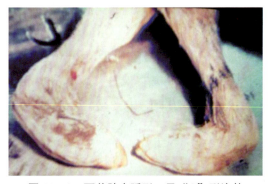

图10-73 两前肢内弧形，呈"O"形姿势

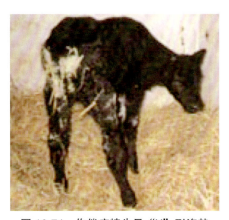

图10-74 佝偻病犊牛呈"X"形姿势

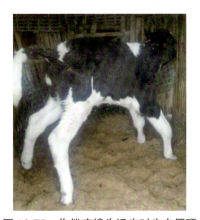

图10-75 佝偻病犊牛运步时步态僵硬

【病理剖检变化】剖检主要病变在骨骼，长骨变形、骨端肥大、骨质变软和直径变粗，关节肿大，肋骨与肋软骨结合处肿胀（串珠样肿）。

【类症鉴别】

病　名	与佝偻病的相似点	与佝偻病的不同点
铜缺乏症	四肢运动障碍	持续腹泻，排黄绿色乃至黑色水样粪（泥炭泻）。有被毛褪色
先天性屈腱挛缩	初生犊牛运步缓慢、艰难，步态不稳	球关节及冠关节屈曲不能伸展，蹄尖着地
碘缺乏症	精神不活泼，腕关节弯曲，四肢骨骼变形	站立困难，甚至腕关节着地。皮肤干燥、增厚、粗糙、甲状腺肿大
风湿病	运步艰难，好卧	站立时不出现肢体弯曲变形。在运动中初强拘、跛行，持续运动逐渐减轻或消失，休息后再运动又强拘、跛行

【预防】 防治佝偻病的关键是保证机体能获得充分的维生素 D。加强对妊娠牛及犊牛的饲养管理，给以充足光照，增加运动；合理配制日粮，注意钙、磷比例，维持钙、磷平衡，供给足够的维生素 D。在北方寒冷季节和地区的舍饲犊牛群，应延长其户外太阳光照射时间，或定期利用紫外线灯照射，照射距离为1.0~1.5米，照射时间为5~15分钟。

【临床用药指南】 治疗原则是改善饲养管理，补充维生素 D 制剂和矿物质。但应注意剂量不宜过大，否则会导致钙在骨组织中沉积不良。

1）有效的治疗药物是维生素 D 制剂，如鱼肝油、浓缩维生素 D 油、维丁胶性钙等。如内服鱼肝油 20~60 毫升；或内服浓鱼肝油，各种牛均按每百千克体重 0.4~0.6 毫升，每天 1 次，发生腹泻时停止用药。

2）维丁胶性钙注射液 2.5 万~10 万单位，皮下注射或肌内注射，每天 1 次或隔天 1 次，连用 5~7 次。或维生素 A、维生素 D 注射液 5~10 毫升，肌内注射，每天 1 次，连用 5~7 天。或维生素 D_3 注射液，肌内注射，各种牛均按每千克体重 1500~3000 单位，注射前、后需补充钙剂。

3）先天性佝偻病，从出生后第 1 天起，即用维生素 D_3 注射液 7 万~10 万单位，皮下或肌内注射，每 2~3 天 1 次，重复注射 3~4 次，至四肢症状好转时为止。

4）应用钙剂，如碳酸钙 30~120 克，内服。或乳酸钙 5~15 克，内服。或葡萄糖氯化钙注射液 100~300 毫升，静脉注射。或 10% 氯化钙注射液，静脉注射，犊牛 5~10 毫升。或 10% 葡萄糖酸钙液，静脉注射，犊牛 10~20 毫升。静脉注射钙剂，初期每天 1 次，以后每周 1~2 次。

十、硒和维生素 E 缺乏症

硒和维生素 E 缺乏症主要是由于体内微量元素硒和维生素 E 缺乏或不足而引起的一种营养缺乏病。临床上以猝死、跛行、腹泻和渗出性素质等为特征，病理学上以骨骼肌、心肌、肝脏和胰腺等组织变性、坏死为特征。本病可发生于各种动物，以仔畜为多见。

【发病原因】 饲料（草）中硒和（或）维生素 E 含量不足是本病发生的直接原因。当饲料中硒含量低于每千克 0.05 毫克时，或饲料加工贮存不当，其中的氧化酶破坏维生素 E 时，就出现硒和维生素 E 缺乏症。饲料中的硒来源于土壤硒，因此土壤低硒是硒缺乏症的根本原因。饲料中含有大量不饱和脂肪酸，可促进维生素 E 氧化，如鱼粉、猪油、亚麻油、豆油等作为添加剂掺入日粮中，可产生过氧化物，促进维生素 E 氧化，引起维生素 E 缺乏。生长快的牛对硒和维生素 E 的需要量增加，容易引起发病。此外，硫与硒之间存在竞争性吸收现象，若土壤中含硫过多或草料中硫酸盐含量过大，可导致机体对硒的吸收减少而致病。本病以 1~3 月龄犊牛易发。

【临床症状】 按病程可分为急性型、亚急性型和慢性型 3 种。

（1）**急性型** 年幼的犊牛多表现为急性型。临床症状不明显，往往在驱赶、奔跑或蹦跳中或受惊吓时突然死亡。或表现呼吸困难，黏膜发绀，心跳加快，心音混浊，体温正常。精神沉郁，站立不稳，病程数小时至 1 天，死于急性心力衰竭。主要表现为心肌营养不良。

（2）**亚急性型** 主要表现精神沉郁，食欲减退或废绝，不愿活动，站立时肘部肌群和后肢股部肌肉震颤（图 10-76），运步缓慢，背腰僵硬，后躯摇摆，后期卧地不起。触诊四肢和背腰部肌肉，有硬痛感。舌和咽喉部肌肉变性时，吮吸和采食动作发生困难。膈肌和肋间肌发病时，引起严重的呼吸困难，并出现喘鸣音。初期心搏动增强，以后心搏动减弱，并出现心律不齐。体温多正常，呼吸加快到 80~90 次 / 分钟，心率增加到 120~140 次 / 分钟。病程可持续 1~2 周，最后因心力衰竭和肺水肿而死亡。

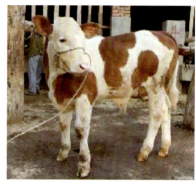

图 10-76 站立时肘部肌群和后肢股部肌肉震颤

（3）**慢性型** 犊牛生长发育停滞，精神沉郁，食欲减退，有异食癖，消化不良性腹泻，渐进性消瘦，被毛粗乱无光泽。脊柱弯曲，全身乏力，驱赶时行走缓慢，步履蹒跚，喜卧地，易继发呼吸道炎症。成年母牛繁殖性能下降，分娩出孱弱的犊牛或死胎。成年公牛睾丸变性、萎缩，性欲减退，失去种用能力。发病犊牛一般是在 3~7 周龄，运动可促进病情加剧。

【病理剖检变化】 病变部肌肉（骨骼肌、腰、背、臀、膈肌）变性，色浅似煮肉样，呈灰黄色、黄白色的点状、条状、片状不等。横断面有灰白色、浅黄色斑纹，质地变脆、变软、钙化（图 10-77）。心肌扩张变薄，以左心室为明显，多在乳头肌内膜有出血点，心内外膜有黄白色或灰白色与肌纤维方向平行的条纹斑（图 10-78 和图 10-79）。肝脏肿大，硬而脆，表面粗糙，断面有槟榔样花纹。有的病例肝脏由深红色很快变成灰白色，最后呈土黄色。肾脏充血、肿胀、实质有出血点和灰色的斑状灶。

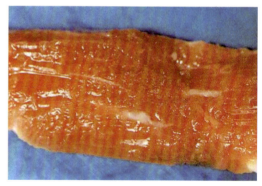

图 10-77 骨骼肌有条片状灰白色病变

【预防】 在低硒地带饲养的牛或饲用由低硒地区运入的饲粮、饲草时，必须补硒。补硒的方法有：①直接注射硒制剂；②将适量硒添加于饲料、饮水中喂饮；③对饲用植物做植株叶面喷洒，以提高植株及籽实的含硒量；④低硒地区施用硒肥；⑤谷粒种子（如小麦）和豆科牧草（如苜蓿）是维生素 E 的良好来源；⑥母牛泌乳期补充维生素 E 饲料可提高产奶量，一般每天在饲料中混合 α - 生育酚不少于 1 克；⑦简便易行的方法是应用硒 -

维生素E饲料添加剂，按照说明使用；⑧妊娠母牛，从分娩前2个月起，每隔20天用0.1%亚硒酸钠溶液5~10毫升，每隔15天用维生素E 250~300毫克，肌内注射；犊牛出生2~3天，用0.1%亚硒酸钠溶液5~10毫升，肌内注射。

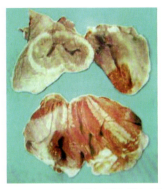

图10-78 心肌纵切面和横切面均呈灰白色条纹状变性坏死灶

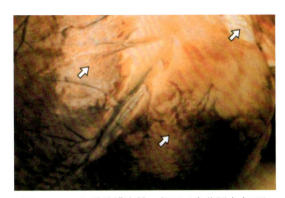

图10-79 心脏外膜变性、坏死（大范围白色区）

【临床用药指南】

1）亚硒酸钠溶液配合醋酸生育酚肌内注射，治疗效果确实。成年牛：0.1%亚硒酸钠溶液15~20毫升；醋酸生育酚每千克体重5~20毫克。犊牛0.1%亚硒酸钠溶液5毫升；醋酸生育酚每头犊牛0.5~1.5克。

2）适当使用维生素A、复合维生素B、维生素C及其他对症疗法（如强心、消炎、止泻等）。

第十一章 产科疾病的鉴别诊断与防治

第一节 产科疾病概述及鉴别诊断要点

一、概述

产科疾病可以分为公牛生殖器官疾病和母牛生殖器官疾病,根据临床生产实践的需求,这里主要讲述母牛生殖器官疾病。

母牛生殖器官包括卵巢、输卵管、子宫、阴道和阴门(图11-1)。母牛外生殖器主要指阴道和阴门。检查时可借助阴道开张器扩张阴道,详细观察阴道黏膜的颜色、湿度、损伤、炎症、肿物及溃疡。同时注意子宫颈的状态及阴道分泌物的变化。

乳房疾病也是母牛产科疾病中非常重要的一种。在一般临床检查中,尤其是泌乳母牛除注意全身状态外,应重点检查乳房。检查方法主要用视诊、触诊,并注意乳汁的性状。

母牛产科疾病主要分为妊娠期疾病、分娩期疾病、产后期疾病、不孕症、乳腺炎等。

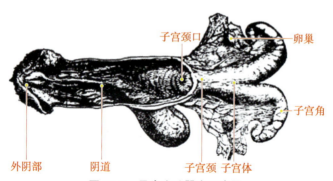

图 11-1 母牛生殖器官示意图

二、母牛生殖器官综合征及鉴别诊断要点

母牛阴道分泌物增多,或混有脓液、血液并有恶臭,若同时阴道黏膜潮红、肿胀或有溃烂,是阴道炎的特征。牛最易发生且多为产后感染所致。如难产时,因助产而致阴道黏膜损伤,继发感染所致。胎衣不下而腐败时,也常引起阴道炎。

在阴道流出脓性分泌物的同时,子宫颈口弛缓甚至开张,直肠检查感知子宫体增大并有波动感,全身反应明显(如发热、沉郁、减食等),提示化脓性子宫炎或子宫蓄脓症。

母牛子宫扭转时,除明显的腹痛、肿胀外,阴道检查可提供重要的诊断依据。阴道黏膜充血、呈紫红色，阴道壁紧张，其特点是越向前变得越狭窄，而且在其前端呈较大的明显的螺旋状皱褶，皱褶的方向标志着子宫扭转的方向。

当阴道和子宫脱出时，可见阴门外有脱垂物体，在母牛产后胎衣不下时，阴门外常吊挂部分的胎衣。

三、乳房疾病综合征及鉴别诊断要点

奶牛的乳房呈红、肿、热、痛的局部反应，泌乳减少，乳汁易凝，呈絮状或混脓液、血液，是乳腺炎的特征。炎症可发生于整个乳房，有时，仅限于乳腺的一叶，或仅限于一叶的某部分。急性、重症病例，可见明显的全身反应。慢性病例，伴有乳房淋巴结慢性肿胀，形成硬结，触诊常无疼痛，应注意乳腺结核。

乳汁感官检查，除隐性型病例外，多数患乳腺炎的牛，乳汁性状都有变化。诊断时，可将各乳区的乳汁分别挤入手心或盛于器皿内进行观察，注意乳汁的颜色、稠度和性状，必要时进行乳汁的化学分析和显微镜检查。

第二节 常见疾病的鉴别诊断与防治

一、流产

流产是由于胎儿或母体异常而导致妊娠的生理过程发生扰乱，或它们之间的正常关系受到破坏而使妊娠中断。它可发生在妊娠的各个阶段，但以妊娠的早期较多见。根据流产的症状不同，可分为隐性流产、小产、早产及延期流产。

【发病原因】 造成流产的原因很多，一般分为传染性流产和非传染性流产。

（1）**传染性流产** 是由传染病（布鲁氏菌病、弯杆菌病、支原体病、衣原体病、钩端螺旋体病、李氏杆菌病、乙型脑炎、口蹄疫、传染性鼻气管炎等）（图11-2）和寄生虫病（弓形虫病、胎儿滴虫病、新孢子虫感染等）引起的。

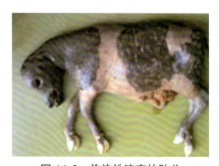

图11-2 传染性流产的胎儿

（2）**非传染性流产** 可见于子宫畸形、胎盘胎膜炎、羊水增多症等；严重的内科病、外科病、产科病、中毒病等也能引起流产的发生；饲养管理不当，如长期饲料不足而过度瘦弱，饲料单纯而缺乏某些维生素和无机盐，饲料腐败或霉败，大量饮用冷水或带有冰碴的水等；机械性损伤，如长途运输过于拥挤、剧烈地跳跃、跌倒、抵撞、蹴踢和挤压等；药物使用不当，如使用大量的泻剂、利尿剂、麻醉剂和其他可引起子宫收缩的药品等。

【临床症状】 流产的临床症状有以下5种表现。

（1）**胚胎消失（又称隐性流产）** 母牛不表现明显的临床症状，常见于胚胎早期死亡，表现为屡配不孕或返情推迟，妊娠率降低。

（2）**排出未足月胎儿** 有如下2种情况：小产，即排出未经变化的死胎（图11-3），胎

儿及胎膜很小，常在无分娩征兆的情况下排出，多不被发现。早产，即排出不足月的活胎（图 11-4），有类似正常分娩征兆和过程，但很不明显，常在排出胎儿前 2~3 天，乳腺突然膨大，阴唇稍微肿胀，阴门内有清亮黏液排出，乳头内可挤出清亮液体。有的妊娠牛出现腹痛、起卧不安、呼吸和脉搏加快等。早产的胎儿，虽然活力很低，仍应尽力抢救。

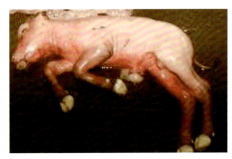
图 11-3　小产的胎儿

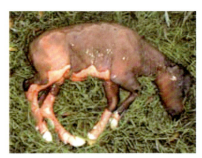
图 11-4　早产的胎儿

（3）**胎儿干性坏疽（干尸化）**　胎儿死于子宫内，胎儿及胎膜水分被吸收后体积缩小变硬，胎膜变薄而紧包于胎儿（"纸质型"），呈棕黑色（图 11-5），犹如干尸（图 11-6）。母牛表现发情停止，但随妊娠时间延长腹部并不继续增大。直肠检查，感受不到胎动，子宫内无胎水，但有硬固物，子宫中动脉不变粗且无妊娠样搏动，牛的一侧卵巢有十分明显的黄体（图 11-7）。干尸化胎儿，有时伴随发情被排出。

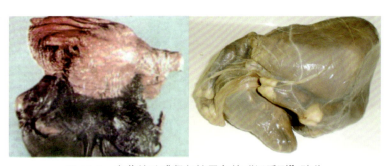
图 11-5　变薄的胎膜紧包棕黑色的"纸质型"胎儿

图 11-6　干尸化胎儿

图 11-7　牛的一侧卵巢有
十分明显的黄体

（4）**胎儿浸溶**　胎儿死于子宫内，由于子宫颈开张，非腐败性微生物侵入，使胎儿软组织液化分解后被排出，但因子宫开张有限，故骨骼存留于子宫内（图 11-8）。病牛表现精神沉郁，体温升高，食欲减退，腹泻，消瘦；母牛努责可排出红褐色或黄棕色的腐臭黏液或脓液（图 11-9），有时排出小短骨头；黏液黏污尾及后躯，干后结成黑痂。阴道检查时，子宫颈开张，阴道及子宫发炎，在子宫颈或阴道内可摸到胎骨；直肠检查时，在子宫内能摸到残存的胎儿骨片。

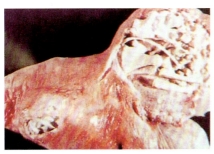

图 11-8　胎儿浸溶，胎儿骨骼留在子宫内

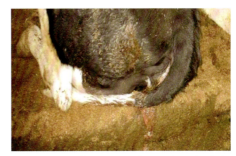

图 11-9　母牛努责可排出红褐色腐臭脓液

（5）胎儿腐败分解（气肿的胎儿）　胎儿死于子宫内，由于子宫颈开张，腐败菌（厌气菌）侵入，使胎儿内部软组织腐败分解，产生硫化氢、氨、丁酸及二氧化碳等气体积存于胎儿皮下组织、胸、腹腔及阴囊内。母牛表现腹围增大，精神不振，呻吟不安，频频努责，从阴门内流出污红色恶臭液体，食欲减退，体温升高。阴道检查时，产道有炎症，子宫颈开张，触诊胎儿有捻发音。

【类症鉴别】

病　名	与流产的相似点	与流产的不同点
肺炎	呼吸急促，心跳增速，体温稍升高	肺音粗厉，或有干啰音、湿啰音，体温较高。但不出现尿频及经常出现排尿姿势和努责现象
膀胱炎	频做排尿姿势，起卧不安	直肠检查，膀胱肥厚、敏感

【预防】　根据妊娠牛的特点，实施综合性防治措施。

1）给以数量足、质量高的饲料，日粮中所含的营养成分，要考虑母牛和胎儿需要，严禁饲喂冰冻、霉败及有毒饲料，防止饥饿、过渴和过食、暴饮。

2）妊娠母牛要适当运动和使役，防止挤压碰撞、跌摔踢跳、鞭打惊吓、重役猛跑。

3）做好冬季防寒和夏季防暑工作。

4）合理选配，以防偷配、乱配。母牛的配种、预产期，都要记录。配种（授精）、妊娠诊断；直肠及阴道检查，要严格遵守操作规程，严防粗暴操作。

5）定期进行检疫、预防接种、驱虫和消毒，确定无布鲁氏菌、毛滴虫、环形泰勒虫及锥虫感染，无异常反应的牛方可进行配种。

6）凡遇疾病，要及时诊断，及早治疗，用药谨慎，以防流产。

7）发生流产时，先行隔离消毒，一方面查明原因，一方面进行处理，以防传染性流产传播。

【临床用药指南】　治疗首先应确定是何种流产，妊娠能否继续进行，再确定治疗措施。

（1）对先兆流产的治疗　对有流产征兆（胎动不安，腹痛起卧，呼吸、脉搏加快等）、胎儿未被排出体外及习惯性流产的母牛，应全力保胎，以防流产。

1）将妊娠牛单独置于安静环境中，减少外界不良刺激。可肌内注射黄体酮注射液

50~100毫克，每天或隔天1次，连用2~3次，也可肌内注射维生素E，剂量为每次每千克体重5~20毫克。

2）可用0.1%硫酸阿托品注射液皮下注射，或使用溴制剂、安定等进行镇静辅助治疗。

3）中药治疗。取炒白术、当归各30克，川芎、白芍、党参、砂仁、熟地各20克，炒阿胶、苏叶、黄芩、陈皮各25克，生姜15克，甘草10克，共为末，开水冲调，候温，1次灌服，每天1剂，连用2~5剂。

4）对有流产病史的母牛，为防止形成习惯性流产，可根据上次流产的妊娠期提前15~30天，用孕酮（黄体酮）50~100毫克，肌内注射，隔天再注射1次，连续3~4次。

5）禁止阴道检查，适当加强运动，减轻和抑制努责。

6）胎儿死亡且已排出，应调养母牛。

7）胎儿已死未排出，应尽早排出死胎，并剥离胎膜，须在子宫内放入抗生素，以防继发病的发生。

(2) **对小产及早产的治疗** 宜灌服落胎调养方：当归、川芎、赤芍各24克，熟地、桃仁各9克，生黄芪15克，丹参12克，红花6克，共研为末冲服。

(3) **对难免流产的处理** 出现流产先兆，经上述处理后病情仍未稳定，阴道排出物继续增多，起卧不安，子宫颈口已经开放，胎囊已进入阴道或已破水，属于难免流产，应尽快促使子宫内容物排出。若子宫颈口已经开大，可用手将胎儿拉出。若胎儿已经死亡，牵引、矫正有困难，可进行截胎术。如子宫颈口开张不大，手不易伸入，可用前列腺素溶解黄体，用雌激素促使子宫颈松弛，然后施行人工助产；对子宫颈口仍不开放或不易取出胎儿的，应施行剖宫产手术。

(4) **对胎儿干尸化的治疗** 可灌注灭菌液状石蜡或植物油于子宫内，将死胎拉出，再以复方碘溶液冲洗子宫。当子宫颈口开张不足时，可肌内或皮下注射己烯雌酚5~20毫克（必要时，间隔2天重复注射），肌内注射前列腺素$F_{2\alpha}$ 25毫克，或氯前列烯醇0.1~1毫克，促使黄体萎缩、子宫收缩及子宫开张，待子宫颈开张较大后，按上述方法助产。一般将黄体压碎后4~5天，死胎可自行排出。用上述方法后，子宫颈口仍开放不大，可先进行截胎术然后取出；对不易经产道取出的，尽早施行剖宫产手术。

(5) **胎儿浸溶及腐败分解的治疗** 尽早将死胎组织和分解物排出，并按子宫内膜炎处理，同时应根据全身状况配以必要的全身疗法。

二、阴道脱出

阴道脱出是指阴道底壁、侧壁和上壁的一部分组织、肌肉出现松弛扩张，子宫和子宫颈也随着向后移动，松弛的阴道壁形成折襞嵌堵于阴门内或凸出于阴门外。可以是部分阴道脱出，也可以是全部阴道脱出。本病常发生于妊娠末期的牛。

【发病原因】 发病可能与母牛骨盆腔的局部解剖生理有关。在骨盆韧带及阴道邻近组织松弛、阴道腔扩张、阴道壁松软，又有一定的腹内压情况下，多发生本病。母牛年老经产，衰弱，营养不良，缺乏钙、磷等矿物质及运动不足，常引起骨盆韧带松弛。妊娠末期，胎盘分泌的雌激素较多，或摄食含雌激素样活性物质较多，可使固定阴道的组织及外阴松弛。牛产后发生阴道脱出，须检查是否有卵巢囊肿。

【临床症状】 按其脱出程度，可分为轻度阴道脱出、中度阴道脱出和重度阴道脱出3种。

(1) **轻度阴道脱出** 主要发生在产前。病牛卧下时，可见阴道前庭及阴道下壁（有时为上壁）形成皮球大、粉红湿润并有光泽的瘤状物，堵在阴门内（图11-10），或露出于阴门外（图11-11）；母牛起立后，脱出部分能自行缩回。若病因未除，母牛多次卧下和站起，脱出的阴道壁周围往往有延伸出来的脂肪，或因分娩损伤引起松弛时，导致脱出的阴道壁逐渐增多，病牛起立后脱出的部分长时间不能缩回（图11-12），黏膜红肿、干燥。有的母牛每次妊娠末期均发生，称为习惯性阴道脱出。

图11-10 阴道脱出瘤状物堵在阴门内

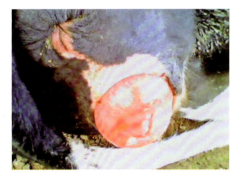
图11-11 阴道脱出瘤状物露出阴门外

(2) **中度阴道脱出** 当阴道脱出伴有膀胱和肠道进入骨盆腔，其阴道脱出加重（图11-13），脱出物呈排球大小的囊状物。起立后，脱出的阴道壁不能缩回，组织充血、肿胀，频频努责，使阴道脱出得更多，表面干燥或溃疡，由粉红色转为暗红色、蓝紫色或黑色（图11-14），有的发生坏死或穿孔。

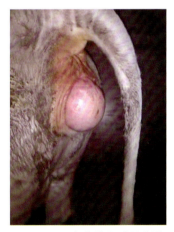
图11-12 病牛站立时阴道脱出的部分不能缩回

图11-13 阴道脱出伴有膀胱进入骨盆腔

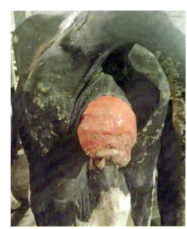
图11-14 脱出的阴道呈暗红色，表面有溃疡

(3) **重度阴道脱出** 子宫和子宫颈后移，子宫颈脱出于阴门外。阴道的腹侧可见到尿道口，排尿不畅；有时在脱出的囊内可触摸到胎儿的前置部分。若脱出的阴道前端子宫颈明显并紧密关闭（图11-15），则不易发生早产及流产；若子宫颈外口已开放且界限不清（图11-16），则常在24~72小时内发生早产。持续强烈的努责，可引起直肠脱出、胎儿死亡及流产等。脱出的阴道黏膜瘀血、水肿；严重的，黏膜可与肌层分离，阴道黏膜破裂、糜烂或坏死，易继发全身感染。产后发生者，脱出往往不完全，在其末端有时可看到子宫颈

膣部肥厚的横皱襞。

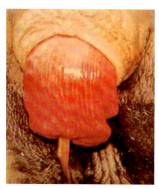

图 11-15　阴道全脱出子宫颈脱出，但子宫颈口紧密关闭

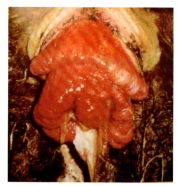

图 11-16　阴道全脱出子宫颈脱出，但子宫颈外口也已开放且界限不清

【类症鉴别】

病　　名	与阴道脱出的相似点	与阴道脱出的不同点
直肠脱	尾根下有拳头大、凸出的黏膜球状物	由肛门脱出，不是由阴门凸出
子宫脱出	由阴门凸出	多在产后发生，凸出的比球大，如长袋状，可见到子宫黏膜子叶
阴道肿瘤	由阴门凸出	任何时间都可能出现，不一定在妊娠末期。肿瘤一般形成时间比较长，有蒂，容易出血

【预防】　加强饲养管理，给予营养全面足够的日粮，加强运动，防止过度劳累和损伤阴道，预防和及时治疗增加腹压的各种疾病。

【临床用药指南】　治疗方法因脱出的程度不同而异。

（1）对轻度阴道脱出的治疗　易于整复，关键是防止复发。站立时能自行缩回的，一般不需要整复和固定。在加强运动、增加营养、减少卧地，并使其保持前低后高姿势的基础上，灌服具有"补中益气"的中药方剂，大部分能治愈。将尾拴于一侧，以免尾根刺激脱出的黏膜。当站立时不能自行缩回者，则应进行整复固定，并配以药物治疗。妊娠牛注射孕酮，每天肌内注射 50~100 毫克，至分娩前 20 天左右为止，可有一定的疗效。

（2）对中度和重度阴道脱出的治疗　先行整复固定，并配以药物治疗。

1）整复时，将病牛保定在前低后高的地方，裹扎尾巴并拉向体侧，选用 2% 明矾水、1% 食盐水、0.1% 高锰酸钾溶液、0.1% 雷夫诺尔或淡花椒水，清洗局部及其周围。

2）水肿严重时，热敷挤揉或划刺以使水肿液流出。然后用消毒的湿纱布或涂有抗菌药物的油纱布把脱出的阴道包盖，趁母牛不甚努责的时候用手掌将脱出的阴道托送还纳后，取出纱布，再用拳头将阴道复位。推回后手臂最好在阴道内再放置一段时间，使阴道得以恢复、适应。

3）取治脱穴（阴唇中点旁开 1 毫米）及后海穴电针，或在两侧阴唇黏膜下蜂窝组织内注入 70% 酒精 30~40 毫升，或以栅状阴门托或绳网结予以固定，也可用消毒的粗缝线将阴门上 2/3 做减张缝合或钮孔状缝合（图 11-17）。

4）当病牛剧烈努责而影响整复时，可做硬膜外腔麻醉或尾骶封闭。

（3）**对顽固性阴道脱出病例的治疗** 可采用坐骨小孔缝合固定法（图11-18）。先在坐骨小孔投影的臀部剃毛消毒并刺一个皮肤小口，一手伸入阴道内探摸坐骨小孔，将双股或四股粗缝线的一端缚一粗的圆枕或有机大衣纽扣带入阴道，另一手持长柄针向坐骨小孔方向刺入，穿透阴道，把缝线嵌入缝针缺口拔出长柄针，缝线即被导出臀部，再在外面同样嵌一圆枕或有机大衣纽扣，拉紧缝线打结；无长柄缝针时，可用一长粗缝针从阴道经坐骨小孔穿出臀部。另一侧按同法进行，如此即将阴道壁和骨盆侧壁组织牢固地固定在一起。

图11-17　钮孔状缝合　　　　图11-18　坐骨小孔缝合固定法

（4）**对脱出的阴道有严重感染病例的治疗** 应施以全身疗法，必要时，可行阴道部分切除术。除上述处理外，配服"加味补中益气汤"能加速病愈。

（5）**针灸治疗** 阴道脱出部分小且没有坏死直接针灸即可缩回，不需要打针，配合口服补中益气散。若脱出部分较大，先消毒处理，然后处理坏死部分再进行针灸。圆利针深度在10~12厘米之间，共5针。外阴上方两侧旁开1厘米位置，向前下方刺入，左右各一穴；肛门左右各一穴，向前下方刺入；肛门与尾根之间（后海穴）刺入一穴。留针20~30分钟（图11-19）。

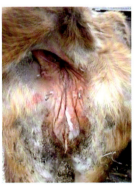

图11-19　针灸治疗阴道脱出

三、奶牛肥胖综合征

奶牛肥胖综合征，又称"牛脂肪肝病"，因发病经过和病理变化类似于母羊妊娠毒血症，所以也称为"牛妊娠毒血症"。本病是奶牛分娩前后发生的一种以厌食、抑郁、严重的酮血症、脂肪肝、末期心率加快和昏迷，以及致死率极高为特征的脂质代谢紊乱性疾病。奶牛常在分娩后，泌乳高峰期发病，有些牛群发病率可达25%，致死率达80%。

【发病原因】妊娠母牛过度肥胖是本病的主要原因。引起母牛过度肥胖的因素有：干乳期，甚至从上一个泌乳后期开始，大量饲喂谷物或者青贮玉米；干乳期过长，能量摄入过多；未把干乳期牛和正在泌乳的牛分群饲养，精饲料供应过多。分娩、产乳、气候突变、临分娩前饲料突然短缺等是本病的诱发因素。

【临床症状】病牛显得异常肥胖，脊背展平，毛色光亮。奶牛产仔后几天内呈现食欲不振，逐渐停食。病牛虚弱，躺卧，血液和牛乳中酮体增加，严重酮尿。用治疗酮病的措施常无效。肥胖牛群还经常出现皱胃扭转、前胃弛缓、胎衣滞留、难产等，按治疗这些疾病的常用方法疗效很差。部分牛呈现神经症状，如举头（图 11-20）、头颈部肌肉震颤（图 11-21），最后昏迷，心动过速。病牛致死率极高。幸免于死的牛，休情期延长，牛群中不孕及少孕的现象较普遍，对传染病的抵抗力降低，容易发生乳腺炎、子宫炎、沙门菌病等，某些代谢病（如酮病和生产瘫痪等）发病率增高。

图 11-20 病牛举头撞栏杆

图 11-21 病牛的头部肌肉震颤

肥胖妊娠牛常于产犊前表现不安，易激动，行走时运步不协调，粪少而干，心动过速。如在产犊前 2 个月发病者，病牛有 10~14 天停食，精神沉郁、躺卧、匍匐在地（图 11-22），呼吸急促，鼻腔有明显分泌物，口腔周围出现絮片（图 1-23），粪便少，后期呈黄色稀粪、恶臭，病死率很高，病程为 10~14 天，最后呈现昏迷，并在安静中死亡。

图 11-22 病牛精神沉郁，
伏卧在地

图 11-23 病牛鼻腔有明显的分泌物，
口腔周围出现絮片

血液检测出现血清天门冬酸氨基转移酶（AST）、鸟氨酸胺甲酰转移酶（OCT）和山梨醇脱氢酶（SDH）活性升高，血清中白蛋白含量下降，胆红素含量增高，提示肝功能损害。血清酮体、尿中酮体、牛乳中酮体含量增高。患病奶牛常有低钙血症 15~20 毫摩尔/升（60~80 毫克/升），血清无机磷浓度升高到 64.4 毫摩尔/升（200 毫克/升）。血清中非酯化脂肪酸（NE-FAs）含量升高、胆固醇和甘油三酯浓度降低。病初期呈低糖血症，但后期呈高糖血症。白细胞总数减少，中性粒细胞减少，淋巴细胞减少。

【临床用药指南】 本病致死率较高。一般而言，食欲废绝的病牛多取死亡。对于尚能保持食欲者，配合支持疗法常可治愈；补充能量，如静脉注射 50% 葡萄糖溶液 500 毫升，能减轻症状，但其作用时间较短；皮质类固醇注射可刺激体内葡萄糖的生成，也可刺激食欲，但用此药时应同时注射高渗葡萄糖；病牛应喂以可口的高能量饲料如玉米麦片，也可按每头牛每天250毫升的丙二醇或甘油，用水稀释后灌服，并注射多种维生素，能提高疗效；灌服健康牛瘤胃液5~10升，或喂给健康牛反刍食团有助于疾病的恢复；建议用氯化胆碱治疗，每4小时1次，每次25克，口服或皮下注射，或用硒-维生素E制剂口服。

四、难产

难产是指由于各种原因而使分娩的第一阶段（开口期），尤其是第二阶段（胎儿排出期）明显延长，如不进行人工助产，则母体难于或不能排出胎儿的产科疾病。

【发病原因】母牛发育不全，提早配种，骨盆和产道狭窄，加之胎儿过大，不能顺利产出；营养失调，运动不足，体质虚弱，老龄或患有全身性疾病的母牛引起子宫及腹壁收缩微弱及努责无力，胎儿难以产出；胎位不正，羊水胞破裂过早，使胎儿不能产出，成为难产。

【临床症状】妊娠母牛发生阵痛，起卧不安，时有拱腰努责，回头顾腹，阴门肿胀，从阴门流出红黄色浆液，有时露出部分胎膜，有时可见胎儿蹄或头，但胎儿长时间不能产出（图11-24和图11-25）。

图11-24 牛难产时阴门露出部分胎膜、胎蹄

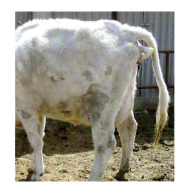

图11-25 牛难产时阴门露出胎蹄

【预防】

1）对于繁殖用的母牛，从小就要加强饲养管理，保证发育良好，培育体格健壮的母牛。后备母牛不要过早配种，否则也容易发生骨盆狭窄而难产。

2）妊娠期间要按妊娠饲养标准喂养，保证胎儿生长发育的需要和母牛的健康。妊娠牛要适当运动，一直到胎儿正常产出为止。为此应该分群饲养管理。

3）对于接近预产期的母牛，应再进行分群，多加照管。准备好分娩场所，天气温暖时，可在露天生产，但必须备有棚舍，以防天气突然变化时应用。在大型牧场，应备有较大的空气良好的产房或产圈或产棚，除了干燥及排水良好外，还应装置分娩栏。应该有专人值班，特别注意接产，尤其注意清晨和傍晚的时候。

4）在分娩过程中，要尽量保持环境安静；接产人员不要高声喧哗，防止母牛受到惊扰。

5）对于分娩的异常现象，要做到尽早发现，及时处理。当发现分娩时间拉长时，即应进行胎儿和产道检查，根据反常情况进行助产。只要发现及时，母牛还有分娩力量，稍微加以帮助，即容易产出，可以防止发生严重的难产。

6) 做好临产检查。临产时做好产道和胎儿的检查。妊娠牛采取站立保定，可将母牛置于前低后高的坡地上，侧卧保定要将后躯臀下垫以草束，胎儿反常姿势位于上方。洗涤消毒外阴部和手臂；将消毒过的或戴上消毒长臂手套的手臂伸入产道，详细检查，确定难产的种类，以便采取相应的助产措施。

① 产道检查。检查产道的松软及润滑程度，子宫颈的松软及开张程度，骨盆腔的大小及软产道有无异常等。

② 胎儿检查。正常正生的胎儿的两前肢平直伸入骨盆，胎头伸直，唇向前置于两前肢之间，胎儿的背腹方向与母牛背腹方向一致；检查时可以摸到胎儿蹄掌向下、扁平的腕关节和置于两前肢间的唇部。正常倒生是两后肢平直伸入产道，臀部也进入产道；检查时可以摸到蹄掌向下或侧向和向下凸起的跗关节。若胎儿有吸吮动作、心跳，或四肢有收缩活动，表示胎儿仍存活。正常正生或正常倒生，产道正常的让其自然娩出。凡不正常的应立即矫正助产。

【临床用药指南】 常见的难产及助产的措施。

1) 首先进行临产检查，判定难产的原因，以便采取助产的方法。助产器械需要浸泡消毒，术者、助手的手及母牛的外阴处，均要彻底清洗消毒。

2) 对于胎位正常且已进入分娩过程的母牛，如表现无努责或努责时间短而无力，迟迟不能将胎儿排出。可肌内或静脉注射催产素，观察母牛分娩进程，待其自然娩出。但这种方法并不十分可靠。根据笔者经验，可将外阴部和助产者的手臂消毒后，伸入产道，倒生时抓住或拴住胎儿的两后肢缓慢地牵引出来（图11-26）。牵拉出胎儿臀部时，脐带已被撕断，此时应全力以赴迅速将胎儿牵拉出产道，以避免胎儿窒息死亡。正生时抓住胎儿的两前肢，护住胎儿的头部，缓慢均匀地用力把胎儿拉出（图11-27）。

图 11-26 抓住和拴住胎儿肢体牵引拉出

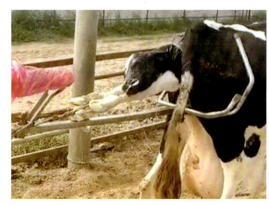

图 11-27 拴住胎儿的前肢把胎儿牵引拉出

3) 对于胎儿横向、竖向，胎儿下位、侧位，头颈下弯、侧弯、仰弯，前肢腕关节屈曲，后肢跗关节屈曲等的难产母牛（图11-28～图11-32），术者手臂消毒后伸入产道，将异常的胎位、胎向、胎势进行矫正，抓住或拴住胎儿的前肢或后肢把胎儿牵引拉出。

4) 对于阴门狭窄或胎头过大的母牛，往往是胎头的颅顶部卡在阴门口，母牛虽然使劲努责，但仍然产不出胎儿。遇此情况可在阴门两侧上方，将阴唇剪开1～5厘米，术者两手在阴门上角处向上翻起阴门，同时压迫尾根基部，以使胎头产出而解除难产。胎儿排出后消毒切口并结节缝合（图11-33）。

图 11-28 倒生上位臀部前置

图 11-29 倒生下位

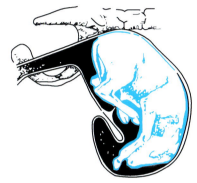
图 11-30 倒生上位跗关节前置

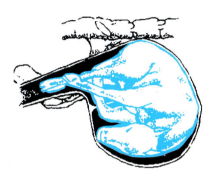
图 11-31 四肢前置

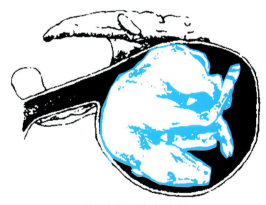
图 11-32 背部前置

图 11-33 难产时剪开阴唇并进行结节缝合

5）对于双犊同时楔入产道的母牛，术者手臂消毒后伸入产道将一个胎儿推回子宫内，把另一个胎儿拉出后，再拉出推回的胎儿。如果双犊各将一肢体伸入产道，形成交叉的情况，则应先辨明关系，可通过触诊腕关节和跗关节的方法区分开前后肢，再顺手触摸肢体与躯干的连接，分清肢体的所属部位，最后拉出胎儿解除难产。

6）对于子宫颈狭窄、扩张不能、骨盆狭窄的母牛，应果断地施行剖宫产手术，以挽救母仔的生命。

五、胎衣不下

母牛分娩出胎儿后，如果胎衣在正常时限内不排出，就称为"胎衣不下"或"胎衣滞留""胎膜滞留"。胎衣为胎膜的俗称。牛排出胎衣的正常时间为 12 小时，如超过 12 小时则表示异常。正常健康奶牛分娩后胎衣不下的发生率在 3%~12% 之间，平均为 7%。

【发病原因】引起胎衣不下的原因很多，主要与胎盘结构、产后子宫收缩无力或弛缓及妊娠期间胎盘发生炎症有关。牛、羊胎盘属于上皮绒毛膜与结缔组织绒毛膜混合型，胎儿胎盘与母体胎盘联系比较紧密，是胎衣不下发生较多的主要原因。产后子宫收缩无力或弛缓，是由于妊娠期间，饲料单纯、缺乏矿物质及微量元素和维生素，特别是缺乏钙盐与维生素 A，妊娠牛消瘦、过肥、运动不足等，都可使子宫弛缓；怀多胎、胎水过多及胎儿过大，使子宫过度扩张，可继发产后子宫阵缩微弱而发生胎衣不下；流产、早产、难产等异常分娩后，造成产出时雌激素不足，或者子宫肌疲劳收缩无力而继发本病。另外，妊娠期间子宫受到某些细菌或病毒的感染，发生子宫内膜炎及胎盘炎，使胎儿胎盘和母体胎盘发生粘连，流产后或产后易于发生胎衣不下。高温季节、产后子宫颈收缩过早，也可引起胎衣不下。还可能与遗传有关。

【临床症状】胎衣不下分为胎衣全部不下和胎衣部分不下。

（1）**胎衣全部不下** 即整个胎衣未排出来，胎儿胎盘的大部分仍与母体胎盘连接，仅见一部分已分离的胎衣悬吊于阴门之外。脱露出的部分主要为尿膜绒毛膜（图 11-34），呈土红色，表面上有许多大小不等的胎儿子叶（图 11-35）。滞留的胎衣经过 2~3 天，炎热夏季经 1~2 天，发生腐败分解，从阴道排出污红色恶臭液体（图 11-36），内含腐败的胎衣碎片，病牛卧地时，排出量增多。病程延长，常继发子宫内膜炎。腐败分解产物被吸收后，则引起全身症状，病牛体温升高，食欲和反刍减退，脉搏和呼吸加快，不安，频繁努责，拱背、瘤胃弛缓、积食或臌气，有时腹泻，产奶量下降。多数病例经 1 个月左右，自行排尽腐败分解产物，但由于继发子宫内膜炎和子宫蓄脓，影响以后妊娠。

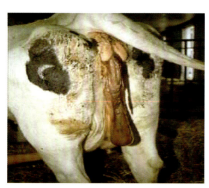

图 11-34 牛胎衣全部不下悬在阴门外的尿囊绒毛膜

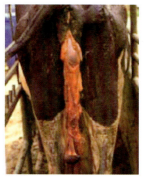

图 11-35 牛胎衣全部不下胎衣表面的子叶

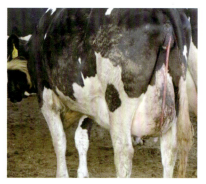

图 11-36 从阴道排出污红色恶臭液体，污染到乳房上面

（2）**胎衣部分不下** 即胎衣的大部分已排出，仅有一部分或个别胎儿胎盘残留在子宫内，从外部不易发现，通常仅在恶露排出时间延长时才被发现，所排恶露的性质与胎衣完

全不下时相同，仅排出量较少。

【预防】 预防本病主要是加强妊娠母牛的饲养管理；给妊娠母牛饲喂富含多种矿物质和维生素的饲料；舍饲奶牛要有一定的运动时间和干乳期；产前1周减少精料，搞好产房的卫生消毒工作；分娩后让母牛自己舔干犊牛身上的黏液，尽可能灌服羊水，并尽早挤乳或让犊牛吮乳；分娩后，特别是在难产后应立即注射催产素或钙制剂，避免使分娩牛饮用冷水；分娩后饮益母草及当归煎剂或水浸液，也有防止胎衣不下的效用。

【临床用药指南】 胎衣不下的治疗原则是：尽早采取治疗措施，防止胎衣腐败吸收，促进子宫收缩，局部和全身抗菌消炎，在条件适合时可剥离胎衣。治疗胎衣不下的方法很多，概括起来可以分为药物治疗和手术治疗。

(1) **药物治疗** 在确诊胎衣不下之后要尽早进行药物治疗。

1) 子宫腔内投药。①向子宫腔内投放四环素、土霉素、磺胺类或其他抗生素，起到防止胎衣腐败、延缓溶解及子宫感染的作用，然后等待胎衣自行排出。②在子宫黏膜与胎衣之间放置粉剂土霉素或四环素，剂量为1~2克，把药物装入胶囊或用水溶性薄膜纸包好放置于两个子宫角中，隔天1次，视情况可用1~3次。③也可用其他抗生素（如青霉素、链霉素等）或磺胺类药物。④子宫腔内投药可同时肌内注射催产素。⑤如子宫颈口已缩小，可先肌内注射苯甲酸雌二醇等，使子宫颈口松软开张，排出腐败物，然后再放入防止感染的药物，隔天注射1次，共用2~3次。

2) 肌内注射抗生素。在胎衣不下的早期阶段，常常采用肌内注射抗生素的方法。当出现体温升高、产道创伤等情况时，还应根据临床症状的轻重缓急，增大药量，或改为静脉注射，并配合使用支持疗法。

3) 促进子宫收缩。①为加快排出子宫内已腐败分解的胎衣碎片和液体，可先肌内注射苯甲酸雌二醇20毫克，1小时后肌内或皮下注射催产素50~100单位，2小时后重复1次。催产素需早用，最好在产后12小时以内注射，超过24小时或难产后继发子宫弛缓者，效果不佳。②还可应用麦角新碱1~2毫克，皮下注射。③牛灌服羊水300毫升，促使胎衣排出；如灌服后2~6小时仍不排出胎衣，可再灌服1次。羊水可在分娩时收集，放在阴凉处，防止腐败变质；如用非自身的羊水，必须保证供羊水的母牛健康无病，尤其是没有结核病及传染性流产等传染病。

4) 促进胎儿胎盘与母体胎盘分离。在子宫内注入5%~10%氯化钠溶液2000~3000毫升，促使胎儿胎盘缩小，从母体胎盘上脱落，但注入后要注意使盐水尽可能完全排出。

5) 中药治疗。①用桃红四物汤加味。处方：熟地、当归、赤芍各60克，桃仁、红花各45克，川芎、青皮各30克，益母草120克，童尿半碗为引，水煎，候温灌服，每天1剂，根据情况用1~3剂。②在奶牛产后立即喂饮红糖麸皮水（红糖3千克、麸皮1千克、温水25升），随即静脉注射25%葡萄糖溶液1000毫升、10%氯化钠溶液500毫升、10%安钠咖注射液20毫升、5%氯化钙溶液500毫升。注射后胎衣多在3~6小时内自行脱落。

(2) **手术治疗** 即徒手剥离胎衣。①如药物治疗无效，在产后48~72小时，子宫颈口尚未缩小到手不能伸入以前，对没有继发急性子宫内膜炎和体温升高的病牛可试行胎衣剥离。②剥离胎衣应注意的原则是：容易剥离就坚持剥，否则不可强行剥离，患急性子宫内膜炎或体温升高的，不可剥离。③最好到产后72小时进行剥离。④剥离胎衣应做到快（5~20分钟内剥完）、净（无菌操作，彻底剥净）、轻（动作要轻，不可粗暴），严禁揪扯子叶和损伤子宫内膜。

具体手术操作：①母牛外阴部常规消毒，术者手臂皮肤消毒后，先擦 0.1% 碘化酒精加以鞣化，使保护层不易脱落，然后涂液状石蜡。②为防止胎衣粘在手上，妨碍操作，可在子宫内灌入 10% 氯化钠注射液 500~1000 毫升。③操作时，左手扯住胎衣，右手顺着胎衣伸入子宫，找到胎盘（图 11-37）。④剥离要有顺序，由近及远，螺旋前进，逐个逐圈进行，由一个子宫角到另一个子宫角。⑤手触及母子胎盘后，用拇指及食指捏住胎儿胎盘的边缘，轻轻将其自母体胎盘上撕开一点，或者用食指尖把它抠开一点，再将食指或拇指伸入胎儿胎盘与母体胎盘之间，逐步将其分开。剥离的越完整，效果越好。⑥剥离过程中，左手要把胎衣扯紧，以便顺着它去寻找尚未剥离的胎盘。剥离过的胎盘表面粗糙，不和胎衣相连。未剥离过的胎盘表面光滑，和胎衣相连。⑦为防止由于剥出的部分太重把胎衣扯断，可将一部分剪掉。当剥离到子宫角尖端时，可轻拉胎衣，使子宫角尖端内翻，便于剥离（图 11-38）。⑧胎衣剥离完后，用 0.1% 高锰酸钾溶液或 0.1% 新洁尔灭溶液等反复冲洗子宫，直至流出的液体与注入的液体颜色一致为止。⑨再向子宫内投放土霉素 5~10 克，每天或隔天投放 1 次，连用 3~5 次，以防子宫感染。

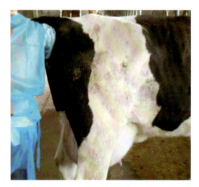

图 11-37　左手扯住胎衣，右手顺着胎衣伸入子宫找到胎盘

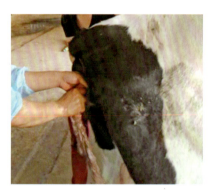

图 11-38　剥离到子宫角尖端时，轻拉胎衣，使子宫角尖端内翻，便于剥离

六、子宫脱出

子宫脱出即指子宫角的前端甚至子宫角和子宫体全部翻出于阴门之外。多见于产程的第三期，有时则在产后数小时之内发生，产后超过 1 天发病的患病动物极为少见。牛特别是奶牛多发。羊、猪也常发生。

【发病原因】　体质虚弱，运动不足，胎水过多，胎儿过大或多次妊娠，致使子宫肌收缩力减退和子宫过度伸张引起的子宫弛缓，是其主要原因。分娩过度延迟时子宫黏膜紧裹胎儿，随着胎儿被迅速拉出而造成宫腔负压，而腹压相对增高，则子宫可随胎儿翻出阴门之外。分娩和胎衣不下的强烈努责；产后长期站立于向后倾斜的床栏，以及便秘、腹泻、疝痛等引起的腹压增大，是其诱因。

【临床症状】　牛的子宫脱出在阴门之外见有呈不规则的长圆形物体凸出，表面布满圆形或半圆形的海绵状母体胎盘（子叶）（图 11-39），且分为大小两堆（大者为孕角，小者为非孕角），有时可达或超过跗关节（图 11-40）。脱出的子宫黏膜表面常附着有未脱落的胎膜（图 11-41），剥去胎膜或自行脱落后呈粉红色或红色（图 11-42），后因瘀血而变为紫红色或深灰色（图 11-43）。随着水肿呈肉冻状，且多被粪土污染和摩擦而出血，进而结痂、干裂、糜烂等。有的伴有阴道脱出（图11-44）。寒冷季节常因冻伤而发生坏死。如不及时治疗，子宫可发生出血、坏死，甚至感染而引起败血症，病牛即表现出全身症状。

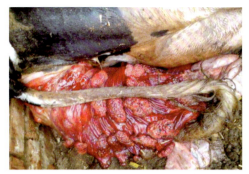

图11-39　牛子宫脱出表面布满子叶

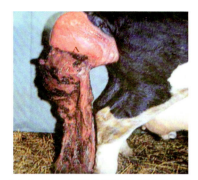

图11-40　牛脱出的子宫超过跗关节

图11-41　脱出的子宫黏膜表面附着未脱落的胎膜

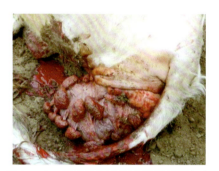

图11-42　脱出的子宫剥去胎膜后呈红色

图11-43　脱出的子宫瘀血变为紫红色

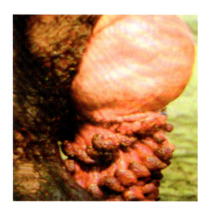

图11-44　子宫脱出伴有阴道脱出

【类症鉴别】

病　　名	与子宫脱出的相似点	与子宫脱出的不同点
阴道脱出	阴门外有黏膜外翻的脱出物	发生于分娩前，即使阴道全部脱出也仅有球大小，并可见子宫颈口。不像子宫脱出那样有囊状物、垂脱那么多甚至到跗关节
阴道肿瘤	阴道有囊状物	没有努责现象，触诊无疼痛感。在分娩时障碍胎儿排出，甚至因破裂而出血。阴道检查，可发现肿瘤

【预防】 平时加强饲养管理，保证饲料质量，使牛体身体状况良好；在妊娠期间，保证母牛有足够的运动，增强子宫肌内的张力；遇到胎衣不下时，绝不要强行拉出；遇到产道干燥时，在拉出胎儿之前，应给产道内涂抹或灌注大量无菌油类，以预防子宫脱出。

【临床用药指南】 子宫脱出时必须及早治疗。以整复为主，配以药物治疗。但当子宫严重损伤坏死及穿孔而不宜整复时，应实施子宫截除术或淘汰。

(1) **整复法** 整复脱出的子宫之前必须检查子宫腔内有无肠管和膀胱，如有，应将肠管先压回腹腔并将膀胱中尿液导出，再行整复。

1) 保定与麻醉。首先对病牛进行妥善保定，站在前低后高的地面上，也可侧卧保定于前低后高的床面上，对牛可进行全身浅麻醉或后海穴深部局部麻醉（图11-45）。在保定前，应先排空直肠内的粪便，防止整复时排便，污染子宫。

2) 清洗。①用温热的消毒液将脱出的子宫及外阴部和尾根彻底清洗干净，除去其上黏附的污物及坏死组织，用灭菌单子保护（图11-46）。②同时静脉注射钙制剂，以减少黏膜的渗出，并根据疾病的全身情况进行补液强心和纠正代谢性酸中毒等。然后再进行整复。③用垂体后叶素行子宫壁注射。④遇有胎盘出血，可用缝线结扎或药物止血。⑤表面涂以碘甘油或其他抗生素软膏。

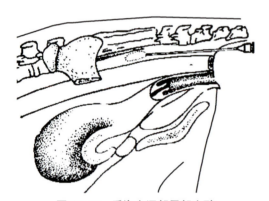

图 11-45 后海穴深部局部麻醉

图 11-46 清洗脱出子宫后，用灭菌单子保护

3) 整复。①由两助手用纱布或门板等其他器材将脱出的子宫兜起提高，使它与阴门等高（图11-47），然后整复。②整复子宫的方法有两种：一种是由子宫角尖端开始，术者一手用拳头顶住子宫角尖端的凹陷处，小心而缓慢地将子宫角推入阴道，另一手和助手从两侧辅助配合，并防止送入的部分再度脱出；同法处理另一子宫角，逐渐将脱出的子宫全部送回骨盆腔内。另一种是由子宫基部开始，从两侧压挤并推送靠近阴门的子宫部分，一部分一部分地推送，直至脱出的子宫全部被送回骨盆腔内（图11-48）。待子宫被全部还纳后，将手臂尽量伸入其中上下左右摆动数次，以使子宫恢复正常位置并防止再脱出。为保证子宫全部复位，可灌入热消毒药液，然后导出。整复后，为防止感染，可向子宫内放入大剂量抗生素或其他防腐抑菌药物，并注射促进子宫收缩药物。

图 11-47 将脱出的子宫与阴门等高

（2）预防复发及护理 ①整复后为防止复发，应皮下或肌内注射 50~100 单位催产素。②为防止病牛努责，也可进行荐尾间硬膜外麻醉或后海穴深部局部麻醉。③为防止子宫整复后再次脱出，可缝合阴门，清洗消毒外阴，采用双内翻缝合法（图 11-49），或结节缝合法（图 11-50），或荷包缝合法，或减张缝合法，或纱布包减张缝合法，或圆枕缝合法，固定无毛外阴部位。根据阴门裂的长度，通常在阴门裂的腹侧留下 3~5 厘米的开放范围。注意缝合松紧度适宜，既要有效固定，还要能够顺利排尿。缝合后，可在阴门两边中间距离阴唇 5 毫米处分别注射 10 毫升高浓度酒精，通过刺激阴门两侧的组织出现无菌性炎

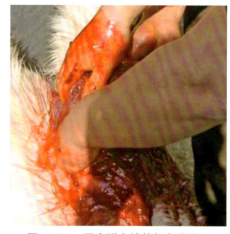

图 11-48 子宫脱出的整复方法之一

症而明显肿胀，形成压迫，从而能够进一步避免发生子宫复脱。通常在 2~3 天后，母牛停止努责时就可将缝合线拆除，但要注意在进行拆线前必须每天都采取 1 次直肠检查，如果发现子宫角出现内翻，要立即进行整复，不然会对今后的受孕产生不良影响。还可采用明尼可夫氏缝合法，取一定长度的 18 号缝合线，线两端分别穿入长 8~10 厘米的直三棱缝合针，两针再通过大号塑料纽扣（或类似表面光滑、无棱角塑料制品）双孔，术者手持缝合针、线、纽扣进入阴道内 20~25 厘米，将阴道壁尽力压向骨盆上侧壁，使针穿过臀部肌肉及皮肤，并用吻合扣固定在臀部（图 11-51）。④若配以具有"补虚益气"的中药方剂，则效果更好。除阴道脱出的

图 11-49 阴门双内翻缝合法

中药方剂外，也可使用下列方剂。益母补气散：益母草、炙芪各 120 克，升麻、党参、白术、当归各 60 克，柴胡 24 克，陈皮 30 克，炙草 45 克，共研为末，1 次用粳米粥调灌 240 克，每天 2 次，连服 6~8 天。

图 11-50 阴门结节缝合法

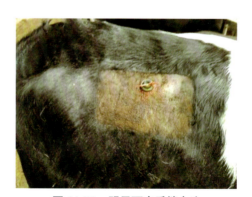

图 11-51 明尼可夫氏缝合法

（3）脱出子宫切除术 如确定子宫脱出时间已久，无法送回，或者子宫有严重的损伤与坏死，整复后有可能引起全身感染、导致死亡的危险，可将脱出的子宫切除，以挽救母牛的生命。或根据实际情况进行淘汰。

七、生产瘫痪

生产瘫痪也称"乳热症"或"低血钙症",是母牛分娩前后突然发生的一种严重代谢疾病。其特征是低血钙、全身肌肉无力、知觉丧失及四肢瘫痪。

【发病原因】 本病多发生在饲养良好的高产奶牛,以产奶量最高的3~6胎(5~9岁)奶牛居多,但第2~11胎也有发生;初产母牛几乎不发生本病。而且本病大多发生在顺产后的头3天之内,特别是产后12~48小时之内,少数在分娩过程中或分娩前数小时发病,极少数在妊娠末期或分娩后数天、数周发生。发病的直接原因与分娩前后血钙浓度急剧降低有关,也有人认为与一时性脑贫血所致的脑组织缺氧、脑神经兴奋性降低有关。本病为散发,然而个别牧场的发病率可高达25%~30%。

【临床症状】 生产瘫痪时,表现的症状不尽相同,有典型症状与非典型(轻型)症状2种。

(1) **典型症状** 病情发展很快,从开始发病到出现典型症状,整个过程不超过12小时。初期表现食欲减退或废绝、反刍、瘤胃蠕动、排粪及排尿停止,产奶量降低,精神沉郁,表现轻度不安。不愿走动,后肢交替踏脚,后躯摇摆,好似站立不稳,四肢(有时是身体其他部分)肌肉震颤。有些病例开始时则出现惊慌、哞叫、凶暴、目光凝视等兴奋和敏感症状;头部及四肢肌肉痉挛,不能保持平衡。所有病例开始时鼻镜即变干燥,四肢及身体末端发凉,皮温降低,脉搏则无明显变化。不久,出现意识抑制和知觉丧失的特征症状。病牛昏睡,眼睑反射微弱或消失(图11-52),瞳孔散大,对光线照射无反应,皮肤对疼痛刺激也无反应。肛门松弛,肛门反射消失。心音减弱,速率增快,每分钟可达80~120次;脉搏微弱,勉强可以摸到。呼吸深慢,听诊有啰音;有时发生喉头及舌麻痹,舌伸出口外不能自行缩回,呼吸时出现明显的喉头呼吸声。吞咽发生障碍,因而易引起异物性肺炎。病牛以一种特殊姿势卧地,即伏卧,四肢屈于躯干以下,头向后弯到胸部一侧(图11-53),用手将头拉直后,手一松开,头又重新弯向胸部。体温降低也是生产瘫痪的特征症状之一。病初体温仍在正常范围之内,但随着病程发展,体温逐渐下降,最低可降至35~36℃。病牛死前处于昏迷状态(图11-54),死亡时毫无动静,有时注意不到死亡时间;少数病例死前有痉挛性挣扎。如果本病发生在分娩过程中,则努责和阵缩停止,不能排出胎儿。

图11-52 病牛昏睡,眼睑反射微弱或消失

图11-53 典型生产瘫痪的特殊卧地姿势

(2) **非典型症状** 呈现非典型(轻型)症状的病例所占的数目较多,产前及产后较长时间发生的生产瘫痪也多为非典型的。其症状除瘫痪外,主要特征是头颈姿势不自然,由头部至鬐甲呈一轻度的"S"状弯曲(图11-55)。病牛精神极度沉郁,但不昏睡,食欲废

绝。各种反射减弱，但不完全消失。病牛有时能勉强站立，但站立不稳，且行动困难，步态摇摆。体温一般正常或不低于37℃。

图11-54 病牛处于昏迷状态

图11-55 非典型生产瘫痪的"S"状弯曲

【类症鉴别】

病 名	与生产瘫痪的相似点	与生产瘫痪的不同点
奶牛酮病	食欲减退，不排粪，沉郁，嗜睡。常在产后几天或几周内发病	乳汁、尿和呼出气有酮气味，酮粉检验，乳汁和尿阳性反应。没有瘫痪特征。对钙疗法，尤其是对乳房送风疗法，没有反应。注射葡萄糖，有明显疗效
产后败血症	精神沉郁，躺卧时头颈弯于一侧，昏睡，反射迟钝	除濒死时体温下降外，一般体温均升高（40~41℃），眼睑、肛门疼痛，反射不完全消失
牛妊娠毒血症	不吃、不反刍，肌肉震颤，卧地不愿起，昏睡	多在分娩前2个月左右肥胖母牛发病。先便秘后腹泻，排恶臭、黄白色稀粪，初有兴奋不安、共济失调，后昏迷、安静、死亡
截瘫（腰椎骨折）	肛门松弛，反射消失，卧地不起，不排粪尿	有使脊髓受损害的原因，即使产后发生，脊髓损伤处的后部体躯感觉消失，但前部敏感性增强。直肠检查，腰椎有疼痛，甚至有不平整

【预防】

1）在干乳期，最迟从产前2周开始，给母牛饲喂低钙高磷饲料，减少从日粮中摄取的钙量，是预防本病的一种有效方法。即产前将每头奶牛钙量限制在每天60克以下，增加谷物精料，减少饲喂豆科干草及豆饼等，使钙、磷比控制在（1~1.5）:1。

2）在分娩后，立即将每头奶牛摄入的钙量增加到每天125克以上，或在分娩后立即肌内注射10毫克双氢速甾醇。

3）分娩前2~8天，1次肌内注射维生素D_2（骨化醇）1000万单位，或按每千克体重2万单位的剂量应用。

4）如果用药后母牛未产犊，则每隔8天重复注射1次，直至产犊为止。或产前3~7天每天肌内注射1000万~2000万单位维生素D_3。

5）产后不立即挤乳及产后3天内不将初乳挤净，对于预防生产瘫痪有一定的积极作用。

【临床用药指南】 静脉注射钙剂或乳房送风是治疗生产瘫痪最有效的方法，治疗越早，疗效越好。

（1）**静脉注射钙剂** ①最常用的是硼葡萄糖酸钙溶液（葡萄糖酸钙溶液中加入4%的硼酸，以提高葡萄糖酸钙的溶解度和稳定性），一般的剂量为静脉注射20%~25%硼葡萄糖酸钙 500 毫升（中等体格的黑白花奶牛）。如无硼葡萄糖酸钙溶液，可改用市售的 10% 葡萄糖酸钙，但剂量应加大，1 次静脉注射 500~1500 毫升，或静脉注射 10% 氯化钙溶液，1 次量为 150~250 毫升。②静脉补钙的同时，肌内注射 5~10 毫升维丁胶性钙注射液，有助于钙的吸收和减少复发率。③注射后 6~12 小时病牛如无反应，可重复注射；但最多不得超过 3 次，而且继续注射可能发生不良后果。④使用钙剂量过大或注射的速度过快，可使心率增快和节律不齐，严重时还可能引起心传导阻滞而发生死亡，所以一般注射 500 毫升溶液至少需要 10 分钟的时间。⑤另外可给以轻泻剂，促进积粪排出，并改进消化机能。

(2) **乳房送风疗法** 该法为治疗牛生产瘫痪最有效和最简便的方法，特别适用于对钙制剂效果差的病例。向乳房内打入空气，需用专门的器械乳房送风器（图 11-56）。使用之前应将送风器的金属筒消毒并在其中放置干燥消毒棉花，以便滤过空气，防止感染。没有乳房送风器时，也可利用大号连续注射器或普通打气筒，但过滤空气和防止感染比较困难。打入空气之前，使牛侧卧，挤净乳腺中的积乳，并消毒乳头孔，然后将消过毒、尖端涂有少许润滑剂的乳导管插入乳头管内，注入青霉素 10 万单位及链霉素 0.25 克（溶于 20~40 毫升生理盐水内）。然后从倒卧侧的后乳区开始逐个打入空气，4 个乳区内均应打满空气。打入的空气量以乳房皮肤紧张、乳腺基部的边缘清楚并且变厚，同时轻敲乳房呈现鼓响音时为宜。应当注意，打入的空气不够，不会产生效果。打入空气过量，可使腺泡破裂，发生皮下气肿。打气之后，乳头孔用胶布密封或用宽纱布条将乳头轻轻扎住，防止空气逸出。待病牛起立后，经过 1 小时，将纱布条解除。扎勒乳头不可过紧及过久，也不可用细线结扎。多数病例经打气后 30 分钟左右痊愈。

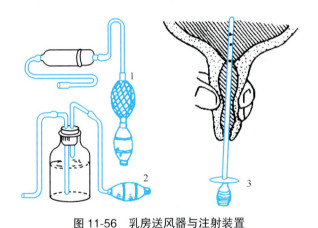

图 11-56 乳房送风器与注射装置
1—金属筒式送风器 2—玻璃瓶式送风器 3—通乳针插入乳头

(3) **中药疗法** 黄芪、党参各 60 克，当归 45 克，川芎、桃仁、续断、桂枝、牛膝、白术、秦艽各 30 克，木瓜 20 克，益母草 90 克，炮姜、甘草各 15 克，水煎取汁，加入骨粉 60 克，黄酒 200 毫升，调匀，1 次灌服。

(4) **其他疗法** 用钙剂治疗疗效不明显或无效时，也可考虑应用胰岛素和肾上腺皮质激素，同时配合应用高糖和 2%~5% 碳酸氢钠注射液。对怀疑血磷及血镁也降低的病例，在补钙的同时静脉注射 40% 葡萄糖溶液和 15% 磷酸钠溶液各 200 毫升及 25% 硫酸镁溶液 50~100 毫升。

八、子宫内膜炎

子宫内膜炎是母牛分娩后或流产后的子宫黏膜的炎症,是常见的一种母牛生殖器官疾病,也是导致母牛不孕的重要原因之一。就其炎症性质可分为黏液性、黏液脓性和脓性子宫内膜炎。依其发病经过可分为急性和慢性,慢性较多见。

【发病原因】 配种、人工授精及阴道检查时消毒不严,分娩、助产、难产、胎衣不下、子宫脱出、阴道炎、腹膜炎、胎儿死于腹中及产道损伤之后,或剖宫产时无菌操作不严等,细菌侵入而引起。阴道内存在的某些条件性病原菌,在机体抵抗力降低时,也可发生本病。此外,在布鲁氏菌病、结核杆菌病、副伤寒、牛胎儿弧菌病、牛鼻气管炎病毒病、牛腹泻病毒病等传染病时,也常发生相应的子宫内膜炎。

【临床症状】 本病按病程可分为急性子宫内膜炎和慢性子宫内膜炎。

(1) **急性子宫内膜炎** 多见于分娩后或流产后。主要表现为体温升高,精神不振,食欲减退或废绝,反刍及泌乳减少或停止等全身症状。常见拱背、努责,常做排尿姿势,从阴门排出黏液性或黏液脓性渗出物(图11-57),卧地时排出量增多,阴门周围及尾根常黏附渗出物并干涸结痂(图11-58)。阴道检查,子宫颈稍微开张,有时可见脓性渗出物从子宫颈流出。直肠检查可感到子宫角粗大肥厚。病重者分泌物呈现污红色或棕色,具有臭味(图11-59)。严重时,呈现昏迷,甚至死亡。

图 11-57 从阴道流出黏液脓性渗出物

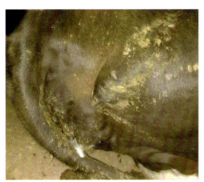

图 11-58 阴门周围及尾根黏附渗出物并干涸结痂

图 11-59 阴门流出具有臭味的棕色分泌物

(2) **慢性子宫内膜炎** 多由急性炎症转变而来,全身症状常不明显,有时体温略微升高,精神欠佳,食欲及泌乳稍减,发情周期不正常。自阴道排出灰白色(图11-60)或黄褐色稍稀薄的脓汁(图11-61),病牛尾根、阴门、大腿和飞节上常黏附薄痂(图11-62)。直肠检查,一侧或两侧子宫角稍大,冲洗子宫的回流液混浊,很像面汤或米汤(图11-63),其中夹杂有脓块和絮状物(图11-64)。有的在临床症状、直肠及阴道检查时,均无任何变化,仅屡配不孕,发情时从阴道流出大量不透明的黏液(图11-65),子宫冲洗物在静置后有沉淀物。

图 11-60　从阴道流出的灰白色脓汁

图 11-61　从阴道流出黄褐色稍稀薄的脓汁

图 11-62　病牛尾巴上黏附着的脓性分泌物

图 11-63　米汤样子宫液

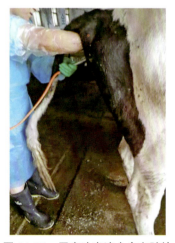
图 11-64　子宫冲出液中含有脓块

图 11-65　发情时阴道流出不透明黏液

【类症鉴别】

病　名	与子宫内膜炎的相似点	与子宫内膜炎的不同点
阴道炎	阴门流出分泌物，尾部附有分泌干涸物，时有拱背、翘尾、努责现象	阴道检查，阴道黏膜潮红、肿胀，严重时有糜烂
正常恶露排泄	产后数日内阴道排泄浆性、黏性分泌物，尾有黏液干涸物	排泄物无臭味，经几天排泄即停止，直肠检查时子宫无异常

【预防】 预防本病应加强饲养管理,注意保持圈舍和产房的清洁卫生,给予全价营养饲料,适当增加日照和运动,提高牛只抵抗力;临产前后,对阴门及周围部位进行消毒;在配种、人工授精和助产时,应注意器械、术者手臂和外生殖器的消毒;及时正确地治疗流产、难产、胎衣不下、子宫脱出及阴道炎等疾病,以防损伤和感染。

【临床用药指南】 主要是应用抗菌消炎药物,防止感染扩散,清除子宫腔内渗出物并促进子宫收缩。

(1) 清除子宫内渗出物 采用子宫冲洗法,是治疗急、慢性子宫内膜炎的有效方法。冲洗应在母牛发情时进行。对不发情的母牛要事先注射苯甲酸雌二醇或己烯雌酚,促使子宫颈松弛开张后再进行冲洗。冲洗子宫应严格遵守无菌操作。常用的子宫冲洗液有:0.1%高锰酸钾溶液、0.1%利凡诺(依沙吖啶)溶液、0.01%~0.05%新洁尔灭溶液等。药液温度为40~42℃(急性炎症期可用20℃的冷液),每天或隔天冲洗1次,连用3~4次,直至排出液透明为止(图11-66)。如子宫积脓,先将脓液排出后再冲洗。但要注意,对伴有严重全身症状的病牛,为了避免感染扩散使病情加重,禁止采用冲洗疗法。

(2) 应用抗菌消炎药,防止感染扩散 子宫冲洗后,根据病情和疾病性质,选用以下药物注入子宫内。子宫注药法是治疗慢性黏液性、黏液脓性及

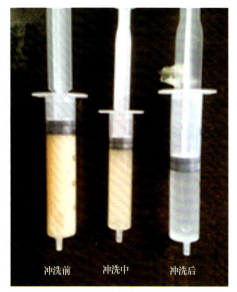

图11-66 子宫内膜炎冲洗前分泌物性状和冲洗后液体的性状

脓性子宫内膜炎的方法,子宫内渗出物不多时,不需要冲洗子宫,只向子宫内注入抗生素混悬油剂(青霉素160万单位、链霉素200万单位、新霉素600毫克、灭菌植物油20毫升,混合配成混悬油剂)20毫升或中药抗生素混悬油剂(用当归、益母草、红花浸出液5毫升,青霉素80万单位,链霉素100万单位,灭菌植物油20毫升,混合配成混悬油剂)25毫升,1次即可。还可以购买市场上销售的这类药物来使用,如宫得康乳剂等。若重症子宫内膜炎有全身症状时,应使用广谱抗生素进行全身治疗。

(3) 促进子宫收缩,便于冲洗液和子宫内渗出物排出 可给予垂体后叶素、缩宫素等。

(4) 中药治疗 应用"失笑散",其做法:将"失笑散"(蒲黄、五灵脂各100克)1剂,用开水冲泡,以五灵脂泡开为度,大约需要6小时,1次灌服,间隔1~3天再服1剂,也可视病情变化酌情给药,一般1~3剂即愈。还可用白术、白芍、白芷、白扁豆、白糖各12克,共研为末冲调,候温灌服;或生地炭、熟地炭、当归、焦白术、醋香附、延胡索、五灵脂、吴芋、炙甘草、棕炭各25克,川芎15克,炒白芍、炒小茴香各30克,茯苓、赤芍各21克,共研为末冲调,候温灌服。

九、乳腺炎

乳腺炎是母畜乳腺的炎症,多发生在乳用家畜,特别是奶牛乳腺炎更为常见,其特点是乳汁发生理化性质、细菌学变化,乳中的体细胞,特别是白细胞增多及乳腺组织发生病

理变化。本病不仅影响产奶量，造成经济损失，而且影响牛乳的品质，危及人的健康。

【发病原因】 引起奶牛乳腺炎的病因复杂，可能是由一种或多种因素所致。造成乳腺炎的病因主要是感染了病原微生物，有细菌、霉菌、病毒和支原体等，共有130多种，较常见的有23种，其中细菌14种、支原体2种、真菌及病毒7种。感染乳腺炎的主要途径是病原体通过乳头管口和乳头管进入乳房。当乳房受到摩擦、挤压、碰撞、刺划等机械因素，尤以幼畜吮乳时用力碰撞和徒手挤乳方法不当，使乳腺损伤，并通过厩舍、运动场、挤乳手指和用具而引起感染。某些传染病（布鲁氏菌病、结核病等）也常并发乳腺炎；体内某些脏器疾病产生的毒素，病原微生物产生的毒素，以及饲料、饮水或药物中的毒素也可影响到乳房而引起炎症；还与遗传有关。另外，泌乳期饲喂精料过多而乳腺分泌机能过强，用激素治疗生殖器官疾病而引起的激素平衡失调，是本病诱因。本病的发生与气候、饲养管理、产奶量、泌乳阶段、乳头形态、不同乳区等因素有关。如在气温高、雨季、运动场积水、环境卫生差等情况下，发病率高。高产奶牛及泌乳高峰期，乳头为皿形、口袋形和漏斗形发病率高，后乳区较前乳区高等。此外，还可继发于子宫内膜炎、胎衣不下、创伤性网胃腹膜炎等疾病过程中。

【分类与临床症状】 根据乳房和乳汁有无肉眼可见变化，可将乳腺炎分为非临床型（亚临床型）乳腺炎、临床型乳腺炎和慢性乳腺炎。

（1）非临床型（亚临床型）乳腺炎 通常又称为"隐性乳腺炎"。乳腺和乳汁通常都无肉眼可见变化，要用特殊的试验才能检出乳汁的变化，。

（2）临床型乳腺炎 乳房和乳汁均有肉眼可见的异常，发病率为2%~5%。根据临床病变程度，可分为轻度临床型乳腺炎、重度临床型乳腺炎、急性全身性乳腺炎和坏疽性乳腺炎。

1）轻度临床型乳腺炎。触诊乳房无明显异常，或有轻度发热和疼痛，或不热不痛，可能肿胀。乳汁中有絮片、凝块（图11-67），有时呈水样，pH偏碱性，体细胞数和氯化物含量增加。从病程看，相当于亚急性乳腺炎。这类乳腺炎只要治疗及时，痊愈率高。

2）重度临床型乳腺炎。患病乳区急性肿胀（图11-68），皮肤发红，触诊乳房发热、有硬块（图11-69）、疼痛敏感，常拒绝触摸。奶产量减少，乳汁为黄白色或血清样，内有乳凝块。全身症状不明显，体温正常或略高，精神、食欲基本正常。从病程看，相当于急性乳腺炎。这类乳腺炎如果早治疗，可以较快痊愈，预后一般良好。

图11-67 乳汁中有絮片、凝块

图11-68 奶牛乳腺炎的急性肿胀

3）急性全身性乳腺炎。患病乳区肿胀严重（图11-70），皮肤发红、发亮（图11-71），乳头也随之肿胀（图11-72）。触诊乳房发热、疼痛，全乳区质硬，挤不出乳（图11-73），或仅能挤出少量水样乳汁。病牛伴有全身症状，体温持续升高（40.5~41.5℃），心率增速，呼吸急促，精神萎靡，食欲减退，进而拒食、喜卧。从病程看，相当于最急性乳腺炎。如治疗不及时，可危及病牛生命。

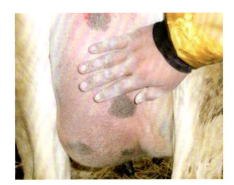

图 11-69　乳房皮肤发红，触诊发热、有硬块

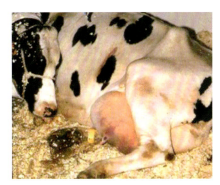

图 11-70　患病乳区严重肿胀

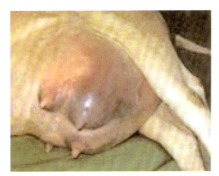

图 11-71　患病乳区皮肤发红、发亮

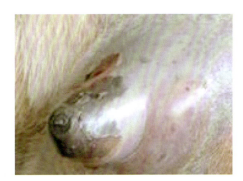

图 11-72　患病乳区乳头肿胀

4）坏疽性乳腺炎。又称乳房坏疽。最急性者分娩后不久即表现症状，最初乳房肿大、坚实（图 11-74），触诊硬、痛。随疾病演变恶化，患部皮肤由粉红色（图 11-75）逐渐变为深红色（图 11-76）、紫色甚至蓝色（图 11-77）。最后全区完全失去感觉，皮肤湿冷。有时并发气肿，捏之有捻发音，叩之呈鼓音。如发生组织分解，可见呈浅红色或红褐色油膏样恶臭分泌物排出和组织脱落。病牛有全身症状，体温升高，呈稽留热型。食欲废绝，反刍停止，剧烈腹泻，喜卧（图 11-78），可能在发病 1~2 天后死于毒血症。

图 11-73　全乳区质硬，挤不出乳

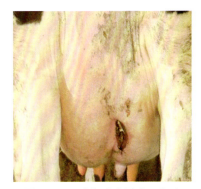

图 11-74　病初乳房肿大、坚实

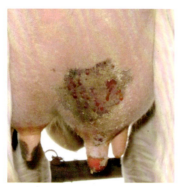
图 11-75 乳房皮肤粉红色

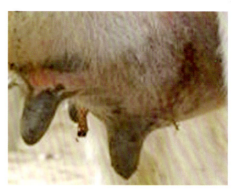
图 11-76 乳房皮肤深红色

图 11-77 乳房皮肤蓝紫色

图 11-78 病牛体温升高，稽留热，食欲废绝，反刍停止，腹泻，卧地不起

(3) **慢性乳腺炎** 通常是由于急性乳腺炎没能及时处理或由于持续感染，而使乳腺组织处于持续性发炎的状态。一般局部临诊症状可能不明显，全身也无异常，但奶产量下降。此类乳腺炎治疗价值不大，病牛可能成为牛群中一种持续的感染源，应视情况及早淘汰。

【预防】

(1) **搞好卫生** 保持厩舍、运动场、挤乳人员手指和挤乳用具的清洁，创造良好的卫生条件，做好传染病的防检工作。

(2) **正确挤乳** 挤乳前，先用温水将各乳区洗净，然后认真按摩。挤乳时姿势要正确，用力均匀并尽量挤尽乳汁。每挤完1头牛最好洗手1次。逐渐停乳，停乳后注意乳房的充盈度和收缩情况，发现异常及时检查处理。

(3) **加强护理** 奶牛产前要及时并彻底停乳，在停乳后期与分娩前，特别是在乳房明显膨胀时，应适当减少多汁饲料和精料的饲喂量；分娩后加强护理，从生殖器官排出的恶露或炎性分泌物，及时清除消毒，并经常消毒外阴部及尾部，同时控制饮水、适当增加运动和挤乳次数。有乳腺炎征兆时，除采取医疗措施外，应根据情况隔离病牛。

(4) **隔离病牛** 病牛要隔离治疗，挤乳时先挤健康牛后挤病牛，先挤健康乳头后挤病乳头。从病乳头挤出的牛乳必须废弃，并做好容器消毒。

【临床用药指南】 乳腺炎的治疗主要是针对临床型乳腺炎，对非临床型乳腺炎则主要是控制和预防。并且越早治效果越好。及时采用以下局部和全身治疗的综合性措施。

(1) **挤乳及按摩治疗** 白天每经2~3小时挤乳1次，夜间5~6小时挤乳1次。每次挤乳时，按摩乳房 15~20 分钟。

(2) **冷敷、热敷及涂擦刺激剂**　在初期需要冷敷，2~3 天后热敷或红外线照射等。涂擦樟脑软膏或常醋调制的复方醋酸铅散等药物，以促进炎性渗出物吸收，消散炎症。

(3) **乳房内注入药物**　常选用青霉素 160 万单位和链霉素 100 万单位或土霉素 100 万单位，溶解后用注射器借乳导管通过乳头管注入，然后抖动乳头基部和乳房，每天 2 次，连续用 2~4 天。注药前要尽量使乳房内残留的乳汁和分泌物排出。还可应用大环内酯类（红霉素、替米考星）、三甲氧苄二氨嘧啶、四环素和氟喹诺酮类药物等。

(4) **乳房基底封闭**　即将 0.25% 或 0.5% 盐酸普鲁卡因溶液注入乳房基底结缔组织中和用 2% 普鲁卡因溶液进行生殖股神经注射，对浆液性乳腺炎有一定疗效，溶液中加入适量抗生素可提高疗效。

(5) **外科治疗**　乳房的浅表脓肿，可行切开排脓、冲洗、撒布消炎药等一般外科处理。深部脓肿，可穿刺排脓并配合抑菌药治疗。当其破溃，炎症被抑制后，取二期愈合。

(6) **抗菌治疗**　主要采用抗生素，也可用磺胺类药物。常用的抗菌药物有青霉素、链霉素、四环素、环丙沙星、恩诺沙星、卡那霉素和磺胺类药等。一般采取肌内注射给药。出现全身症状的病牛，可采取输液疗法，同时采取对症疗法。

(7) **中药治疗**

1）急性乳腺炎。可用肿疡消散饮，处方为：金银花 60 克，连翘 30 克，归尾、甘草、赤芍、乳香、没药、花粉、贝母各 15 克，防风、白芷、陈皮各 12 克，共为细末，黄酒 100 毫升为引，开水冲调，候温灌服。

2）慢性乳腺炎。可用黄芪散，处方为：生芪、全当归、元参各 30 克，肉桂 6 克，连翘、金银花、乳香、没药各 15 克，生香附、青皮各 12 克，有硬结者加穿山甲 9 克，皂刺 15 克，煎汁灌服。或用冲和膏，处方为：炒紫荆皮 15 克，独活 90 克，炒赤芍 60 克，白芷 120 克，石菖蒲 45 克，共研为末葱汁酒调，敷于患部。乳腺炎上有肿块的可用降痈饮，处方为：当归 90 克，生芪 60 克，甘草 30 克，酒煎灌服，每天服 1 剂，连服 2~8 剂。

十、不孕症

不孕是指由于各种因素而使母畜的生殖机能暂时丧失或降低的疾病。不孕症则为引起母畜繁殖障碍的各种疾病的统称。一般认为，超过始配年龄的或产后的奶牛，经过 3 个发情周期（65 天以上）仍不发情，或繁殖适龄母牛经过 3 个发情周期（或产后发情周期）的配种仍然不能受孕或不能配种的（管理利用性不育），就是不孕。

【**发病原因**】引起不孕症的原因比较复杂，按其性质不同可概括为 8 类：即先天性（或遗传性）因素、营养因素、管理利用因素、繁殖技术因素、环境气候因素、衰老性因素和疾病性因素、免疫性因素。临床上主要是疾病性因素为主。

【**临床症状**】一般分为两大类症状。

(1) **症状一**　表现为性周期无规律，发情频繁，持续时间长，间情期短；大多数的牛常试图爬跨其他母牛并拒绝接受爬跨，常像公牛一样表现攻击性的性行为，寻找接近发情或正在发情的母牛爬跨（图 11-79）。直肠检查，在卵巢的一侧或两侧卵泡大而明显，但不成熟，最后发展为卵泡囊肿（图 11-80）。或久不发情，直肠检查，卵巢萎缩如豌豆大小，卵巢质地较硬，由于卵巢萎缩而引起子宫变小。或发情周期停滞，长期不发情或情期间隔较长，直肠检查，一侧或两侧卵巢体积增大，卵巢上有大小不等的黄体存在（图 11-81），同时有小卵泡存在，数目不一。

(2) **症状二** 表现性周期正常，但屡配不孕；直肠检查，卵巢上有发育好的卵泡，有发育成熟的滤泡，但卵泡壁较厚，致使排卵困难，产生久配不孕。

【预防】 做好饲养管理是保证母牛健康，减少营养性不孕症的基本方法；做好分娩护理，分娩时做好产房的护理是确保下胎母牛发情配种的重要措施，因为母牛在产房期间的护理会直接影响到泌乳、子宫恢复及下一次配种；准确掌握发情情况，正确判定母牛发情，不漏掉发情母牛，不错过发情期，是防止母牛不孕症的先决条件；抓好适时配种，在正确发情鉴定的前提下，掌握正确的配种时间是提高母牛受胎率的关键一环；除做好以上4项工作外，还要对具体疾病所造成的不孕症及时进行针对性治疗。

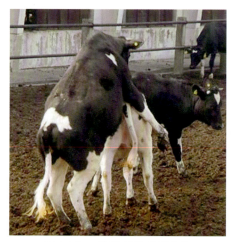

图 11-79 爬跨其他发情母牛

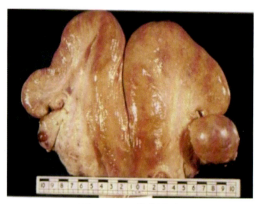

图 11-80 卵泡囊肿

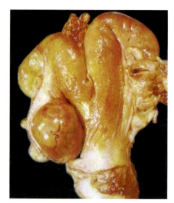

图 11-81 黄体囊肿

【临床用药指南】

(1) **激素治疗** 适用于表现症状一的不孕症母牛。①用促黄体素释放激素进行治疗，方法是：初情期当天肌内注射促黄体素释放激素200微克，隔天再肌内注射相同剂量，第2次注射后即进行授精，隔天复配1次。②在促黄体素释放激素缺乏的情况下，可使用复方黄体酮治疗，方法是：在初情期，每天1次肌内注射复方黄体酮40毫克，连续肌内注射3天，第4天即进行授精。③对久不发情的母牛，可先用己烯雌酚每天肌内注射1次，连续3次，每次剂量为25毫克，待发情后再用复方黄体酮治疗；若6天后仍无性欲，可用绒毛膜促性腺激素（绒促性素）1000~5000单位，肌内注射。还可使用孕马血清促性腺激素（孕马血清）1000~2000单位，皮下或肌内注射。或三合激素，肌内注射，剂量为5~10毫升。

(2) **促卵泡素治疗** 适用于表现症状二的不孕症母牛。方法是：当直肠检查发现有成熟的卵泡后，在授精前12小时肌内注射促卵泡素100单位，授精后再肌内注射相同剂量的促卵泡素，隔天再复配1次。

（3）**中药治疗**　当归、益母草各100克，党参90克，枸杞子80克，白术、补骨脂各60克，熟地、白芍、阳起石、生蒲黄各50克，牛膝、川断各45克，红花、巴戟天、淫羊藿各35克，混合煎汁，灌服。

十一、布鲁氏菌病

布鲁氏菌病（简称"布病"）是由布鲁氏菌（图11-82）引起的人兽共患的传染性疾病，牛、绵羊、山羊、猪、犬等家养动物和人均可感染发病。动物以母畜发生流产、不孕、生殖器官和胎膜发炎，公畜发生关节炎、睾丸炎为特征，人感染后引起波浪热。本病在我国民间也被称为"波浪热""流产病""懒汉病"或"爬床病"等。本病危害养殖业，影响人类健康。近年来，国内外人兽的布鲁氏菌病疫情均呈现回升势头，出现新的流行病学特征，应引起高度重视。

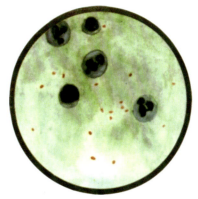

图11-82　布鲁氏菌的形状

【流行特点】

（1）**易感动物**　目前已知道的易感动物有60多种，包括马、牛、猪、绵羊、山羊、骆驼、鹿、兔、犬等各种家畜，野生哺乳动物，啮齿动物，鸟类，爬行类，两栖类和鱼类。成年母牛的易感性较犊牛高，母牛的易感性较公牛高。

（2）**传染源**　主要是患病动物及带菌动物，最危险的是受感染的妊娠母畜。病菌存在于流产的胎儿、胎衣、羊水及阴道分泌物中。患病动物乳汁或精液中也有病菌存在。也可从粪尿向外排菌。牛羊是人类散发性布鲁氏菌病的主要传染源。

（3）**传播途径**　主要经消化道感染，也可经伤口、皮肤和呼吸道、眼结膜和生殖器官黏膜感染。因配种致使生殖器官黏膜感染尤为常见，也可因昆虫叮咬而感染。

（4）**流行特征**　本病一年四季均可发生，但有明显的季节性，以夏、秋季节发病率较高。本病常呈地方性流行，感染的牛常终身带菌，新疫区往往可使大批妊娠母牛流产，老疫区则妊娠母牛流产逐渐减少，但关节炎、子宫内膜炎、胎衣不下、屡配不孕、睾丸炎等增多。人布鲁氏菌病的传播途径主要有三种，即一是经皮肤黏膜接触感染，是最为多见的感染方式；二是经消化道感染，可经吃生肉、喝生牛乳等感染，如吃未烧熟的羊（牛）肉串、涮羊（牛）肉等；三是经呼吸道感染，多见于皮毛加工等情况。

【临床症状】　潜伏期2周至6个月，通常依赖于病原菌毒力、感染剂量及感染时母牛所处妊娠阶段而定。流产通常发生于妊娠后3~7个月（图11-83）。流产前体温升高、食欲减退，有的长卧不起，由阴道流出黏液或带血样分泌物等（图11-84）。流产胎儿多为死胎，或弱胎，但多在出生后1~2天内死亡，少数呈木乃伊胎（图11-85）。流产后常伴有胎衣停滞或子宫内膜炎，从阴道流出红褐色、污秽不洁、恶臭的分泌物，甚至子宫积脓而导致不孕症。有的母牛发生腕、跗、膝关节炎（图11-86）。在老疫区发生流产的大都是妊娠第一胎的牛，并出现胎衣不下、子宫内膜炎、关节炎、乳腺炎等。公牛除发生关节炎外，常发生睾丸炎和附睾炎，初期肿大、疼痛，随后无热痛，质地坚硬，有时可见阴茎潮红、肿胀，精液质量和精子活力下降，重者导致不育。

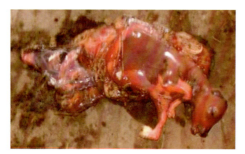

图 11-83　4月龄流产胎儿及胎衣

图 11-84　牛阴道流出黏液或带血样分泌物

图 11-85　木乃伊胎

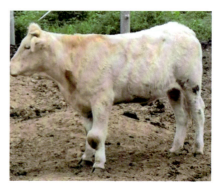

图 11-86　母牛腕关节炎

【病理剖检变化】　本病主要病变是胎衣呈黄色胶冻样浸润，有些部位覆有纤维蛋白絮片和脓液，有的增厚，夹杂有出血点。绒毛叶部分或全部贫血呈苍白色，或覆有灰色或黄绿色纤维蛋白或脓汁絮片，或覆有脂肪状渗出物。胎儿胃（主要是皱胃）内有浅黄色或白色黏液絮状物，肠胃和膀胱的浆膜下可见有点状或线状出血；皮下呈出血性浆液性浸润（图11-87）。淋巴结、脾脏、肝脏有程度不等的肿胀，有的散在炎性坏死灶。脐带常呈黏液性浸润、肥厚。胎儿和新生犊牛可见肺炎病灶。公牛生殖器官可能有出血点或坏死灶，睾丸和附睾可能有炎性坏死灶（图11-88）和化脓灶。

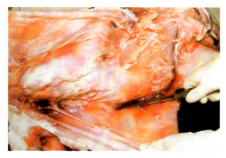

图 11-87　布鲁氏菌病流产胎儿皮下水肿

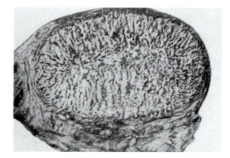

图 11-88　布鲁氏菌病公牛睾丸切面的坏死灶

【类症鉴别】

病　名	与布鲁氏菌病的相似点	与布鲁氏菌病的不同点
弯杆菌病	流产，阴道黏膜充血，流黏液	多在妊娠5~6个月流产，子宫颈部发炎严重，阴道黏膜无粟粒状结节。胎衣水肿，无出血点，胎膜绒毛叶涂片镜检，可见到如胎儿样的弯杆菌

(续)

病　　名	与布鲁氏菌病的相似点	与布鲁氏菌病的不同点
毛滴虫病	阴道黏膜发炎，有结节，流产，流灰白色分泌物。公牛阴茎发炎	阴道黏膜有密集的毛滴虫结节，触摸如砂纸。妊娠后不久即流产。公牛阴茎黏膜有红色小结节，睾丸不显肿胀
阴道炎	阴道黏膜发炎、肿胀，流分泌物	阴道黏膜不出现结节，不流产
钩端螺旋体病	体温升高，流产	黏膜发黄，尿色发暗（血红蛋白尿、胆色素），皮肤常见干裂、坏死、溃疡
衣原体病	患流产型母牛妊娠后期流产，胎衣有出血点。公牛睾丸、附睾发炎	一般流产时不发生胎衣滞留，阴道黏膜无粟粒状结节。流产胎儿的器官、胎盘涂片镜检，可见到衣原体

【预防】 应当着重体现"预防为主"的原则，坚持自繁自养，引种时严格执行检疫。

(1) **做好检疫措施** 对疫区内的所有牛、从布鲁氏菌病疫区调运的牛、进入市场交易的牛及进出口牛均应进行布鲁氏菌病检疫，查清当地疫情程度和分布范围，掌握布鲁氏菌病流行规律和特点，并杜绝传染源的输出和输入，避免非疫区感染。对阳性牛一般不予治疗，直接淘汰。

(2) **控制和消灭传染源** 患病牛的流产物和病死牛必须深埋，对其污染的环境用20%漂白粉或10%石灰乳或5%氢氧化钠热溶液严格消毒；患病牛乳及其制品必须煮沸消毒；皮毛可用过氧乙烷熏蒸消毒并放置3个月以上再运出疫区；应将患病牛与健康牛分群分区放牧；患病牛用过的牧场需经3个月自然净化后才能供给健康牛使用。

(3) **保护易感人群及健康牛** 密切接触牛及其产品的人员，应做好个人防护，特别在产犊季节更要注意。处理可疑患病牛时，需要戴口罩、眼镜和手套，穿防护衣，皮肤有伤口者应暂时避免接触牛，防止经皮肤、黏膜和呼吸道感染本病。最好在从事这些工作前1个月进行预防接种，且需要年年进行。

(4) **免疫接种** 疫苗接种是预防本病的重要措施。我国主要使用猪布鲁氏菌S2株疫苗和羊型5号（M5）弱毒活菌苗。

(5) **建立健康牛群** 对于污染牛群，可通过反复检测并淘汰阳性牛，同群阴性牛作为假定健康牛，在一年之内检疫2次均为阴性，且已正常分娩，可认为是无病牛群。另外，从患病群体中培养健康牛群，主要是早期隔离后代，经2次检疫全为阴性即可。

参考文献

［1］中国兽医协会.2018年执业兽医资格考试应试指南（兽医全科类）［M］.北京：中国农业出版社，2018.
［2］金东航.牛病类症鉴别与诊治彩色图谱［M］.北京：化学工业出版社，2020.
［3］金东航，马玉忠，张英海.牛病防治新技术宝典［M］.北京：化学工业出版社，2017.
［4］金东航，马玉忠.牛羊常见病诊治彩色图谱［M］.北京：化学工业出版社，2014.
［5］张庆茹，史书军.牛病快速诊治实操图解［M］.北京：中国农业出版社，2019.
［6］陈剑杰.实用牛场疾病防控技术［M］.北京：中国农业科学技术出版社，2013.
［7］赵朴，魏刚才，阿不都热衣木·赛提.牛场卫生、消毒和防疫手册［M］.北京：化学工业出版社，2015.
［8］吴文学，李秀波，王中杰.牛病诊疗手册［M］.北京：中国农业科学技术出版社，2018.
［9］张子威，邢厚娟.奶牛异常症状的鉴别诊断与治疗［M］.北京：中国农业科学技术出版社，2015.
［10］金东航.犊牛疾病防控技术问答［M］.北京：金盾出版社，2014.
［11］金东航，顾宪锐，杨磊.牛病防治新技术问答［M］.石家庄：河北科学技术出版社，2013.
［12］赵远良，柳旭伟，刘晓娜.察言观色看牛病［M］.北京：金盾出版社，2014.
［13］陈溥言.兽医传染病学［M］.6版.北京：中国农业出版社，2016.
［14］陆承平.兽医微生物学［M］.5版.北京：中国农业出版社，2013.
［15］张宏伟，欧阳清芳.动物疫病［M］.3版.北京：中国农业出版社，2016.
［16］赵月兰.规范化健康养殖奶牛疾病防治技术［M］.北京：中国农业大学出版社，2015.
［17］东北农业大学.兽医临床诊断学［M］.3版.北京：中国农业出版社，2019.
［18］王春璈.奶牛疾病防控治疗学［M］.北京：中国农业出版社，2013.
［19］王洪斌.兽医外科学［M］.5版.北京：中国农业出版社，2011.
［20］钟秀会，陈玉库，赵炳芳，等.新编中兽医学［M］.北京：中国农业科学技术出版社，2012.
［21］FAERBER C W，等.奶牛生产兽医及疾病管理［M］.齐长明，译.北京：中国农业出版社，2019.
［22］马玉忠.兽医外科学［M］.北京：中国林业出版社，2017.
［23］郭定宗.兽医内科学［M］.2版.北京：高等教育出版社，2010.
［24］赵兴绪.兽医产科学［M］.5版.北京：中国农业出版社，2017.
［25］王小龙.畜禽营养代谢病和中毒病［M］.北京：中国农业出版社，2009.